東アジア海域叢書9

松田吉郎編

寧波の水利と人びとの生活

汲古書院

寧波の水利と人びとの生活 目次

東アジア海域叢書9

序

松田吉郎

本巻『寧波の水利と人びとの生活』は港湾都市寧波の水利と人びとの生活を歴史的に明らかにしようとするものである。本巻も科研寧波プロジェクトの研究成果の一である。科研「水利班」のメンバーは松田吉郎、本田治、神吉和夫、南埜猛の四名で構成され、二〇〇五年度から二〇〇九年度まで寧波調査を行なった。寧波水利の文献史料を収集するとともに、現地で得られた統計資料及び聞き取り調査資料に基づいて本巻は作成された。本田・神吉の両氏は事情により、本巻では執筆されなかったが、新たに小野泰、森田明が執筆に加わった。寧波は海港都市として古代から国内外交通の要衝として栄え、水の都としての産業・生活・文化があった。本巻は寧波の歴史を防水、治水、利水、親水の方面から考察しようとするものである。寧波地域を它山堰水系、広徳湖水系、東銭湖水系、明州城内の月湖に分けて、歴史的に考察するとともに、新中国以後の寧波の水利とダム灌漑について考察する。さらに、近代の華僑呉錦堂による寧波市慈溪県杜湖・白洋湖改修、兵庫県神戸市小束野開発を明らかにする。以下、各章の題目と概要を説明しよう。

松田吉郎「它山堰水利と稲花会」は它山堰建設の意義と建設者王元暐を追慕する稲花会の祭りの意義を明らかにした。現代の寧波の中心部は甬江・余姚江・奉化江が交わる三江口にあるが、古代（秦から唐代初期）には行政の所在地は三江口にはなく、奉化江上流の鄞江鎮、或は東銭湖付近にあった。寧波西部は広徳湖、東部は東銭湖が農業用の水源であったが、海水が満潮時、甬江を通じて遡上し、余姚江、奉化江も海水に浸り、付近の農田に塩害をもたらしていた。これを解決したのが八三三年に鄞県に赴任した王元暐であり、彼が鄞江鎮に它山堰を築き、海水の遡上を止め、上流からの清水を南塘河などを通じて農田地帯、三江口に流したことからはじまった。やがて一一一八年に広徳湖を廃棄したために、寧波は它山堰、東銭湖が農業用水、都市用水供給の水源となり、三江口も塩害がなくなり、它山堰からの生活用水の供給も充足してきたので、唐代末期に行政の中心地が三江口に移り、現在まで変化していない。人びとは它山堰を建設した王元暐の功績を追慕し、毎年、稲花会を催し、人々の共通意識を育て、それを持続させた。

小野泰「楼异と広徳湖」は高麗使節の供応費負担のために明州の楼异による宋政和七・八年（一一一七・一一一八）の広徳湖廃湖、湖田化問題について、守湖派は楼异を批判していることに対して、守湖派は観念的な修辞的な色彩が強いこと、さらに広徳湖の湖田化は山麓・扇状地での開発から、平野部・濱海部に開発が以降する過渡期にあたっていたこと、当時の高麗使節の供応問題の負担、湖田化による増収は地域社会に大きな影響を与えていたことを述べている。

松田吉郎「広徳湖水利と廟・宗族」は楼异の広徳湖の湖田化について広徳湖地域の人々の廟信仰より考察した。その結果、霊波廟（広徳湖西）・白龍王廟（広徳湖内）・豊恵廟（同上）・孚石塘廟（広徳湖東）の各廟を信仰する人々は楼异を湖田化によって農業生産を可能にしてくれたと感謝している。清塾（広徳湖西南）の翁氏は福建省莆田より宋代初期（十世紀）に鄞県清塾に移住しはじめ、官僚を輩出し、一族が増え、広徳湖廃湖後に清塾の湖田を占有し、地主化し、清塾有数の宗族になっていった。石馬塘（広徳湖南部）の聞氏は山東省青州から宋宣和年間（一一一九〜二五）時、鄞県光溪響巖山に居住するようになり開慶元年（一二五九）に石馬塘に移住し、巨族となった。聞時政は石馬塘で水利事業、慈善事業を行い、聞淵は清廉な官僚で広徳湖田租税の銀納化、災害時貸付制度をはじめた人物でもあり、地域の人々より、尊崇を受けていた。孚石塘廟附近の周一族は北宋時代、北方におり、南宋時代、杭州に移住し、南宋滅亡後、蕭山から寧波月湖、樟村、鄞江橋を経て新荘村に移住した一族であるが、它山からの石が中塘河を通じて孚石塘廟にまで流れてきており、廟名にもなった。它山の石、即ち它山堰からの石を祭ることと它山堰設置者である王元暐を祭ることは一体化していた。すなわち、広徳湖地域の宗族は湖田化によって恩恵をうけるとともに王元暐・楼异に感謝していることを述べた。

松田吉郎「東銭湖水利と廟」は、東銭湖は唐代の天宝年間（七四二～七五五）に県令陸南金によって開築されて以来、寧波東郷地域の水源であり、元代～清代に廃湖の動きがあったが、廃湖されず、同地域農民の灌漑用水として用いられていた。後百丈碶のある後百丈村、趙君廟のある杜村の両地域ともに東銭湖の水を利用して灌漑が行われ、水稲生産が行われていた。両村ともに旱害時に新馬嶺龍宮で祈雨及び天候の順調、農業生産の安定が祈られていた。村人の共同意識が新馬嶺龍宮の祈雨であったと述べている。

松田吉郎「水の娯楽――寧波の例――」は月湖及び日湖は它山堰・南塘河・城内外河渠・月湖・水則・三喉・奉化江と連なる一連の它山堰水系に位置しており、城内外の住民の飲料用水として用いられていただけでなく、宋代以後、水の娯楽が行われていた。日湖が廃された後も月湖は存続した。特に南宋時代、史浩等史氏の繁栄と連動して月湖における水の娯楽が形成され、画船、釣舟、亭・台・楼・閣における歌舞・音楽、文人の詩作活動が行われた。龍舟は日湖でも行われたが同湖の廃止とともに消滅し、月湖における龍舟は、特に史浩から始まったとする説が有力である。南宋時代は史浩など宰相クラスの官僚が主催したが、清代には一般農民が会を組織して行い、民国二十二年（一九三三）頃以降から行われなくなった。現代では十月に東銭湖で龍舟が行われていると述べている。

南埜猛「建国後の寧波の水利」は中華人民共和国建国後の寧波市の水利開発を明らかにした。近代までに建設された寧波市域における代表的な水利施設として、它山堰、広徳湖、東銭湖がある。それらの水利施設と現代において建設されたダムを比べてみると、その貯水能力に極めて大きな違いがある。建国後に全く新しい水利システムが構築されている。利水の実態をみると、現時点では農業用水が中心である。しかし、将来的には工業用水ならびに生活用水の都市用水の需要増加が見込まれている。今後の水需要に対して、中国（寧波）では、今後もダムを中心とする水利開発が計画されている。しかし、日本もかつてそうであったように、過大な水需要予測が過剰なダム建設を導き、多くの問題を現在にもたらしていることは、今後の中国の水利開発を考えていく上で重要な示唆を与えるものであると述べている。

南埜猛「ダム建設からみた寧波の水利開発」は中国のダム建設の状況は世界一位のダム保有国である可能性が高いと指摘する。建国後の中国のダム建設は、一九五〇年代半ばから進められ、一九六〇年代後半以降は土木技術が向上し堤高の高い大型ダムが建設されるようになった。件数では一九七〇年代がピークとなる。一九八〇年代以降に、件数は減るものの開発された貯水量はあまり減っていない。その要因は、大規模なダムの建設が継続して行われていることにある。寧波市のダム建設の動向は中国全体とほぼ同じ特徴を示していると述べる。

森田明「呉錦堂と杜湖・白洋湖の水利事業」は寧波市慈渓県出身の神戸華僑呉錦堂の杜湖・白洋湖の水利改修事業を述べる。漢代に設けられたといわれる杜湖・白洋湖両湖の灌漑機能は、清末に至るまで基本的に維持されてきたが、明末以後施設の荒廃と湖田化（盗湖）の進行によって、屢々危機に逢着していた。こうした状況に対し、既に神戸小東野開発を行っていた呉錦堂は光緒三十二年（一九〇六）の帰郷を機に水利に苦しむ郷民のため、七万余元の私財を投じて施設の復旧を実施した。明治二、三十年代（一八八〇・九〇年代）の日本の近代化の飛躍的発展を目のあたりにした呉錦堂は、中国の国家的富強の要諦は内治の充実、民力の強化、民食の安定にあり、水利は民食にとって最も重要かつ不可欠な一環であり、国家の命脈であると考え行った水利事業であったと述べる。日本と寧波との水利交流で著名な人物は朱舜水と呉錦堂であろう。朱舜水は一六五九年に日本に亡命し一六八二年に没するまで日本で暮らした。江戸後楽園の建設における朱舜水の貢献はよく知られているが、呉錦堂の小束野開発、慈溪県杜湖・白洋湖建設も特筆すべきものである。

本巻『寧波の水利と人びとの生活』は唐代から現代にいたる寧波の水利事業を地方政府（官僚）・地主・華僑による水利建設と、人々がその施設を運営・利用し、農業生産等を行い、生活する実態を考察したものである。水利の防水、利水のみならず娯楽、廟信仰、日中の水利交流の面を明らかにした。

寧波の水利と人びとの生活

東アジア海域叢書 9

它山堰水利と稲花会

松田吉郎

はじめに

本章では奉化江上流の鄞江の它山に唐太和七年（八三三）、鄮令王元暐《ぼうれいおうげんい》によって築かれた它山堰及び南塘河に設置された碶《けつ》（烏金碶《うきんけつ》・積瀆碶《せきとくけつ》・行春碶《こうしゅんけつ》）の機能を考察したい。它山堰《たざんえん》の設置で鄞県《ぎんけん》西部の水利は広徳湖と它山堰によって担われるシステムが完成したが、宋政和八年（一一一八）に楼异《ろうい》によって広徳湖が廃棄され、湖田化し、鄞県西部地域の水利は専ら它山堰にたよることになり、它山堰付近に迴沙閘《かいさこう》・洪水湾塘・官池塘などの付属の水利施設が建設され、它山堰の水利機能の増強が行われた。これらの経緯を歴史的に明らかにしたい。

さらに它山堰の旁に建設された王元暐を祭神とする它山廟の稲花会の歴史も考察することによって、人々の王元暐に対する追慕の念と它山堰を中心とした水利社会の様相について考察する。

以上の分析は基本的には文献史料に基づくが、可能な範囲で聞き取り調査の成果を盛り込んでいきたい。

一　寧波地域・水利施設の形成

表1より寧波地域の形成、水利施設の形成を概観すると、鄞県治は東晉時代より唐代まで光溪鎮（它山付近）にあり、明州治も唐代開元二十六年（七三八）～長慶元年（八二一）まで光溪鎮にあったが、明州治は長慶元年（八二一）に三江口に移り、鄞県治も五代、開平三年（九〇九）に三江口に移った。九〇九年以降、図1にあるように寧波府治（明州）、鄞県治は三江口にあり、現在と同様の行政配置になっている。このような行政配置は唐代太和七年（八三三）

5　它山堰水利と稲花会

表1　寧波地域・水利施設の形成略年表

年　　代	記　　事
秦始皇嬴政25年（前222）	鄞、鄮、句章三県を置く。今の鄞州区は鄮、句章両県に分属する。鄮県治は鄮山の陽（今の阿育王寺附近）にある。
東晋隆安4年（400）	劉裕が句章を鎮守した際、鄞県城は慈城の南方にあった。
同　　5年（401）	句章県城を鄞東村、土名古城畈（今の鄞江鎮）に移す。
隋（589～618）	鄞県、鄮県、余姚三県を合せて句章とした。県治は小溪鎮（它山鎮）。
唐（618～907）	東銭湖は800頃を灌漑。
貞観年間（627～644）	日湖・月湖を修築。
開元26年（738）	明州では州治・県治は均しく小溪に置く。
大暦6年（771）	鄮県の県治を三江口に移し、子城を建設、州治は小溪のまま。
同　8年（773）	広徳湖を拡張。
長慶元年（821）	鄮県治を光溪鎮（小溪）におき、州治を三江口に移す。
太和6年（832）	仲夏堰を建設。
同　7年（833）	它山堰、烏金碶、積徳碶、行春碶を建設。三江口への給水システム完成。
大中年間（847～859）	広徳湖は800頃の水田を灌漑。
唐末（10世紀）	明州の羅城を三江口に建設。
五代、開平3年（909）	鄞県治を三江口に移す。
宋天禧年間（1017～21）	月湖、広徳湖、城内外河渠の修築、浚渫を行う。
熙寧年間（1072頃）	風棚碶の建設。
熙寧8年（1075）	湖、河渠の浚渫。月湖は渇水のため、看守人を置き、管理する。
元祐8年（1093）	月湖の湖田化を禁止、修築を行う。
建中靖国元年（1101）	它山堰の修理を行う。
政和7年（1117）	楼异が広徳湖を湖田化し、その800頃の水田の租を高麗使節の接待費とする。
南宋嘉定14年（1221）	烏金碶、河渠の浚渫。
淳祐2年（1242）	它山堰近くに廻沙閘建設。它山堰修理。月湖に堤防を作り蓄水。
宝祐6年（1258）	洪水湾塘建設。
開慶元年（1259）	平橋閘を設け、水則を計る。
明嘉靖3年（1524）	官池墩（官池塘・官塘）・光溪橋の建設。
天啓3年（1623）	河渠の浚渫を行う。
清康熙10年（1671）	狗頸塘を修築。
乾隆8年（1743）	河渠の浚渫を行う。

同　50年（1785）	河渠の浚渫を行う。
嘉慶24年（1819）	河渠の浚渫を行う。
咸豊２年（1852）	河渠の浚渫を行う。
同　７年（1857）	它山堰を重修する。
1975年	皎口水庫竣工、総容量1.198億㎥
1976年８月	売柴嶴水庫竣工。総容量639.2万㎥
1986年	洪水湾塘の箇所に洪水湾排水閘、節制閘を設置。

出典）陳思光「它山堰簡解」〈同編著『它山堰（唐代）』鄞江鎮人民政府〉

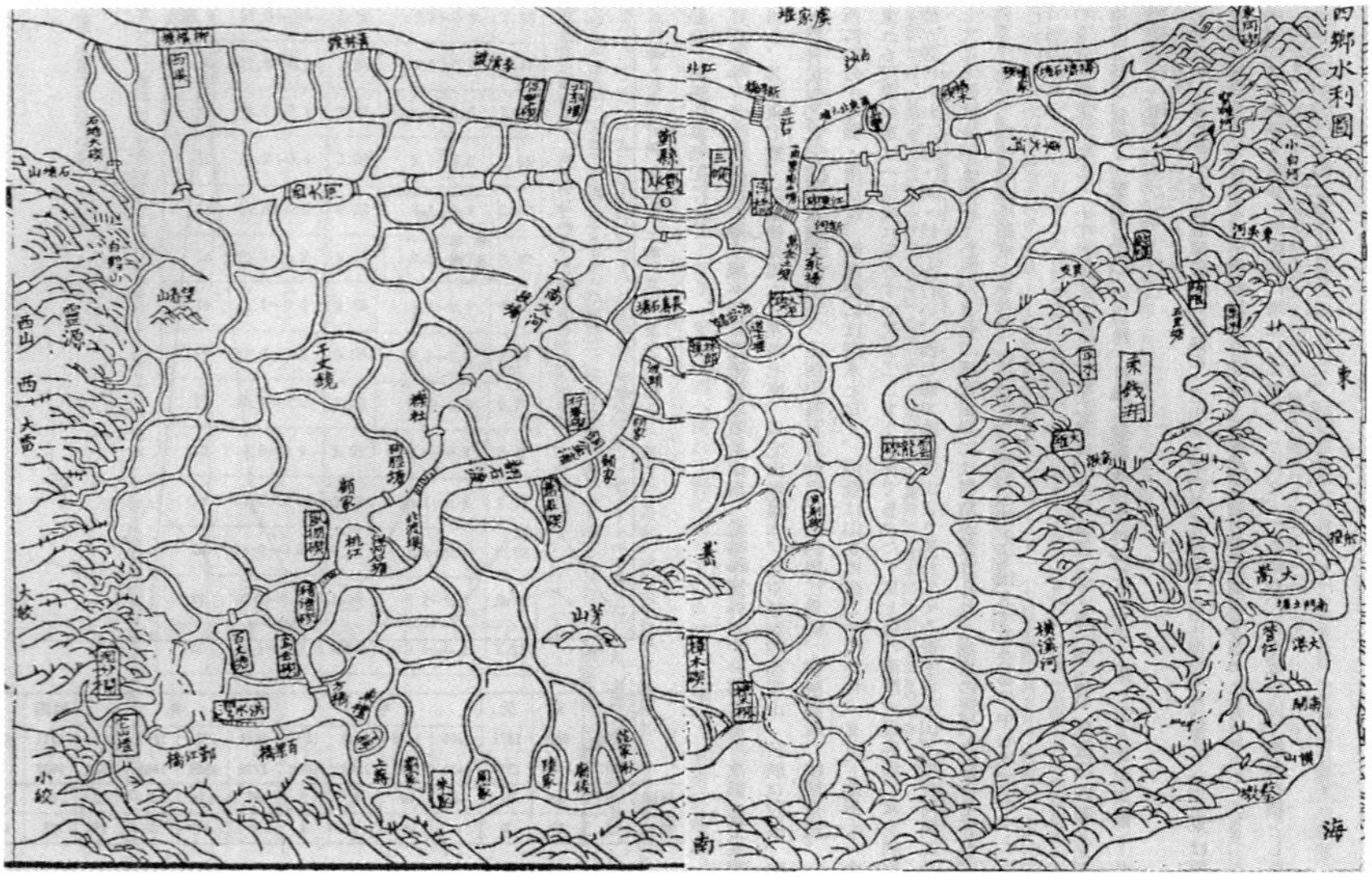

図１　鄞県図　出典）光緒『鄞県志』

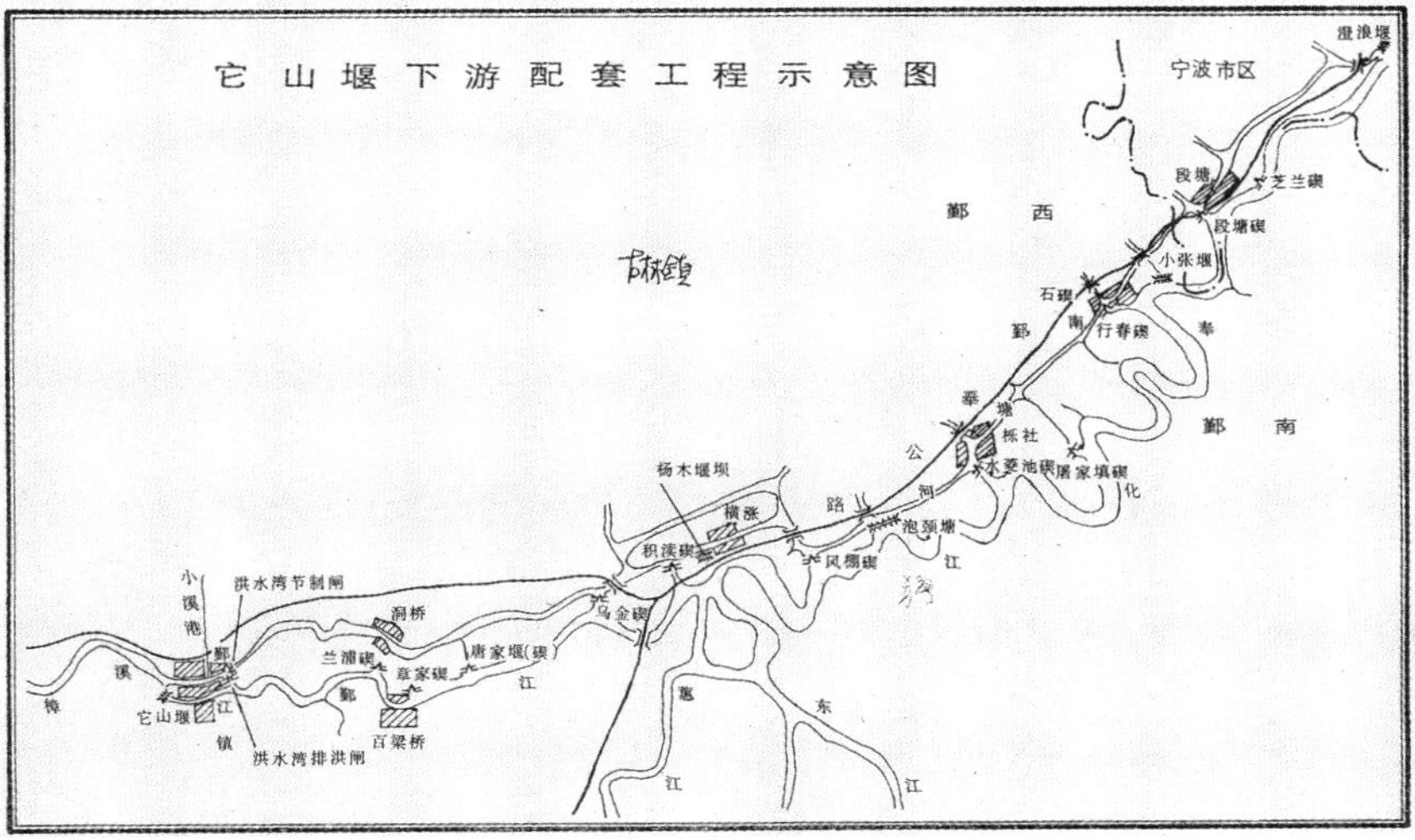

図２　它山堰下游配套工程志意図

出典）鄞県水利志編纂弁公室『鄞県水利志』河海大学出版社、1992年12月、329頁

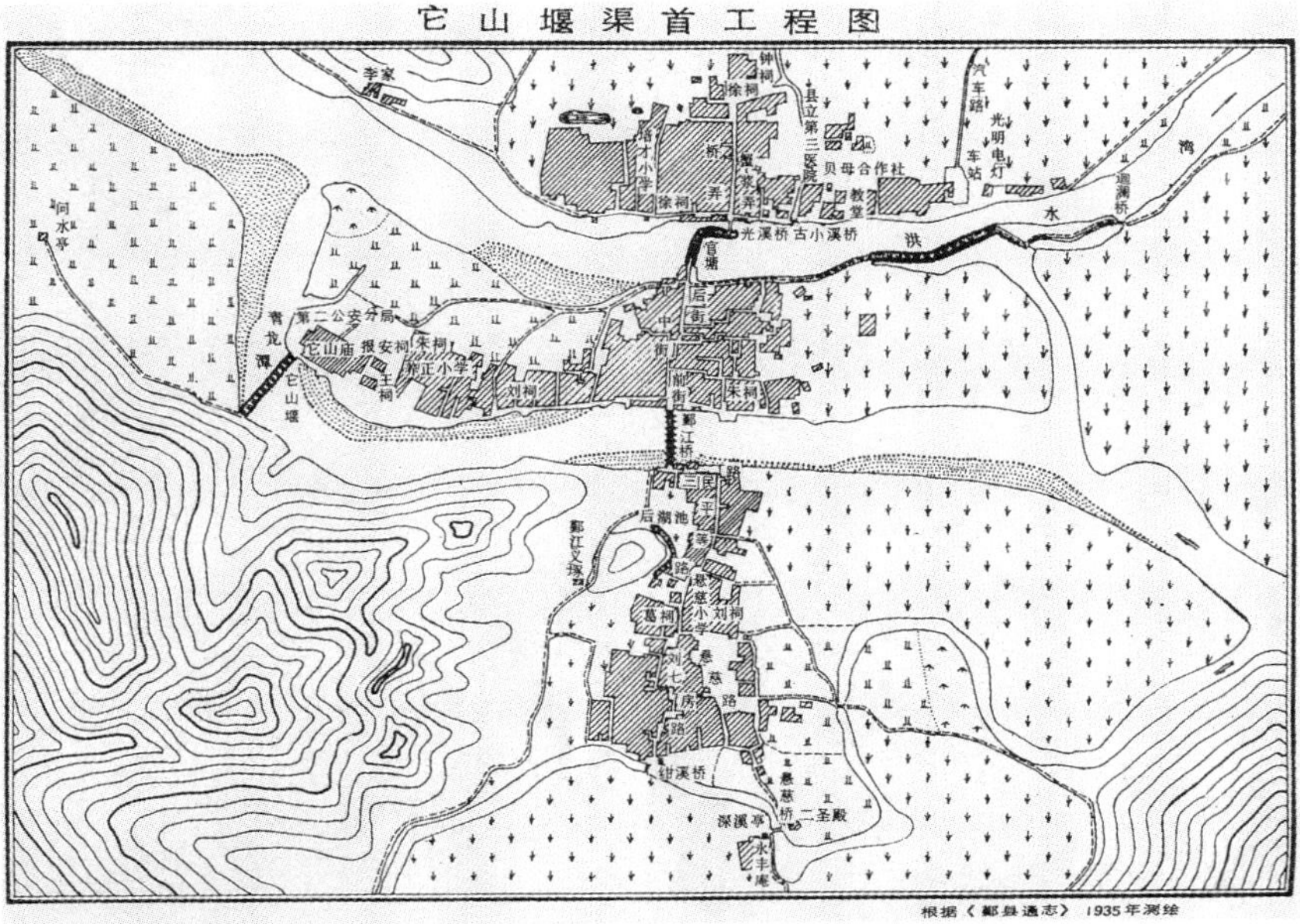

図３　它山堰渠首工程図　出典）『鄞県水利志』328頁

の它山堰、三碶完成以降のことである。即ち、従来、寧波西郷は広徳湖水利、東郷は東銭湖水利であったのが、太和七年以後、西郷に它山堰水利が加わり、三江口への供水システムが完備してからのことである。

次に大きな変化は宋代政和七・八年（一一一七・一一八）、楼异による広徳湖廃止である。これ以後、西郷は它山堰水利に基本的に依拠し、東郷は従来通り、東銭湖水利に依拠する形態に変化した。

次節より它山堰水利の形成と展開について検討してみたい。

二　它山堰・南塘河水系

嘉靖『寧波府志』（明・周希哲・曾鎰修、張時徹纂、明嘉靖三十九年〈一五六〇〉刻本）巻二三、河渠書によると、西の水源は四明山西南より会稽に出て、上虞県斤嶺《じょうぐけんきんれい》から小嶺・上荘・石壇・龔村《きょうそん》・小皎《しょうこう》を経るもの、そして東の上荘から一派が分水嶺を出て、蘆栖坑口《ろせいこうこう》を経て分水嶺南に出、一派は杖錫山《じょうしゃくざん》を経て、杜嶴《とおう》・鄭家巌《ていかがん》を経て、蘆栖坑口に出て、合流する。大皎・二皎の水は、各々流れて鯨魚山前にいたり、合流して蜜巌《みつがん》にいたり、東にむかい、樟村《しょうそん》を経て平水・杖錫の南にいたる。一派は天井山、天井南に出、一派は灌頂《かんちょう》・彰聖山を経て、ともに平水で合流する。百千澗《かん》壑《がく》の泉は、合流して一溪となり、中潭を経て它山堰に至る。そこから南塘河を通じて寧波城内に入る流れと、鄞江・奉化江を通じて海に入る流になる。

唐代貞観十年（六三六）に鄮令《ぼうれい》の王君照が小江湖を修治し、田八〇〇頃を灌漑した。開元二十六年（七三八）に鄮県に明州を置き、州治を光溪に置き、鄮県を奉化・慈溪・翁山・鄮の四県に分けた。大暦六年（七七一）に鄮県を三江口（現在の寧波市海曙《かいしょ》区）に移した。大暦八年（七七三）鄮令儲仙舟《ちょせんしゅう》が県城西十二里の罌脰湖《おうとうこ》を修治し、広徳湖と名称が変わった。貞元九年（七九三）に明州刺史任侗《じんどう》が広徳湖を拡築した。長慶元年（八二一）に明州治を三江口に移し、鄞県治は光溪（小溪）に戻った。太和六年（八三二）に明州刺史于季友《うきゆう》が県西四十里に仲夏堰《ちゅうかえん》を置いた。太和七年（八三三）に鄮令王元暐は西南五十里光溪鎮の西首に它山堰を置き、南塘河に烏金・積瀆・行春の三碶を建設し、烏金土塘と烏金堨《けつ》（碶）を設け、水流を鄞江（奉化江）と南塘河に分け、内河（南塘河）の水位を調節した。その結果仲夏堰は廃された[1]。

さて、它山堰の建設については乾道『四明図経』（宋乾道五年〈一一六九〉、張津等纂）巻二、渠堰に、

写真1　它山堰　出典）2005年12月筆者撮影

　它山堰、在県西南五十里、唐開元間邑宰王元暐之所建也。累石為隄、江河分流、截然為二、若神工然。明之為州、瀕海枕江、水善泄而易竭、雨沢少屯、井泉輒涸、酌飲江水、人以為病。引它山之水自南門入城、瀦為西湖、闔境取給、始無旱嘆之憂、它山堰之為利溥矣。余載祠廟門。

とあり、它山堰は鄞県西南五十里（約二八キロメートル）の所にあり、唐開元年間に、王元暐によって建設されたと記されている。この建設年次については以下の史料等から開元年間は太和七年（八三三）の誤りである。它山堰の建設によって、它山からの水は南門から明州城内に入り、西湖（月湖）で蓄えられ、城内全域に給水され、旱害が無くなったと記されている。

さらに、魏峴《ぎけん》『四明它山水利備覧』（南宋・宝慶三年〈一二二七〉）序に

は以下のように述べられている。

唐太和七年（八三三）、邑令琅琊王公元暐度地之宜、畳石為堰、冶鉄而錮之、截断江溯、而渓之清甘始得、以貫城市澆田疇、於是瀦為二湖、築為三堨、疏為百港、化七郷之瀉鹵、而為膏腴、雖凶年公私不病、人飽粒食、官収租賦、歳歳所獲、為利無窮、可謂功施国徳施民矣、然時有旱潦、則当蓄泄、水有通塞、則当啓閉、堨埭当修、沙土当捍、不無待於後之人。

唐太和七年（八三三）鄞県令王元暐が地勢を見て石を重ねて堰を作り、冶鉄して固め、鄞江・湖を切断することによって、初めて渓の清甘水を城市に貫通し田圃に灌漑できるようになった。その水を二湖（日湖・月湖）に蓄え、また（南塘河に）三堨《けつ》（碶）を築き、百港に水を流通させ、七郷の塩土を肥沃な土地に改良した。凶作の年でも公私とも病まず、人々は十分に食糧を食することができ、官の租税も毎年確保でき、無窮の利となった。その功労は国に恩恵を与え、民に徳が与えられた。時には旱害、洪水があったが常に蓄水・排水できた。水が塞がるか、通ずる時には堨の開閉を行った。堨《けつ》と埭《たい》の修理には随時、土砂でつき固めたので、その後も人々は補修を続ける必要があった。

王元暐は它山堰の建設にあたってはその土地の高下のよろしき所を選び、大水の時は七分を江（鄞江）に入れ、三分を渓（南塘河）に入れ、日照りの時は七分を「渓」に入れ、三分を「江」に入れて灌漑に供した。堰の背面は横幅四十二丈（約一二九メートル）であり、石版八十・五片で覆っており、左右には各々三十六の石級を備えている。年々土砂が堆積し、東は僅かに七、八級見えるだけある。西はみな土砂で隠れている。堰の内部は空洞であり、巨木で繋がれており、屋根のようである。渓流の大水・激流にあえば、土砂はその中を満たし、俗に護隄となっている。土砂・水が治まればその中は空洞で元の状態にもどる。土地の人は杖でこれを確認している。しかし堰の高低は適当であり、また幅の広狭も丁度良く、緻密で堅牢であり、その機能は鬼神のようである（『四明它山水利備覧』堰規制作）。

鄞州水利局の繆《びゅう》復元《ふくげん》氏は以下のように解説された（『鄞県水利志』河海大学出版社、一九九二年十二月、三二四～三二六頁）。

主流は樟渓（旧は大渓と称す）、大皎渓、小皎渓、桓渓、龍王渓などの水、山区三五一平方キロメートルの水を集めている。主流の長さ五七キロメートルである。鄞西平原（旧は西七郷と称す、現在は鄞江・望春両区及び寧波西郊）に下っている。它山堰未完成時には鄞江諸渓は江に注ぎ、江潮が遡上した時、平水潭《たん》（鄞江鎮から三キロメートル上流）まで達した。渓は大江に通じ、潮汐が上下し、清甘の流れが排泄して海に出で、瀉鹵《しゃろ》の水が渓に入った。水が来れば溝澮《こうかい》がすべて溢《あふ》れ、水が去れば河港は涸れ、田には収穫はなく、人々は飲み水に困った（『四明它山水利備覧』及び図4参照）。

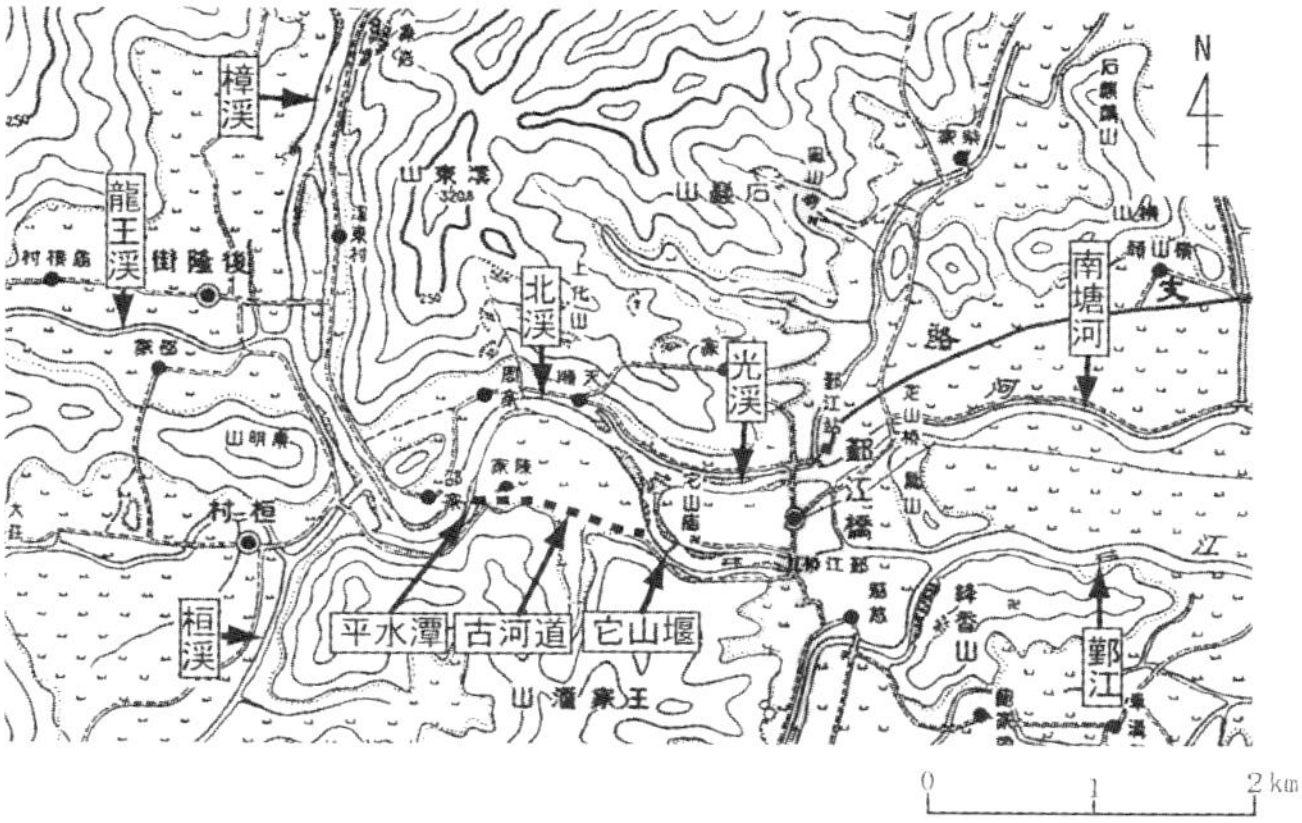

図４　它山堰周辺図　出典）民国『鄞県通志』鄞県総図

堰長一一三・六メートル、溢流段《いつりゅうだん》一〇七メートル、面寛三・三メートル、砌築《せいちく》に長さ二～三・三メートル、幅〇・五～一・四メートル、厚さ〇・二～〇・三五メートルの条石一五二個を用いた（『鄞県水利志』三二五頁）。

二〇〇九年九月十三日に筆者は它山堰文物保護管理所所長陳思光氏より它山堰について聞き取り調査を行った。它山堰に用いられている石は付近の山から採石された凝灰岩であり、この付近の民家の敷石も同じく凝灰岩が用いられている。它山堰の下段は唐代太和七年（八三三）のもの、中段は宋代（建隆年間〈九六〇～九六二〉）・明代嘉靖十五年（一五三六）、上段は清代咸豊七年（一八五七）の段光清の修築時のものである（民国『鄞県通志』第一、輿地志）。上流の楠溪《なんけい》の水を流すために石柱と石柱に隙間を空けている。它山堰の下流部分の緩坡《かんは》は段光清のものであるが、現在は下に埋没していて見えない。昔、它山堰はまっすぐであったが現在は水圧により少し湾曲し、一〇五度となっている。

迴沙閘は它山堰に流れ込む砂利の堆積が高くなったので堰から浚渫《しゅんせつ》するために淳祐《じゅんゆう》二年（一二四二）に作られた。閘には文字が刻まれている。鄞江岸が塘になって江幅が広がった。

它山堰は一九八八年に国家文物保護単位になり、一九九四年に緩坡保護のためにコンクリート製となった。普通時は三段目までの水位であるが、満水時は、上段の最上部まであがる。它山堰は河口より約五〇キロメートルに位置するが、海抜が五メートルしか高くないので海潮が逆流してくる。一日二回午前三時と午後三時に満水になり、満潮時にはクラゲが見られる。

写真２　平水潭　出典）2009年９月筆者撮影

民国元年（一九一二）に緩坡の石を修復した。一九九四年にコンクリート製にした。下には木の柱があり、石で固めた。平らにした木材も入っており、明代のものかもしれない。中段に丸い穴があるが、船が入ってきたためにその穴に鉄棒を入れて船を繋留した。南宋時代周四という人物が金を出して修復した。

二〇〇九年九月十五日夕方に筆者は再度、它山堰を訪問し、陳思光氏に、它山堰から南塘河が流れているが、これは自然の水路であったのか、それとも人工の水路であったのかを尋ねた。陳思光氏によると、它山堰が出来るまでは鄞江（奉化江）も南塘河も淡水と海水が入り乱れていた自然の水路であった。しかし、它山堰によって鄞江に流れる海水を遮り、南塘河を通じて淡水を田地に供給できるようになった。王元暐は它山堰を作る際に、它山堰から上流の樟溪（鄞溪）の平水潭と下流の鄞江の二ヶ所に囲堰を作った。これは竹籠に石を詰めたもので、この囲堰によって它山堰に流れる水を堰きとめて它山堰を作った。它山堰に流れる古河道の水量が減り、樟溪（北溪）から引洪河道を引いて它山堰にいれた。本来なら引洪河道と樟溪の分流する箇所（北溪と光溪の中間から引洪河道に入る箇所）に它山堰を作るのが理想であったが、王元暐の当時は現在の故河道の水量が多く、これを堰きとめ、引洪河道を引いて樟溪の水を光溪に流すしか方法がなかったという説明であった（図4参照）。

三　三碶

三碶《さんけつ》（烏金碶《うきんけつ》・積瀆碶《せきとくけつ》・行春碶《こうしゅんけつ》）については、宝慶『四明志』（宋・胡榘《こく》修、方万里・羅濬《らしゅん》纂、宝慶三年〈一二二七〉修、紹定二年〈一二二九〉刻本）巻一二に

行春碶、光同郷四十三甲、俗名南石碶。積瀆碶、光同郷四十一甲、又名下水碶。烏金碶、句章郷鎮甲、又名上水碶。嘉定辛巳、泉使魏峴申朝省降度牒再修。

とあり、烏金、積瀆、行春の三碶が記されている。

また、『四明它山水利備覧』（宋淳熙〜宝祐年間〈一一七四〜一二五八〉魏峴纂）三堨に以下のように述べられている。

侯既作堰、慮暴流之無所泄、遂為三堨、以啓閉蓄泄、澇則釃暴流以出江、旱則取淡潮以入河、平時則為河港之積、耆老謂、侯自堰口浮三瓢[2]、聴其所至而立焉、由堰之東十有五里為烏金堨（俗謂上水堨）、又東三里為積瀆堨

(俗謂下水堨)、又東二十七里為行春堨(俗謂石堨)、此小溪鎮、入南城甬水門河渠也、皆随地之宜而為之節耳。

王元暐は它山堰を作ってから、暴流の排泄ができないことを慮り、三堨(碶)を作り、水門を開閉して蓄水排水を行った。大水になれば暴流を鄞江に排水し、日照りになれば淡潮を南塘河に入れた。平時は河港で水を蓄えた。耆老が謂うところによると、王元暐は它山堰口から三つの木の家鴨《あひる》を浮かべて、その到達し止まるところに堨を作った。堰の東十五里に烏金堨(俗に上水堨という)、また東三里に積瀆堨(俗に下水堨という)、また東二十七里に行春堨(俗に石堨という)を作った。これは小溪鎮であり、南城甬水門から入る河渠である(3)(図2参照)。

(1) 烏金碶

前述したように烏金碶は唐太和七年(八三三)、王元暐が它山堰の建設と同時に建設したものであるが、その後の経過については、宝慶『四明志』巻一二、鄞県志に、

烏金碶、句章郷鎮甲、又名上水碶。嘉定辛巳、泉使魏峴申朝省降度牒再修。

とあり、烏金碶は嘉定四年(一二一一)泉使魏峴が修理を行ったとある。

さらに、民国『鄞県通志』第一、輿地志、丑編、営建、烏金碶によると、「烏金碶……唐鄞令王元暐建。宋元祐六年重修、嘉定十四年又修、魏峴有重建烏金碶記。民国十三年邑紳朱炳蕃《しゅへいばん》・張伝保等又修」とあり、烏金碶は唐鄞令王元暐が建設し、宋元祐六年(一〇八九)に重修し、嘉定十四年(一二二一)に又修理し、民国十三年(一九二四)に邑紳朱炳蕃・張伝保等が又修理した。さらに謬復元氏(鄞州区水利局水利工程師)によると、民国三十六年(一九四七)に鄞西水利協会が成立し、張伝保が理事長となり、烏金碶・積瀆碶等を修理したと言われている(4)。

筆者は二〇〇六年九月二十七日(水)午前十一時過ぎに烏金碶(上水碶)に到着し、同年三月にお会いした盛小毛

氏に再会した。彼は一九二六年二月五日生まれ、二〇〇六年当時八十三歳、住所は寧波市鄞州区洞橋鎮上水村である。一九四〇年から烏金碶の碶夫をしている。彼の家で聞き取り調査した。彼の父親は現在の住所の半キロメートルほど離れた所に住んでいたが、現在地に引越ししてきた。父の時代は貧しく他人から食物をもらって生活していたと言われ、日雇い或いは長期の雇い農夫であったかと思われる。彼の父は碶夫ではなく、当時は烏金廟の僧侶が碶の管理を

写真３　烏金碶　左が繆復元氏、右が碶夫の盛小毛氏

出典）2009年９月筆者撮影

写真４　烏金碶傍の階段　階段で水位を計り、閘門を開閉していた。

出典）2009年９月筆者撮影

行っていた。盛小毛氏がおっしゃるには僧侶は廟に終始おり、外にあまり出かけないからであった。一九四〇年から盛氏が碶夫となる。これは碶の近くに住んでいたため村長が無給で碶夫を担当してくれるものを探しており、盛氏がなったということである。

盛小毛氏は小作農であり、地主より七畝の土地を借りていた。生活は困難であった。小作料は一畝当たり年八十斤（四八キログラム）の米であった。小作料を納入すれば小作権は維持保証された。しかし、一年でも滞納すると小作権は取り上げられた。小作契約は口頭契約である。このあたりの作物は米が中心で一年二期作である。四月に植え、七月に収穫し、収穫後一週間ほどしてからまた植え、十月末に収穫した。一畝あたりの収穫量は一五〇斤（九〇キログラム）である。小作料は収穫量の約五三％であった。米の値段は一九四九年以降は一斤一角三分であった。他には枝豆、じゃが芋、里芋を田の先端部に植えた。これは自家消費用で、地主に小作料として納めるものではなかった。冬には緑肥、レンゲを植え田の肥料とした。肥料には豚や鶏の糞も用いられたが、金肥は用いられなかった。水牛か黄牛を一頭飼い、これは自家所有物であり、耕作に用いられた。さらに豚、家鴨、鶏も飼われ、これは正月の食糧であった。これらの家畜を小作料として出すことは無かった。

特別の副業は無かったが、稲収穫後に藁を編んで畳を作り売った。借金はしたくてもできなかった。救会と呼ばれる頼母子講はあり、何人か集まって行った。政府への納税はなく、土地の登記もしなかったと言われる。これらのことはおそらくは地主がやったのであろう。

解放前（一九四九年以前の中華民国時期）、洞橋鎮には上水碶村など二十村が所属していた。この村は上水碶村と呼ばれた自然村である。八十家ぐらいあった。土地所有農家は地主二家、富農一家で、他の七十数家は小作農であった。雑姓村であり、村内には親戚があった。村民集会というものはなかった。村長がおり、畳を編む一般農民であった。

村には規約はなかったが、同族には規約があった。盛家の族長が決め、口で通達し、文献では残っていない。村には公有財産はなかった。共同の活動（帮工《ほうこう》、排澇《はいろう》、堤防修築、挖河《あつが》、廟会、保衛など）もなかった。南塘河沿いに土手があり、これを河堤といった。河堤が崩落した場合は、その河に面している農民が自分で修理した。濱島敦俊氏の言われる田頭制であり、筆者は「明清時代浙江鄞県の水利事業」[5]で文献上でも確認した。二〇〇四年に政府が資金を出し、堤防にした。現在の修築は水利局が行っている。従って、少なくとも明清時代以降最近まで田頭制が続いていたことになり、長江下流圩田地帯における明末清初における田頭制から照田派役制のような変化はなかった。これは鄞州地域が地理的に江南圩田地域とは異なっていることが原因であると考えられる。

以前は河の浚渫は行われなかったが、現在は水利局によって何年かに一回行われている。水利組織は存在しない。水が不足した場合、農民が訴える場所はなかった。現在は水利局に訴えれば水庫（ダム）から供給してくれる。水争いはなかった。一九四九年以前から鄞県水利局があり、その下に鄞県西郷水利協会があった。水利局の一部門であり、農民は参加していない。水利局の一部局が烏金碶を管理していた。水利局が碶司《けつし》（碶の上級管理機関）であった。水が足りないときや洪水時において、いつ碶の水門を開くかを決定した。普通の場合は碶夫の盛小毛氏が隣の古林鎮の水の状況を見て、碶の水門開閉の判断を行った。水位は烏金碶に木の家鴨を浮かべて水位を判断するか、烏金碶傍らに水面に到達する階段があり、どの階段まで増水すれば開閉すると決めていた。この階段は船着場ともなり、農婦の洗濯場所でもある（写真4参照）。

烏金碶の役割は稲栽培用の灌漑用水の調節である。大水の場合は奉化江に水を流した。碶の修理は水利局が行った。農民が南塘河の水を田に入れるには、一九四九年以前は龍骨車を用いた。一九六〇年代以降、船にディーゼルエンジンのポンプを載せ、給水した。三年ほど後、電動ポンプで給水するようになった。これらはすべて農民の個人所有物である。南塘河から離れた所には田と田の間に水路を作り、そこにポンプで水を流した。その水路は公有物である。このあたりでは井戸水灌漑はなく南塘河の水を使っている。

一九五七年に大旱魃があり、米の収穫量は零となった。生活用水は奉化江に船を浮かべて取水した。田に枝豆、里芋を植えて生活していた。

解放後の土地改革で盛小毛氏は自作農になり、三畝半（〇・二ヘクタール）の土地が与えられた。米の収穫量は一畝あたり年四〇〇～五〇〇斤（二四〇～三〇〇キログラム）となり、生活は楽になった。盛氏のあとに誰が碶夫になるかは不明である。碶夫の給料は一九四〇年から四九年までは全く無く、一九四九年以降は一年一二〇元、現在は一年二〇〇元という薄給である。この薄給でも盛氏が碶夫を引き受けたのは碶に近い家であるということもあるが、貧農として僅かな収入も確保したかったのであろうと推測される。

現在、農民は少なくなり、一人で二〇～一〇〇畝（一～六ヘクタール）の土地をもっている。これらの土地は他の農民から貸与され農業を委託されたものである。米の生産が中心であるが、十年前から藺草《いぐさ》を栽培し売っている。

以上の盛小毛氏の口述から以下のことが明らかになった。即ち、水利慣行は明清時代以降解放後も基本的には変化せず、水利局がいつできたか不明であるが、おそらくは盛小毛氏が碶夫となった一九四〇年以降もあり、水利局の管轄の下に、碶夫によって烏金碶が管理されていた。一九四九年以降、水利局が旱魃時に水庫の水を供給したり、堤防の修築を行った。以前は土手の修理は田頭制により農民が自分で行っていたが、現在は堤防を水利局が修築し、管理も行っている。水利組織は存在せず、水利局、碶夫の管理による水利灌漑が行われていたことが明らかとなった。

二〇〇九年九月二十三日（水）に筆者は再度、盛小毛氏より聞き取り調査した。その際、本田治先生、毛巧霞女士（寧波大学外語学院日本語学科三年生）も加わった。

筆者は上水村における土地改革時の階級成分について質問した。

上水村は二〇〇戸前後（現在は三〇〇戸）。地主は夏樹青、王厚望の二人がいた。

夏樹青は本地人であり、大地（他人に貸す土地）五十畝、小地（自分で耕作する土地）三十畝を所有した。[6] 作頭（長工・短工の指導者）一人、長工二人、短工十人おり、すべて本地人であった。

王厚望は本地人であり、大地五十畝、小地十五畝を所有した。作頭一人、長工四人、短工十人がいた。作頭の薪水は年、米一一〇〇斤、長工は八〇〇斤（まじめな者には一〇〇〇～一二〇〇斤）、短工は一日米五斤であった。

長工は家、土地、農具を地主から提供された。家族は自分の家に住み、長工本人は地主の家に住んだ。農耕以外に家禽（豚、鶏、家鴨、鵞鳥）を飼育し、野菜の栽培を行った。これらの家禽、野菜はすべて地主の所有物であった。地主、作頭、長工、短工は一緒に食事した。但し、地主が最初に箸をつけ、次に作頭、三番目が長工であった。三度三度同じ形式で食事をした。休暇日は正月の十五日間で、自分の家に帰ってもよかった。休暇日は農耕をしなくてもよいが、家禽の飼育、野菜の栽培はしなければならなかった。

短工は中農の一部及び下農がなった。中農は農繁期以外に短工になることがあった。田植え時期には一週間、一人の地主に一日間、他の地主の短工もするので、一週間短工を行った。収穫時期は一人の地主に十三日間短工をした。短工には本地人と外地人がいた。外地人は大力山（余姚《よよう》）、黄岩（台州）、興昌（台州）から来るものが多かった。

富農はいなかった。

大佃農は地主から四十畝以下の土地を借りる農民のことである。上水村には湖秀青、王水富、夏姓橋の三人がいた。湖秀青は十二畝の土地を持ち、地主から三十畝の土地を借りた。王水富は十五～十六畝の土地を持ち、地主から三十～四十畝の土地を借りた。夏姓橋は七～八畝の土地を持ち、地主から三十畝の土地を借りた。三人の大佃農は各々長工一人、短工一人を雇っていた。

中農は自作農、或いは地主から二十畝以下の土地を借りるもので、多数いた。一般的な中農は三～六畝の土地を持ち、地主から十～二十畝の土地を借りた。地主との契約は書式契約であった。佃租は大地では一畝米八十斤、小地では一畝米五十斤であった。上海で工業を営んでいる不在地主から五十畝以上の土地を借りる者もいた。

下農は全然土地を持っていない農民のことである。地主から五、六～十畝の土地を借りた。地主との契約は書式契約であった。佃租は大地では一畝米八十斤、小地では一畝米五十斤であった。

長工は二十戸前後いた。男だけでなく女の長工もいた。一年中、地主の家に住み、地主の子供の世話をした。一日米五斤が薪水であった。自分の子供は母親に預けた。

短工は七、八人いた。

盛小毛氏は下農であった。地主から七畝の土地を借りていた。寧波（都市部）に移った人から土地を借りていた。佃租は一畝一三〇斤で合計九一〇斤であった。

土地改革時、地主、大佃農の土地は全て没収された。銃殺された地主はいなかった。

新中国以後、河の浚渫、堤防の修理は国家が修理した。

（2）積瀆碶

宝慶『四明志』巻一二、叙水によると「積瀆碶。光同郷四十一甲。又名下水碶」といわれ、宋宝慶三年（一二二七）時には積瀆碶《せきとくけつ》は下水碶とも呼ばれていた。民国『鄞県通志』第一、輿地志、丑編、営建、積瀆碶によると、「積瀆碶……唐鄮令王元暐建。宋嘉定十七年重修。……民国十三年、邑紳朱炳蕃・張伝保等疏濬南塘河、又修」とある。即ち、積

写真５　積徳碶　出典）2009年９月筆者撮影

瀆碶は唐代鄮令王元暐が建設し、嘉定十七年（一二二四）に重修し、民国十三年（一九二四）に邑紳朱炳蕃・張伝保等が南塘河を疏浚した時に、又修理したと言われている。さらに前述の謬復元氏によると、民国三十六年（一九四七）にも修理されたと言われる(7)。

筆者は二〇〇九年二月二十六日に積瀆碶を訪問した。この碶は、下水碶とも言われる。積瀆碶の上に橋があり、民国二十七年（一九三八）十月建造と刻まれていた。二〇〇二年に奉化江に少し近寄った所に新しい積瀆碶が作られたので、この碶は廃棄された。南塘河の流れも変えられた。その橋の上で楊廟財氏（一九三四年生？）に会った。彼は民国時期、貧農であった。父の時代は中農であったが、楊廟財氏が七歳の時に父が死亡したので、貧農となった。親戚の呉信根（貧農）氏の所で働き、食べさせて貰っていた。当時この地域には大地主はおらず、少し豊かな者が残金で田地を買っていたが、解放後の土地改革時に地主身分となった。北方の劉文彩(8)のような大地主はこの地域ではいなかった。一九六一年と六二年に旱魃があり、その時は井戸を掘ってその水で灌漑したり、飲用水とした。また山麓の渓流の水を飲んだりした。積瀆碶では水争いはなかったとのことであった。

（３）行春碶

宝慶『四明志』巻一二、叙水によると「行春碶、光同郷四十三甲、俗名南石碶」と記されている。

写真6　行春碶　出典）2006年3月筆者撮影

唐太和七年（八三三）に建設されたもので、明代洪武二十七年（一三九四）、清代乾隆二十五年（一七六〇）、道光二十八年（一八四八）、民国十三・十四年（一九二四・二五）に修理された（民国『鄞県通志』輿地志、丑編、営建、行春碶）。繆復元氏によると一九六二年に石碶になり、現在は位置を少し変えているとのことであった。このあたりは寧波市街地に近く、八百屋、お菓子屋、食料品店、雑貨店等（二〇〇六年三月、行春碶）がならんだ繁華街で、行春碶付近の南塘河は多くのゴミが集積していた（写真6参照）。

筆者は二〇〇八年九月十五日行春碶を再訪問した。ここは二〇〇六年にすでに訪問した場所であるが、以前の行春碶（写真6）は奉化江に注ぐ二〇〇メートル手前の南塘河にあったが、二〇〇六年九月に撤去され、今は二〇〇メートル下流の奉化江に接した場所に移転していた。碶夫はおらず集中管理しているようである。旧行春碶には橋しか残っていないが、付近の住民に聞くと、旧行春碶には元々、碶夫がいたが、いなくなって久しい。以前は大雨の際、水位が上がり、人間の胸の部分まで水が溢れたが、新しい行春碶ができてから、そのような心配はなくなった。二〇〇六年に訪問した際には旧行春碶の奉化江側の水路前には多くのゴミが堆積し、ほとんど水が流れていなかったが、現在、旧行春碶は撤去され、その箇所は橋だけで、水が勢いよく新行春碶に向かって、即ち、奉化江に向かって流れていた。ただ、旧行春碶のあった所の橋には碑文が作られ、唐代の太和七年（八三三）に行春碶が出来てから、二〇〇六年まで場所を全く変えなかったと言われている。我々が見た旧行春碶は唐太和年間のものではないであろうが、歴史的遺産として保存し、水門を開けたままで水流を順調に保ち、新行春碶を作ってほしかったと感じた。王元暐が唐太和七年に它山堰を作った際、南塘河沿い烏金碶、積瀆碶、行春碶の三碶を作ったが、現在、烏金碶のみが創建当時の場所に残り、碶夫もいるが、旧積瀆碶は現在用いられておらず、少し離れた所に新積瀆碶が設置されており、行春碶も以前の碶が撤去され、新しい碶になっている。

（4）沈謁毛氏よりの聞き取り調査

二〇〇八年九月十四日に沈謁毛《しんけつもう》氏（一九三七年五月一日生）より聞き取り調査を行った。彼は沈光文(9)の子孫で寧波市石碶街道星光村在住である。沈光文は清朝時代、台湾を収復した鄭成功の部下であった。台湾台南に沈光文の廟がある。沈氏は南宋時代から寧波に住んでいる。族譜が八冊あり、民国十七年（一九二八）までの記録である。沈謁毛氏の祖父は沈茂春氏（一八八四年生）で、農民であった。父は沈新発氏で、彫刻家であった。二十年間タイにおいて竹の彫刻をやっていた。兄弟は八人いたが餓死したり、日中戦争時の日本軍による細菌戦争によって亡くなったりして沈謁毛氏一人残った。一番貧しかった。食糧不足で亡くなった兄弟が多かった。

沈謁毛氏には二人の男子と一人の娘がいる。沈謁毛氏は一九四四年から四九年まで沈昌泰小学校で勉強した。卒業後上級学校には行かず、地主沈紀慶氏の牧童となり、牛を放牧していた。沈紀慶氏は六十数畝の土地を持っていた。沈紀慶氏より家族三人分八畝一分の土地を借りていた。即ち、沈謁毛氏は貧農であり、長工であった。解放後の土地改革で三畝五分の土地の配分を受けた。

この地域は櫟社《れきしや》郷で上店、仇家、沈家、田屋の四村であり、民国時代にこの四村が合併して第四保となった。上店、仇家、沈家、田屋は各々自然村であった。解放後は星光村と名称を変えた。星光村には一〇〇〇人程住んでいる。面積は一四〇〇畝である。

民国時期の地主は四人、富農は三人（その内一人は大佃農）、上中農は三十五人、下中農は多数、貧農と雇工は五〇〇人ほど、それに手工業者、商人がいた。

地主

沈紀慶：一〇〇畝。長工が三人、牧童が一人、短工が三～四人いた。

仇志《きゅうし》棠《とう》：八十畝。長工が二人、牧童が一人、短工が三～四人いた。仇氏は鄞県では有名な中医痔科（麻疹）であった。

仇鴻章：七十畝。長工が二人、牧童が二人、短工が三～四人いた。土地改革で銃殺された（銃殺理由は後述する）。

沈瑞福：一〇〇畝前後。長工が三人、牧童が一人、短工が三～四人いた。

＊沈紀慶と沈瑞福は親戚であり、仇志棠及び仇鴻章とは親戚ではない。

この地域では田底、田面という言葉は聞いたことがない。大田と田脚という言葉はある。大田とは祠堂の祠田などであり、租子（小作料）の単位が大田一畝一〇〇斤～二〇〇斤、田脚は〇・八畝で租子八〇斤～一六〇斤である。大田の方の収穫量が多かった。それだけ祠堂の祠田は生産力が高かったことがわかる。

長工は地主の土地を小作した。最初に長工は地主の家から予支（前払い）として一〇〇斤の米を受け取った。これは長工が貧しかったからである。地主は長工から敷金とか礼金は取らなかった。契約は口頭であった。一回の契約で三～五ヶ月間働いた。

早稲は五月上旬に植え、七月上旬に収穫した。晩稲は五月下旬に植え、十一月～十二月に収穫した。早稲と晩稲の田は別々の場所であった。長工は早稲を栽培、収穫して一旦契約を終了した後、一～二ヶ月間休み、また十月から十二月まで雇われた。それは晩稲の栽培田の耕作のためであった。大凡は同じ地主と契約した。一畝三〇〇～四〇〇斤の収穫量があった。長工は一般的には二十畝の田を小作するので六〇〇〇～八〇〇〇斤の収穫があり、地主は長工に五ヶ月間の給料として五〇〇斤を支払った。しかし予支の一〇〇斤を差し引くから実際に長工に渡されるのは四〇〇斤であった。これらは谷（籾）で支払われた。長工の生活は困難であったが、長工には小作しかできなかった。いい地主の場合一～二ヶ月に一、二日の休日を与えてくれたが、悪い地主は休みを与えなかった。長工は家では副業として藺草の生産をしたり、家鴨十羽、鶏十羽、豚二頭を飼っていた。牛を飼う余裕はなかった。籾は地主から貰って播種した。不作時においても給料は差し引かれなかった。長工は地主と契約するのは簡単ではなかった。怠けていたり、耕作をうまくできなかったら解約された。しかし、この村（櫟社郷仇家）では抗租闘争については聞いたことがない。

富農は三人おり、一人は大佃農、二人は普通の富農であった。大佃農は仇有成という人物であった。祠堂などから土地を五十～六十畝借り、長工に耕作させた。これ以外に別の仕事を持っていなかった。祠堂などの地主に一畝あたり二〇〇斤の租子を収めた。

他の二人の富農は周成生と沈徳章で、各々三十～四十畝の土地を持ち、自作するだけでなく、長工や短工を雇っていたが、牧童は雇っていなかった。

上中農は自作農で、十～二十畝の土地を持っていた。多くは十五畝の土地を所有していた。播種、収穫には短工を雇った。短工には毎日米二・三升与えた。短工の仕事は土地の大きさによって異なり、一日で終わることもあり、二、三日かかることもあった。短工も地主や上中農などに礼金を支払わなかった。上中農は家で鶏、家鴨、豚、牛一頭を飼っていた。

下中農は十五畝以下の土地を持っている自作農のことである。三、四畝の土地を持っているものが多かった。自作をして長工や短工は雇わなかった。また自作地だけでは足りなくて地主や富農より土地を借りて不足分を追加するものがいた（小作?）。下中農は家で鶏、家鴨、豚を飼っていたが、牛は飼っていなかった。牛は他の家から借りた。

貧農は地主から土地を借りて農作を行った。佃戸、佃農とは呼ばれなかった。農具は持っていた。

雇工は長工や短工を指す。家を持っていない者は地主の家に住んで農作業をし、家を持っている雇工も地主の田で農作業を行った。家を持つものも、持たないものも基本的に家族を持っていた。雇工も農具を持っていた。

肥料には人糞、鶏糞、豚糞、牛糞と緑肥を用いた。緑肥は草子と呼ばれ、九月末に播種して四月初めに収穫した。以上の肥料の中心は緑肥であった。化学肥料は使わなかった。大豆粕も用いなかった。大豆は食料で豆腐、豆腐干と呼ばれた。

祠堂や堂祠は祠田を大佃農や下中農に貸したり、長工や短工に農作業させた。

中佃農や小佃農のような名称はなかった。一般的に租子は一畝一〇〇斤~二〇〇斤であった。

沈氏宗祠の下には天・地・人・和の四房に分かれ、堂祠が各房を代表した。宗祠には族長がおり、堂祠が幹部となった。昔は劇を催したが今はやっていない。廟会も民国時代にはあったが、今はない。族規、族約はあったが書面では残っておらず、沈謁毛氏はその内容を忘れたとのことであった。

族長は年齢で決まるのではなく、輩份の高いものがなった。民国時代にはいたが、今はいない。沈氏宗祠では沈光文の生年月日（一六一二年十月十八日）にお祭りがあり、廟会もあったが、今はない。

沈氏の祠田の面積は覚えていない。族長が小作契約をした。この契約には干手（幹部）が相談して決めた。宗祠の中では族長が主で干手が副であった。土地は同族に優先して貸し出したが、他族のものにも貸した。

上店、仇家、沈家、田屋には村廟があった。一つは崇福廟で白居易を祭っていたが、廟会は無かった。石碶（行春碶）、風堋碶、它山堰には廟会があり、特に它山堰では三月三日、六月六日、十月十日に行われた。沈謁毛氏等は見に行ったそうである。

水利について。現在は皎口《こうこう》水庫（一九七五年完成。出典：『鄞州水利志』三八四頁）から供水される、水道はメーターで計っている。民国時期は櫟社から南塘河の水を自由に取水できた。

一九三五年、一九三七年に旱害が起こった。一九三七年には一畝あたり一〇〇斤しか収穫がなかった。この時は奉化江の水を利用した。牛車（牽車）で取水した。普通は水菱《すいれん》池碶《ちけつ》を開けて水を入れた（写真9参照）。それを牛車（牽車）で取水した。大量に取水できた。少量の場合は龍骨車で取水した。水争いはあり、喧嘩になることもあった。保長、甲長が仲裁した。

洪水時は碶で排水した。民国時期は個人で排水した。解放後は農会、合作社が排水した。

南塘河沿いの堤防（堤壩）が決壊した際には被害を受けた農民が修築に参加した。水路の浚渫は解放後、水利局が行った。水菱池碶の碶夫は金久祥氏。農民ではない。以前、泥を埋める仕事をしていて、その後、楊木《ようぼく》堰《えん》壩《は》の管理人をして、水菱池碶夫をしている。他には仕事をしていない。郷や鎮の水利局が碶夫を決めた。

沈家は自然村である。沈氏が多く、沈謁毛氏の親戚もいる。四つの村の上店、仇家、沈家、田屋は民国時期に一つの村になった。以前は同姓不婚であったが、今はその原則は無くなっている。

保長は沈紀生で、田屋出身である。放鴨子で、下中農である。保長は上から決められた。上級機関にうけのいいものが保長になった。保長は壮丁谷を負担しない。甲長は四個村に各々いた。壮丁谷は負担した。

保長は村長のことであり、水争いの調停、土地争いの調停、地主・長工間の揉め事の処理をした。壮丁は軍に入る前の壮丁団のことで、若者は入りたがらなかったので壮丁谷を納めて壮丁を免除された。一村に数人が壮丁になった。

保丁が村に一人おり、治安維持を行った。作物泥棒の取り締まり、喧嘩・掏《す》りの取り締まりを行った。薄給であった。

村には規約はなかった。ただ、春節に劇を催した。毎戸が費用を負担した。各戸に提灯、灯籠をつけた。

沈家には小販（肩販）がいた。また上海に出稼ぎに出て祝祭日に戻ってくるものもいた。商店は煙草店、酒店、食品店、南北貨店、薬屋、肉屋、八百屋などがあった。米商人が農民の所へ来て米を買った。この米商人には外地の人、寧波市内の人、地元の人がいた。

農民が金を借りるには高利貸し、典当、救会（頼母子講）、親戚同士があったが、一番多かったのは親戚から借りることであった。高利貸しは四人の地主が行っていた。借金を返せない時はその地主の下で長工として働いた。典当は地元の人であった。土地改革後には典当は禁止された。

救会は会長が五十～六十人集めて行った。救会は友達同士で行った。解放後、合作社、信用社が資金を融通した。

土地改革においては四人の地主から土地を無償で没収した。ただ、地主の家族数に応じて土地を少し残し、それを改めて配分する形をとった。四人の地主の内、沈鴻章は銃殺された。理由は勝手に（自分の）耕牛を殺し、（金持ちの）墓のものを発掘したということであった。「儆典范煞一儆百」（一番悪いことをした者を見せしめに殺した）。他の三人は処刑されなかった。大佃農も処罰されなかった。地主や富農から借りた土地は農家各戸に分配された。「地富友壊四類分子、按月匯報掃街掃地」。

沈調毛氏は土地改革時に八畝の土地が分配された。二家族で一頭牛を飼った。農耕具は持っていた。一九五三年に互助組が成立し、土地を返し協同労働、収穫を行った。その後、農業生産合作社、人民公社の下で農耕を行った。互助組から人民公社まで合作形態の下では農具、牛は股份という形（「作価入股」）で権利を持っていた。一九五八年から機械化が始まり、最初はトラクター、そして耕運機、脱穀機、田植機、ポンプと普及していった。これらの機械は何人かを組み合わせて金を出し配分された。一九八三年に土地はまた個人に配分され、一人一畝、五人家族で五畝配分された。化学肥料も一九八〇年から始まり、八三年から自分で購入するようになった。農薬も一九六〇年代から始まり、今も使っている。現在は上のほうでは農薬はあまり使わないようにと指示しているが、使っている。

収穫量は解放後は毎畝三〇〇斤、人民公社時代は毎畝五〇〇～六〇〇斤、現在では毎畝八〇〇斤である。

一九七一年に南塘河沿いで旱害があり、毎畝九〇斤しか米の収穫がなかった。その際には国家は免税にしてくれた。

一九七四・七五年に皎口水庫ができて水の供給が安定した。解放後、洪水は三回あった。一九五六年に大洪水があり、海抜の低い所は影響を受けた。他はあまり被害がなかった。その際も国家は免税にしてくれ、食糧の補助があった。

（5）風堋碶《ふうほうけつ》・狗頸塘《こうけいとう》

嘉靖『寧波府志』（明周希哲等修、嘉靖三十九年〈一五六〇〉）巻五、山川上に、

風堋碶、一名望碶、県西南三十里光同郷。宋煕寧中令虞大寧置。用郤暴流納淡潮者。舒亶為之記。其略曰、鄞于四明為劇県、占郷十有六、而公私之田無慮幾万頃。其瀦蓄以待灌漑者既無幾、而凡所以為捍防釃導之具、吏又忽不時省、頽漏廃圮、十或八九、不幸天時稍愆亢、則其涸可立待、而民輒病間無如何。注江流以趨一時之急、鹹鹵敗稼積不已、往往田遂瘠悪茀、不足耕種、不可下、虞大夫乃与民図之、即北渡之西面風堋積石為碶、以却暴流、納淡潮、既又自州之西隅、距比津疏淀淤之旧、増卑培薄以実故堤、而作閘于其南、拒鹹水以便往来之舟、而東西管数郷之堰碶、随以繕完者凡六所。蓋用工一万一千有奇、而漑田五千五百余頃、仮財于賑貸之余、而工不費、役民於既病之後、而私不労、邑人相与伝之、頤有以久大夫之賜于無窮、而亶因記之。今風堋碶久廃、按行春至積瀆、相距三十里、行春居江下流、滷汐易至、烏金積石処上游、非潮盛張滷汐不至、河渠少涸、江潮尚澄淡、可壅入河

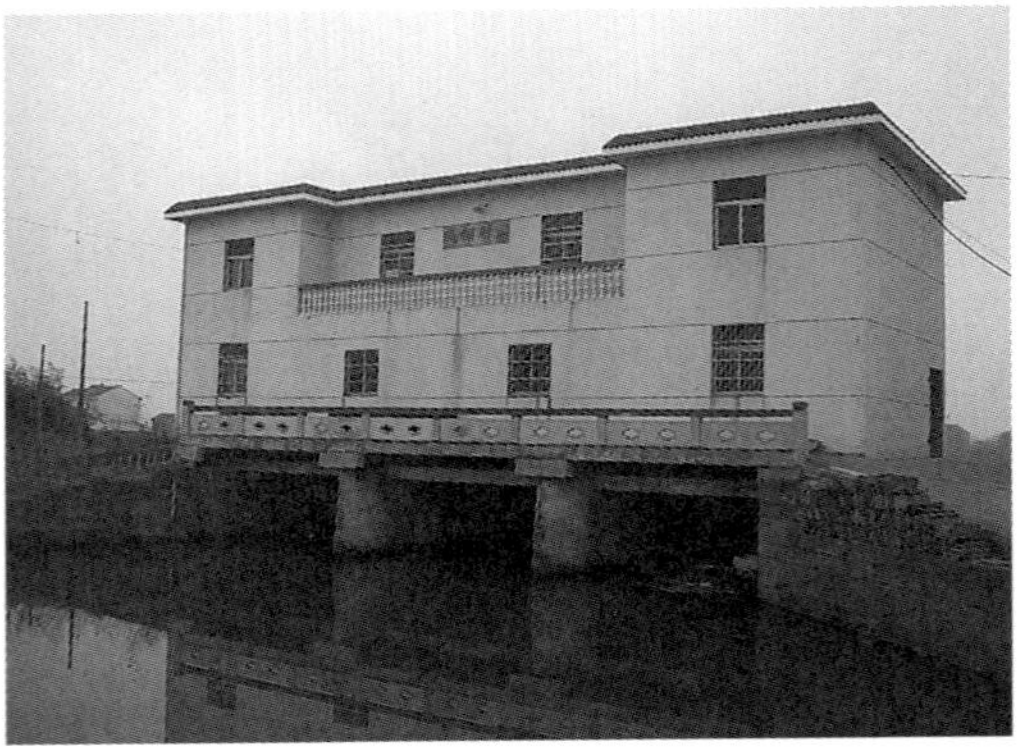

写真７　風堋碶　出典）2008年９月筆者撮影

渠以漑田、霖潦亦易洩、故風堋視他碶為尤要、宜亟修復以続大寧之績、
語詳河渠書中。

とあり、風堋碶は望碶ともいう。鄞県西南三十里（約一六・五キロメートル）のところにあり、宋代熙寧《きねい》年間（一〇七二年頃：『鄞州水利志』八三一頁）虞《ぐ》大寧《だいねい》が建設した。舒亶《じょせん》（一〇四一～一一〇三）の記略によると、熙寧年間、鄞県の水利施設の多くは壊れており、旱害が頻発していた。そこで虞大寧は北渡の西面の風堋に石を積んで碶をつくり、奉化江の暴流をおさえ、南塘河からの淡水を入れた。さらに付近の西隅の故堤を拡築した。一万一千余両の工費を費やし、五千五百頃の田を灌漑した。しかし、明嘉靖三十九年（一五六〇）当時、風堋碶はまた廃退しており、修理しなければならない状態であった。

さらに雍正『寧波府志』（清・曹秉仁等修、万経等纂、清雍正十一年〈一七三三〉刻本）巻一四、河渠に

風堋碶在北渡、眺江橋西、一名望碶、宋熙寧中、県令虞大寧置之、用以却暴流納淡潮者、蓋自行春至積瀆、相距三十里、行春居江下流、滷汐易至、烏金・積瀆処上游、非潮盛漲、滷汐不至、河渠少涸、江潮尚澄、澮可壅入、河渠以漑田、霖潦亦易洩。故風堋視他碶為尤要。今廃不治、惟見石陥、故瀆中過者、莫之省問。今若度水沾漑者、計畝率力、民必楽趨、恵利無窮、此所謂以佚道使民者也。

とあり、風堋碶は北渡にあり、宋代熙寧年間に虞大寧が設置した。奉化江・南塘河の暴流を制御し、淡潮を農田に灌漑するものである。奉化江を遡上する淡潮の上部は淡水で、下部は塩水であり、上部の淡水を引流灌漑する潮汐灌漑

である。行春碶から積瀆碶まで三十里あり、行春碶は奉化江下流にあり、潮汐は遡上しやすく、烏金碶・積瀆碶は上流にあり、満潮にならなければ潮汐は遡上しない。河渠の渇水は少なく、奉化江の潮汐は澄み、水は静かで引流しやすい。河渠は水田を灌漑し、長雨でも排水しやすい。故に風堋碶は他の碶に比べて重要である。清代雍正時期は廃されて修理されず石で埋まっていた。従って水路を通過するものの誰もが顧みようとはしない。灌漑に利用しようとすれば、畝ごとに労力を出すことにすれば、民は必ず労役を出し、恵利窮まりなく、民を楽にさせるやり方であると言われている。即ち、清代雍正十一年（一七三三）当時でも風堋碶はまだ修理されていなかった。

民国『鄞県通志』第一、輿地志、丑編、営建、風堋碶によると、宋代大観年間（一一〇七～一〇）に塘が築かれ、清代道光元年（一八二一）に巡道陳中孚・鄞県令郭淳章によって重建された。道光二十四年（一八四四）に邑紳張景豪によってさらに重建され、二十八年（一八四八）署守徐敬・邑紳張恕・朱徳章等の寄付金で大修理が行われた。民国二十一年（一九三二）県長陳宝麟・区長董開紓が当地の公民と修理を行った。即ち、清代道光年間に風堋碶は漸く修築され、民国二十一年（一九三二）に再度収復されたことがわかる。

筆者は二〇〇八年九月十五日に南塘河沿いの風堋碶を再調査した。ここは二〇〇五年、二〇〇六年にも訪問したところである。謬復元氏によると元々の風堋碶は現在撤去され、新しい風堋碶が設置されているということである。この風堋碶は南塘河が分流し、奉化江に注ぐ数百メートル手前にあり、碶夫はいない。集中管理をしているものと思われる。南塘河沿いで風堋碶の北東一〇〇メートル当たりの聴泉橋付近に風堋廟がある。ここは寺と廟が合体しているものであった。このあたりはもともと北渡村（自然村）であり、現在は車河渡村（行政村）になっている。付近を通りかかった枝豆を担いだ農民魏阿常氏（二〇〇八年当時七十七歳）に沈謁毛氏と楊建華先生に通訳して聞いて戴いたところ、碶夫は以前に辞め、今では寧波市内で労働者になっている。以前は洪水時に水利局より水門を明けるように指示

写真8　狗頸塘　出典）2006年3月筆者撮影

があったとの事である。

次に風堋碶から南塘河下流の狗頸塘《こうけいとう》を調査した。ここも二〇〇五年、二〇〇六年にも訪問したところである。沈謁毛氏の話によると塘（堤防）は解放前は高くなかったが、解放後高くしたとの事である。狗頸塘とは犬の頸のようであるからそのように名付けられた。

嘉靖『寧波府志』巻二三、河渠書には、「百千澗壑之泉、会為一溪、経中潭至它山堰、而西北折過廻沙閘、紆廻九曲、経新安許家、会古小溪口、洪水湾、梅溪灘、出洞橋、歴沙港口、烏金碶・積瀆碶・百丈塘・風堋碶・櫟社行春碶・段塘散布谷郷、由甬水門而入郡城、瀦為日月湖。」とあり、它山堰から南塘河の水路に百丈塘（狗頸塘）があった。

康熙『鄞県志』（清汪源沢修・聞性道纂、康熙二十五年〈一六八六〉刻本）巻七、利済攷には

狗頸塘、県南二十七里、塘長百余丈、以形得名、江河夾岸、而江勢於此、尤為湍急、因潮衝地狭、毎風雨鼓浪、往往頽壊、水利関西七郷之田、最属要害、例定四十二都一啚二啚三啚公同修築、相累甚苦。嘉靖郡志不載。此数塘推宋宝慶志載長塘堰、其坐地与要害、及処置之、方与狗頸塘相似。今有塘而無堰。大約即此耳。詳見堰攷。

とあり、宋・宝慶『四明志』に載る長塘堰が、狗頸塘であるとしている。しかし、民国『鄞県通志』第一、輿地志、己編、「坿光緒鄞県志各郷水利総論」によるとこれは誤りであるとし、[10] また、謬復元氏も同様にとっている。

また、民国『鄞県通志』第一、輿地志、丑編、営建、狗頸塘によると、狗頸塘修築の歴史が述べられている。清康熙十年（一六七一）に県令朱士傑が修築し、二十六年（一六八七）に守の李煦が汪源沢に重修させ、乾隆二十五年（一

七六〇）知県高大澤が修理し、嘉慶十一年（一八〇六）に知県周鎬が大修理し、永鎮と名付けた。道光二十八年（一八四八）紳士張恕らが寄付金を出して重修し、工事費二一〇〇緡《びん》余を費やした。民国十三・十四年（一九二四・二五）に農民協会と南塘河濬河局が重修した。狗頸塘は奉化江の海潮を防ぎ、南塘河の洪水を防ぐためのものであった。

筆者は楊建華先生に通訳して戴き、狗頸塘付近の農民である周恵平氏（二〇〇九年当時五十一歳）に聞くと、今は機械化し、ポンプで南塘河から給水しているが、以前は牛車子で給水していた。昔は堤防（狗頸塘）が低くて直接水を入れていた。南塘河沿いの土手（狗頸塘）に穴（石函《せきかん》）を明けその上に石板を置き、水田に水を入れていた。小さい頃は南塘河の水は綺麗でこの水を用いてご飯を炊いていたが、今は茶色に濁っている。昔は堤防がなかったが、一九八二年に改修して石堤化した。人糞を使って肥料にしている。化学肥料は高いので使わない。農薬は使い、年に五、六回散布する。これも高く、使用済みの農薬の一リットル程の大きさのペットボトルを指して、これ一本で十五元と話していた。国家からの補助金はなく、区の役所から年に毎畝五十元の補助を貰っている。周氏は一・五畝の土地を持ち、米の収穫量は毎畝一〇〇〇斤である。晩稲だけ栽培している。これは自家消費用である。早稲はあまり美味しくない。昨年に残しておいた晩稲の籾を播種した。他に柑橘を植え、その間作に枝豆を栽培している。周氏の隣の田は江西省からやって来た人が土地を借りて耕作している。賃貸料は毎畝三〇〇元である。また付近の蓮根畑は四川からやって来た人が栽培している。周氏には子供は男の子が一人いるが、授業料が高いため大学をやめ、出稼ぎに行っている。一九七二年に風堋碶を建て替えた。昔は南塘河沿いにあったそうである。

（6）水菱池碶

『鄞県水利志』三四八頁によると、水菱《すいれん》池碶《ちけつ》は櫟社郷星光村西に位置し、石推（碶）鎮にあり、河流は南塘河であ

写真９　水菱池碶　出典）2009年12月筆者撮影

る。一九六四年八月に建設されたと述べられている。

二〇〇八年九月十四日に沈謁毛氏に案内して戴き、狗頸塘より南塘河下流の水菱池碶を調査した。ここは南塘河から奉化江に注ぐ水路上にあり、数百メートル先は奉化江である。一九六四年に完成したもので、五個の孔があり、一孔の幅は二・七メートル、三〇〇〇畝を灌漑する。碶夫は金久祥氏（一九四三年十月十日生）である。以前は楊木碶、風堋碶の碶夫であったが、一九六五年から水菱池碶の碶夫となった。退職前は毎月七〇〇元であったが、退職後の今は毎月三〇〇元である。水菱池碶の南方、奉化江に注ぐ左岸に石段があり、そこに線が施されてあり、その線まで水が達すると水門を閉める。一つの石段は高さ二〇センチメートルで二・五メートルまで水位があがると水門を開ける。九月十五日午前十一時頃の水位は二・〇八メートルで、水菱池碶の北側も南側も同じ水位である。以前の碶夫は亡くなったがその頃は手動操作し、水門の開閉を行っていた。恐らくは烏金碶の盛小毛氏と同じような操作をしていたと推測される。今は電動で操作している。鄞江水管站の周恵忠氏が直接の上司である。満潮が一日午前と午後二回あり、その際には開門している。また、基本的に水位は二・二メートルが基準であり、それ以上に水位が上がらないと開門しない。洪水、台風時には水利局から指示があり、開門する。この碶は三〇〇〇畝の土地を灌漑するが、もっと奥地に行くと、三〇〇〇〇～四〇〇〇〇畝灌漑できる碶がある。金久祥氏は一年三六五日、碶の水位を観測し、一日も休まない。碶の付近に管理人宿舎があり、そこに寝泊りしている。

四　迴沙閘

迴沙閘《かいさこう》については『四明它山水利備覧』巻上、建迴沙閘に次のようにある。

淳祐二年（一二四二）八月内、陳大卿委提督建造、始九月初八日、至十一月七日畢、同提督制幹林元晉正奏、名安劉閘、三眼、長三丈九尺、高一丈零五寸、中一眼、闊一丈二尺八寸、両旁各闊一丈一尺、柱位四尺、東臂石岸八丈、石鎚十五層、西臂石岸一十八丈、石鎚十五層、石匠工銭、毎工支官会二貫八百文、米二升二合、計工銭二千九百三貫二百文十七界、雑夫毎工支官会一貫五百文、計工銭四千四十九貫五百文十七界、砌粗石、毎工支官会二貫三百文、計工銭一百二十九貫一百文十七界、買石及松椿、石工、雑夫、官会共計二万六百二十貫七十一文十七界。

写真10　迴沙閘　出典）2008年９月筆者撮影

迴沙閘の建設。淳祐二年（一二四二）八月、陳大卿（陳愷）は提督に建設を委任した。九月八日に工事が始まり、十一月七日に竣工したので、提督制幹林元晉とともに奏上した。安劉閘と名づけ、三眼あり、長さ三丈九尺（一二メートル弱）、高さは一丈五寸（三メートル強）、中の一眼の幅は一丈二尺八寸（四メートル弱）、両脇の幅が各一丈一尺（三メートル強）、柱は水面から四尺（一メートル強）に位置し、東臂石岸《とうひせきがん》は八丈（二四・五メートル強）、石鎚《せきつい》は十五層、西臂石岸《せいひせきがん》は十八丈（五五メートル強）、石鎚は十五層であった。石匠には工銭を毎工、官会二貫八〇〇文（二八〇〇文）、米二升五合（二・三リットル強）、合計工銭二九〇〇貫二〇〇文一七界（二九〇〇万二〇〇文）を支出した。雑夫には毎工、官会一貫五〇〇文（一五〇〇文）、合計工銭四〇四九貫五〇〇文一七界（四〇四万九五〇〇文）を支出した。粗石の切り出しには、毎工、官会二貫三〇〇文（二三〇〇文）、合計工銭一二九貫一〇〇文一七界（一二万九一〇〇文）を支出した。石及び松椿《しょうとう》の購入、石工・雑夫には官会合計二万六二〇貫七一文一七界（二億六二〇万七一文）を支出した。

同史料の「看守迴沙閘人」には次のように記されている。

中一間、閘板七片、許廿四、許亜六
東一間、閘板七片、許十二、許十五、許三十七
西一間、閘板七片、許阿二、許阿三、許阿四
看管閘人、毎月共支米一石、府歴赴倉清領均分

迴沙閘の看守人。中一間、閘板七片、許廿四、許亜六。東一間、閘板七片、許十二、許十五、許三十七。西一間、閘板七片、許阿二、許阿三、許阿四。迴沙閘の看守人には毎月合計、米一石（九五リットル弱）を支給し、府は倉庫に赴き領収して均分する。

さらに同史料の続きの「迴沙閘外淘沙」には次のようにある。

淳祐三年（一二四三）七月初十日、八月二十日、両次大風水、湍沙遇閘即止、但閘外淤沙、約五十余丈、併裏河王家水瀝、岸旁之沙、坍洗入港者、三十余丈、帥黄大卿壮猷委峴開淘、始於九月初二日、至初八日畢、為工九百八十、銭共計一百三十四貫四百文、雑支在内。

迴沙閘外の淘沙《とうさ》。淳祐三年（一二四三）七月十日、八月二十日、二度大風雨で流砂が迴沙閘で止まり、迴沙閘の外

で約五〇丈（一五三・六メートル）淤塞《おそく》した。裏河王家の水と合流し、岸旁の沙が崩れ、三十余丈（九・二メートル強）港に入った。帥黄大卿壮猷《そうゆう》は魏峴に淘沙を委任した。九月二日に開始し、八日に完了した。毎工は九八〇、銭の合計は一三四貫四〇〇文（一三万四四〇〇文）で、雑支出内から支出された。

嘉靖『寧波府志』巻二三、河渠書に以下のように記されている。

　去堰西北百武、為廻沙閘。宋淳祐間（二年〈一二四二〉）、守陳塏、咨于郷人廬陵守魏峴、峴作水利備覧、其略曰、大小溪之上夾岸、皆沙雨則与水倶下、溪塞不流、七郷河渠不受利、歳発衆淘之、至三四挙費緡銭数万、已復塞如初。

南宋淳祐二年（一二四二）郡主陳塏《ちんがい》が它山堰上流五〇メートルの所に廻沙閘を築き、它山堰とともに水量調節、泥砂防備を行った。三、四回の工事で数万緡を要した。

民国『鄞県通志』第一、輿地志、丑編、営建、廻沙閘によると、宋淳祐二年に郡守陳塏が設置し、元至正二年（一三四二）に総管王元恭が農事官を率い、它山堰から廻沙閘までの「一百八十歩」（二七六メートル余）を人夫を雇い閘内に流入した沙土を浚渫した。これは民間の人々が勝手に閘を開き水を入れたためであった。そこで閘を守る耆宿・上戸（名望家・富民）に輪番で担当する者の姓名を名簿に定め入れ工人を用い浚渫させることにし、これが定式となった。明嘉靖十五年（一五三六）、県令の沈継美《しんけいび》が它山堰の上に石を加え、一尺（三一センチメートル）高くしたために沙土が淤塞しなくなった。清同治年間（一八六二〜七四）以前には「陶沙田」（浚渫費のための田）があったが長らくすたれていたので、県人の蔡鋆《さいいん》が再び田四十畝（〇・〇六ヘクタール）を設置し浚渫の費用とすることを計画した。蔡鋆が死してその子の蔡鴻儀（原名、耀庭）がこれを完成したと言われている。

　陳思光氏によると、廻沙閘はできてから三十〜五十年で廃棄された。それは淡水が通る水路の重点が樟溪に移ったからである（図4参照）。廻沙閘が廃棄されてから它山堰の浚渫は三月三日、六月六日、十月十日の它山廟の祭り（王元暐を祭祀）の農閑期に政府が鄞県七郷の它山堰から水の供給を受けている農民を集めて行わせた。一九八五年まで同様の形態で浚渫が行われた。二〇〇一年からは水利局により機械で浚渫するようになった。浚渫した泥土は農田の肥料となっている。南塘河でも同じような形式で浚渫が行われている（二〇〇九年二月二十六日、寧波市鄞州区文物管理委員会副主任の謝国旗氏よりの聞き取り調査）。一九九三年に它山堰を修理した時、国家から一〇〇万元出して貰った。毎年、壊れた時は陳思光所長が付近の人々を集めて修理し、文物保護のために行っていた。明文化した水利規約は残っていない。必要もなかった。慣行で水利が行われてきた。現在でも河の水面にゴミが溜まれば水利局が人を雇ってゴミを収集している。

水の利用については解放前までは何日（奇数日）は誰某、何日（偶数日）は誰某が取水すると決まっていたが、解放後から見られなくなった。

一九五三年と一九六七年に大旱魃があり、村長が陳思光氏などに命令して農耕具を担ぎ、沼に行かせた。そこで隣村の者たちと械闘を行わせ、取水争いをやった。現在はダム（皎口水庫等）ができ、水が豊富になったのでそのようなことは起こらない。

五　洪水湾塘

洪水湾は它山堰から一里余（五六〇メートル）離れた所、光溪の河流が鄞江に合流する所にあり、漫水時、它山からの水を鄞江に排水できなかった。宋淳祐年間（一二四三）に魏峴が知府黄大卿に依頼して堤高二丈（六・一メートル）

幅一丈二尺（三・七メートル）長さ十二丈（三六・九メートル）を築造してもらった（『鄞州水利志』四九六頁）が決壊し、宋宝祐六年（一二五八）浙東制置使呉潜《ごせん》が洪水湾塘を建設（開慶『四明続志』巻三）した。乾隆四十一年（一七七六）知県周樽《しゅうそん》が修築し、咸豊七年（一八五七）、巡道段光清が重修、並びに新隄を増築した。民国十三年（一九二四）邑紳張伝保が南塘河を疏浚した時に義捐金を募り重修した（民国『鄞県通志』第一、輿地志）。

謝国旗・陳思光両氏によると、宋代宝祐年間（一二五八）、浙東制置使呉潜が光溪の支流が鄞江（奉化江）に合流する地点に洪水湾塘を作り、鄞江から逆流する海潮を堰き止めた（写真11、洪水湾塘、下流に見えるのが洪水湾排水閘、節制閘）。它山堰で海潮をくい止め、淡水を光溪に流し、三・七分流、即ち、洪水時七分を鄞江、三分を光溪に、渇水時

写真11　洪水湾塘　下流に見えるのが洪水湾排水閘、節制閘　出典）2009年２月筆者撮影

三分を鄞江、七分を光溪に流すというシステムと官塘（官池墩《かんちとん》、明・嘉靖三年〈一五二四〉建設）で土砂を堰き止め、洪水湾塘で海潮をくい止めるというシステムによって奉化江・鄞江を逆流する海潮をせき止め、淡水を光溪・南塘河にながし、農田灌漑、都市給水システムを完成した。它山堰は石を積み重ねることによって洪水時溢水させるだけでなく、渇水時も石の間から水を流出させる。この它山堰の高さと石でできていることが三・七分流の基本である。また、北溪（光溪の上流）と奉化江の合流地点に堰を作るのが理想であったが、同地は砂地で地盤が弱く、堰の建設には適さず、北溪と奉化江の合流地点から下った它山の地点は奉化江の両岸が岩盤で堰を作るには適していたために、そこに它山堰を作った。一九八六年に洪水湾塘の箇所に洪水湾排水閘、節制閘を設置してか

らは、洪水湾塘の機能は基本的に消滅したということである（二〇〇九年二月二十六日謝国旗・陳思光両氏の口述）。

六　官池塘（官塘、官池墩）

民国『鄞県通志』第一、輿地志、丑編、営建、橋には、

光溪橋、県西南鄞江橋市、官塘北亦名許家橋。明嘉靖三年建、清光緒二十八年重修。

とあり、光溪橋、官塘は明嘉靖三年（一五二四）に建設され、清光緒二十八年（一九〇二）に重修された。

官塘は它山堰より半里下流にある各尺型石塘で俗に官池墩《かんちとん》と称す。その左には光溪橋があり、塘の長さ八〇メートル前後、幅三・五メートル、条石で築いている。光溪橋は石拱橋《せききょうきょう》（石のアーチ橋）、橋の直径は八メートル。官塘と光溪橋は明嘉靖三年（一五二四）に建設された。小水は光溪橋に出、洪水時は官池塘を溢水《いっすい》する。その機能は四つあり、一は洪水排水期の水位を高め、它山堰の洪水排水能力を高める。二は泥砂の港への進入を防ぎ、南塘河の淤塞を防ぐ。三、主流を左岸に迫らせ、小溪港の引水に利す。四、南北の交通である（『鄞県水利志』三二七頁）。

写真12　光溪橋　現在、官池墩は撤去されて存在しない。　出典）2009年3月筆者撮影

迴沙閘が廃されてから後、明嘉靖三年（一五二四）に鄞県令の沈継美《しんけいび》によって光溪（上流から樟溪—鄞溪—北溪—光溪—南塘河と続く）に官池塘（官塘）が作られ、土砂を堰き止めるために作られた。洪水時には土砂は官塘の下に溜まり、

水は溢れ出た。官塘の左岸にはアーチ橋を作り、ここから船の通行、水を流し、一〇〇メートル下流の左岸から北に折れる水路から給水して農田灌漑に用いられた。また、光溪をくだり、南塘河へ水を供給した。

樟水鎮の皎口水庫（一九七五年竣工、総容量一一九八億立方メートル：『寧波市水利志』中華書局、二〇〇六）は大皎溪と小皎溪の合流地点に作られた。このダムの完成によって寧波の農田と都市給水が充実した。皎口水庫で土砂がくい止められるために、皎口水庫から它山堰までの北溪の土砂が它山堰に流れてくるだけで、土砂の量は少なくなった（二〇〇九年二月二十六日謝国旗さんの口述）。

七　鮑安富《ほうあんぷ》氏よりの聞き取り調査（二〇〇九年三月二十四日・五月三日）

二〇〇九年三月二十四日（火）に楊建華先生とともに鮑成信賢氏、鮑安富氏、鮑依子欣氏を訪問した。

寧波市鄞江橋鎮鮑家村[11]は、もともとは鮑家磡であったが懸慈村と合併して鮑家村となった。鮑安富氏の故家は鮑家村にあり、現在は官池路に住んでいる。鮑家磡《ほうかかん》の磡は陶磁器を焼く窯があったが、土をとって山の斜面に穴があいており、その窪んだ穴のことを磡といった[12]。鮑家村は解放前はすべて鮑一族で族長も村長も鮑一族であったが、解放後は外族も入ってきた。

鮑氏の先祖は宜興から本地に移住した。宜興の鮑家村には鄞江橋鎮の鮑家村と同じ懸慈廟、七星橋がある。

鮑家には族譜があったが、文革時に焼却させられた。記憶しているところの族譜に記載されている排行字（輩份）は道、石、康、金、安、仁があった。金は鮑成信賢の世代、安は鮑安富の世代につけられた排行字であった。道は清朝時代の排行字であったと推測されるとのことであった。

写真13　鮑安富氏一家

左から鮑安富氏（1940年生、鮑依子欣氏の父）・鮑成信賢女士（1919年生、鮑依子欣氏の祖母）・祖父・楊建華先生。

出典）2009年３月24日筆者撮影

祠堂はあった。鮑家礀祠堂という名称であった。現在は小学校の敷地にあり、鮑家礀村老年協会（鮑家礀二九三）になっている(13)（写真14参照）。この鮑家礀老年協会の建物の概観は古く、建物の西側面には風《ふう》火《か》墻《しょう》という防火壁が設けられていた。この風火墻は寧波市内の建造物によく見られるものである。老年協会の中は参観したが、観劇台などが残るだけで、鮑一族の位牌も何も残っていなかった(14)。

排行字の一番高い者が族長になり、族長が清明節（四月五日）と八月十六日に同族を集めた。清明節では族長は集めた鮑一族の者に無料で食事を提供した。同族の中で子孫が無いときは同族の親戚に田を預けて耕作してもらった。その収穫物等の収入を清明節などの行事の費用に用いた。上述の観劇台で京劇を招いて劇の観賞も行われていたという(15)（二〇〇九年四月二十七日：鮑家礀祠堂）。

この田を大田という。族長が大田の管理をし、同族内での耕作人を指定した。大田は四十畝あり、同族の者に二～三日ずつ耕作させた。この日数は人によって違っていた。輪流耕作であった。この生産した米を族人は所有し、清明節に祠堂に集まった際の食事において提供し、族人は肉や食糧を用意した。耕した大田の税金は族人が自分で支払った(16)。族長は輩份が高ければ若くても族長になった。現在は族長はいない。

族約はあった。書面ではなく、慣行であった。族長は最高権力を持っており、族内でトラブルがあった場合は族長が裁判・判断し、処理した。村長よりも権力があった。例えば、同じ家庭で財産分割する際にもめた時は、族長が決定を下した。

懸慈《けんじ》廟《びょう》が村廟である（写真15参照）。もともとは鮑徳廟と呼ばれていた。解放後に鮑徳廟が懸慈廟に名称が変わったが、当時懸慈村のyanという人物が鮑家村、懸慈村の村民にお菓子を配り、村民を籠絡して懸慈廟に名称を変えた。この当時、鮑家村と懸慈村の族長は喧嘩していたとのことであった。(17) 懸慈廟の管理人の劉定伙《りゅうていか》氏（二〇〇九年当時七十七歳）のお話によると時期は不明であるが、山東省から太公菩薩がこの廟に入ってから廟の名が懸慈廟に変わったそうである。(18) 菩薩が祭られている。筆者は二〇〇九年四月二十七日に懸慈廟を訪問し、廟の管理人より説明を聞き、

写真14　鮑家礀祠堂　出典）2009年４月筆者撮影

写真15　懸慈廟　出典）2009年４月筆者撮影

写真16　澄浪台　出典）2009年４月筆者撮影

廟内を見学した。中央には孝子菩薩と孝子娘娘（孝子の太太）が祭られ、その傍らに送子観音、財神菩薩、龍皇菩薩、包青天（包公大人、官員）、魯班祖師、太公菩薩、三皇許公（村人が山に入る時の安全を守る神）、文昌君（学問の神）、孝子菩薩の母親、龍王の太太が祭られていた。中国では子孫繁栄、学問成就出世、財神が孝に繋がると考えられ、以上の神様が祭られ崇拝されているとのことであった。以上の神様以外に名は不詳であるが古代の戦争時の将軍である通天とその太太が祭られていた。(19)

廟会は農暦九月二十六日～二十八日に行われる。三日間、京劇の劇団を招いて劇を催した。寧波地域の劇は越劇であるが、京劇の劇団を呼び、現在でもやっているとのことであった。菩薩の誕生日の九月二十七日に因んで廟会が行われている。(20)負責人は廟の管理をしている人である。男の場合も女の場合もある。村民からの寄付によって香油銭を集めて廟会を行った。

懸慈廟の管理人の劉定伙氏のお話によるとこの懸慈廟は鮑家礵村と懸慈村の二村の廟であるから、鮑家礵村の特色を示す赤色と懸慈村のいろいろな花の色を混ぜた赤茶色で柱や天井を塗っているとのことであった。(21)

它山廟の廟会は三月三日、六月六日、十月十日に行われるが、鮑安富氏達は六月六日には参加した。この日は土地神として付近の皆さんを集めた。王元暐は田を管理している人として崇められているからである。しかし、鮑家村の人々は它山堰の修築に参加したとは聞いていない。

鮑安富氏は地主であった。所有地は六畝で、他の地主から土地を借りて全部で三十畝もっていた。実情は大佃農である。鮑安富氏は一人で三世代全部の財産を継承したので地主とされた。鮑家村に住んでいた。当地では米を作っていた。

澄浪台から泉水が出て、これを用いて灌漑した（写真16参照）。湧き水をそのまま利用して田を灌漑した。清朝末期、上流の懸慈村と下流の鮑家村の間で水争いがあった。懸慈村の人々は溜池を作り、自分の水田を灌漑しようとしたが、鮑家村の人々は溜池が作られると水が流れなくなるので、県に訴えて訴訟した。県は溜池の建設を禁止する判決を下した。澄浪台（池）は基本的に枯渇しなかったが、水が渇水し干害となる時もあったので、一九六四年に四つの機械を用いて池を拡張した。この澄浪台に二〇〇九年四月二十七日に筆者は訪問し、そこの管理人に見せて戴いた。四明山からの水がこの澄浪台に泉水として湧いている。現在、澄浪台は魚釣り場となっているが、懸慈村、鄞江鎮の人々の飲料水として今でも使われている。飲料水の井戸と地下のポンプ場も見せて戴いた。この泉水のお蔭で鄞江鎮の土地は肥沃になっている。この地域は元々人工灌漑のいらない場所であり、自然に地面から豊かな水が湧き、それを利用して灌漑していた。現在では懸慈村、鄞江鎮など全寧波地域の人々の飲料水として使われているとのことであった。(22)

また、鮑家礵村老年協会でお話を聞いた鮑召定氏等によると清朝時代に水争いがあった場所は同老年協会付近を流れる河の上流の大堰頭という所であるが、現在はその堰はないとのことであった。(23) 鮑家村は海抜が高いので鄞江から取水することはなかった。しかし、洪水になった時もある。その時は被害を受けた地区の村の若人を集め、堤防の修築をした。しかし、鮑家村は決壊場所から遠いので修築には行かなかった。鄞江鎮の水利管理責任者が負責人となり村民から資金を集め、付近の村から労働力を徴収した。資金は土地の面積（灌漑面積）に応じて割り当てられた。溜池、堤防の修理、河川の浚渫において同じシステムがとられた。この修築、浚渫は毎年行われたのではなく、堤防が決壊したり、河川が淤塞した際に行われた。村民が自主的に行うことはなかった。村長が郷に伝えて工事を実施してもらった。

一九四〇年の旱災はひどかった。澄浪台の水は少なくなり、井戸水も使った。しかし、当地では餓死者は出なかった。

鮑安富氏は三十畝の土地をもっていたが、一人の作頭と二人の長工を雇った。長工一人に約十五畝の土地を耕作させた。それ以外に短工を数人から数十人雇った。

中華民国時期、米は二期作で、七月と十二月に収穫した。一畝で米三〇〇～五〇〇斤収穫できた。米一斤は一角で、解放後は一斤、一・二角であった。十五畝で四五〇〇～六〇〇〇斤の収穫があった。三十畝全体では九〇〇〇～一二〇〇〇斤であった。

長工は正月末から十二月末まで労働した。正月は休憩した。長工の一年の給料は米八〇〇斤～一二〇〇斤で、よく管理した長工には二〇〇〇斤与えた。よく管理できなかった者には給料が少なかった。作頭の給料は二〇〇〇斤である。長工の給料の一〇〇〇斤前後は寧波の標準額である。

長工や作頭は外村人である。作頭の中には一生勤めるものもいた。

契約は口頭契約であったが、長工の紹介人はなく、作頭（長工の頭）に長工を探してもらった。契約期間は半年で、期間終了後、長工の希望、耕作・管理の良否によって更新が決まった。よく働いている長工には耕作を継続してもらった。長工は身一つで来てもらい、住居、日用品、農具、種子等すべてを地主が提供した。

作頭の仕事は長工の指導や長工に仕事の任務を与えることであった。この鮑家村では一般の地主は作頭と長工と短工を雇い、中農は短工（本地人）を雇った。(24)

牛耕が行われ、水車が用いられた。肥料は人糞、畜糞が用いられ、化学肥料は用いられなかった。さらに紫雲英が肥料に用いられた。牛は鮑安富氏の家では一頭飼っていた。牛車は一台あり、これで取水した。土地を多く持っている地主は三頭飼っているものもいた。

野菜、本草、豚、鶏、鵞鳥、家鴨は地主と長工等のための自家消費用に栽培・飼育された。地主と長工は毎日一緒に同じ内容の食事をしていた。

長工の衣服及び子供の教育費等は長工が出した。長工の子供は小学校までしか行かず、地主の子供は中学校まで行くものがいた。

短工は本村人である。三十畝の土地に播種時期に二十四人の短工を雇い、一日間労働させ、収穫時期に五、六人の短工を雇い、七日間労働させた。給料は一人一日米五～七升（七～八斤）であった。

写真17　売柴嶴水庫　出典）2009年４月筆者撮影

解放後、土地改革によって、鮑安富氏は他の地主から借りていた土地を地主に返し、自分の土地も多くは没収され貧民に配分され、収穫量の少ない土地のみ残された。一人〇・五畝であった。家と家具などの財産も没収され、貧民に分配された。残ったものは茶碗一つと箸二膳であった。土地改革によって地主も強制的に農業をさせられ、自給自足の生活であった。

大躍進時代は働いても働かなくても一〇点の点数をもらい、子供も半分の五点の点数をもらった。年末の合計点数で米を給料としてもらった。農業技術があるものも、無いものも全く同じ給料であった。鮑安富氏も他の農民と同じ給料をもらっていた。

文化大革命時には被害を受けた。紙の帽子を被され、街に連行され、そこで晒し者にされるという虐待を受けた。街で掃除の仕事もさせられた。この文革が今でも一番印象に残っている。一九八〇年頃に漸く人権回復が行われた。改革開放後、農業ではどんな作物を作ってもよいように自由になった。農業技術のあるものはどんどん新たな作物を栽培したり、農耕を改良していった。鮑安富氏は野菜や果物を栽培している。売柴嶴《ばいさいおう》水庫（写真17参照。一九八四年完成。出典『鄞州水利志』四三九頁）からポンプで水を灌漑し、水の使用料を出している。二〇〇九年四月二十七日に筆者はこの売柴嶴水庫を寧娣娣女士、寧錫恩女士と訪問した。寧波市鄞州区鄞江売柴嶴水庫管理所で同水庫の場所を聞き、山道を十五分程歩いて沙河の水を堰き止めたロックフィルダムである。この売柴嶴水庫は澄浪台より二キロメートル南の地点にあり、標高が肉眼で凡そ一〇〇メートルの地点である。漫々とした水量が蓄えられていた。ここから下流の鮑家磡村、懸慈村に水を供給しているのであることが分かった。(25)

八　它山廟の稲花会について

它山堰を建設した王元暐に対しては寧波の人々の信奉心は厚く、旧暦三月三日、六月六日、十月十日の年三回廟会が行われてきた。その中でも最大のものは六月六日の稲花会であった。この稲花会は一九四五年に開催されてから長らく実施されず、二〇〇九年十一月二十六日（木）に六十四年ぶりに復活することになった。筆者は它山堰文物保護管理事務所の陳思光氏より教えて戴き、稲花会を見学することができた。

本節は陳思光氏の稲花会研究の成果と二〇〇九年十一月二十六日の稲花会の様子を参考にまとめ、さらに十二月二十七日に陳思光氏より聞き取り調査をしてまとめたものである。(26)

1　『鄞江橋』（陳思光）に見える稲花会

陳思光氏は一九四八年生で二〇〇九年当時六十一歳、二〇〇九年十一月まで它山堰文物保護管理所所長を勤めていた。この它山堰文物保護管理所は它山堰を創建した王元暐を祭る它山廟境内にある。陳思光氏は『歴史名鎮　鄞江橋地方古掌　参考資料』（一九九九年八月）を著しているが、筆者は二〇〇六年に陳思光氏より同書を戴いた。同書の編集後記によると、陳思光氏は老人の口碑伝説と関係者から収集した資料によって同書を作成したと述べている(27)。

同書所収の陳思光著「鄞江鎮的歴史沿革和変遷」によると鄞江鎮は古代、鄞江鎮の中心地であった。東晉隆安四年（四〇〇）に劉裕が句章（現在の鄞江鎮）に駐屯し、隆安五年（四〇一）に句章の地に県城を遷すことを決定した。隋代鄞県・鄮県・余姚の三県を句章とし、県治は継続して小溪鎮（現在の鄞江鎮）に置かれた。唐開元二十六年（七三八）に明州が置かれたが、州治・県治はともに小溪に置かれ、小溪は州の大鎮であった。大暦六年（七七一）に鄮県治を寧波三江口（現在の寧波の中心地）に移したが、州治は小溪のままであった。長慶元年（八二一）鄞県治は小溪に戻り、州治は寧波三江口に移った。以後、小溪鎮は光溪鎮と呼ばれるようになった。

そして、唐太和七年（八三三）、鄮県令王元暐が光溪鎮（現在の鄞江鎮）に它山堰を設置し、光溪鎮並び寧波西部の農村部、三江口の都市部に水を供給した。こうして寧波西部〜三江口地域の水利が整ったことにより、五代初期九〇九年に県治も三江口に移り、光溪鎮（鄞江鎮）は寧波の政治的中心地から退いた。

しかし、鄞江鎮の人々を含め、寧波の人々は王元暐を崇拝し続けた。

乾道『四明図経』（南宋乾道五年〈一一六九〉、張津纂集）巻二によると、次のように記されている。

它山堰善政侯廟在県西南四十里、以廟碑考之、蓋唐太和中（八二七〜八三五）邑宰琅琊王侯諱元暐之祠也、先是厥土連江、厥田宜稲、毎風濤作沴、或水旱成災、侯乃命採石於山、為堤為防、迴流於川、以灌以漑、通乎潤下之沢、建乎不抜之基、能於歳時大獲民利、自它山堰漑良田者凡数千頃、故郷民徳之、立祠以祀、後封為善政侯、皇朝乾道四年（一一六八）七月八日有旨、賜遺徳廟額、知県事揚布書、太守直閣張公津之所立也。

它山堰の善政侯廟（即ち、它山廟）は鄞県（現在の寧波三江口）から西南四十里（約二〇キロメートル）の所にある。廟碑によると、唐太和年間（八二七～八三五）鄮県令の王元暐を祭った祠堂である。它山堰が築かれたことにより数千頃（一頃は五・六ヘクタール）が灌漑できるようになり、郷民が王元暐の業績を徳とし、祠堂（廟）を建て祭祀した。後に王元暐は善政侯に封ぜられ、南宋乾道四年（一一六八）七月八日に朝廷からの詔により遺徳廟の額を戴いた。同廟は

写真18　它山廟　出典）2005年12月筆者撮影

写真19　它山廟内の王元暐像　出典）2005年12月筆者撮影

善政侯廟と言われたり、它山遺徳廟と言われ、俗に它山廟と言われ、人々に崇拝されている。

南宋淳祐九年（一一八二）に王元暐は霊徳侯に封ぜられ、清嘉慶十年（一八〇五）に孚恵侯が加封され、道光二十一年（一八四一）に它山廟は重修された[28]。

它山廟の廟会は旧暦の三月三日、六月六日、十月十日の三回ある。六月六日は稲花会と呼ばれ、最大のものである。十月十日は王元暐の誕生日であり、它山堰の建設日でもあったので祝われ、三月三日は王元暐夫人の誕生日で祝われている。

さて、この旧暦六月六日の稲花会については『鄞江橋』（陳思光）鄞江橋的風情習俗、稲花会に記されている。以下、その内容を見てみよう。

「六月六（日）」稲花会は鄞江橋諸多の行会の中で規模が最大、範囲も最大の民間行会である。唐宋二代は掏沙会[29]と称し、明清以後は太平会[30]と称した。

稲花会はその名の示すとおり、稲谷開花時の農閑期の節句行事である。

唐太和年間に它山堰が建設される前、光溪及び北溪古港一帯は、洪水の衝撃により常に砂石で淤塞した。二皎の水は樟溪より平水潭をへて鄞江に直下し、淡水は蓄積出来にくかった。鄞西の梅園・蜃蛟《しんこう》・鳳嶴《ほうおう》・古林等の地の郷民は淡水を用い難いという苦労があった。六月六日前後の農閑期、民衆は自発的に組織し、土箕《どき》、扁担《へんたん》、沙耙《さは》などの掏沙《とうさ》道具を携帯し、鄞江橋光溪と北溪港の二地で掏沙し、河道を疎通し、引水して洗浄灌漑した。付近の市販商賈もまた紛々と鄞江橋にあつまり商業を営んだ。しばらくして鄞江橋独特の会市となり、俗に掏沙会と称した。

它山堰は建設後、鄞西七郷の農耕・飲料水の水源となり、郷民は鄞江橋に来て掏沙する必要がなくなったが、人々は六月六日の掏沙会を記憶していた。毎年、鄞江橋に集まる日は遂に三月三日、十月十日以外に別の廟会、即ち、俗称、稲花会となった。稲花会は「太平会」とも称した。

社会的原因によるのであるが、当時毎年の夏季の到来によって、各種各様の伝染病、疫病が発生した。同時に「封建社会」の旧思想意識から当坊の習俗では香を焚き沐浴し、上蒼（上天）に告げた。香灰を食し、浄水を飲み、神霊の庇護を求め、太平を祈禱した。続いて它山遺徳廟王元暐公の神像に出駕して各方面への巡視を求め、平安を求め、豊作を願った。

唐宋以来、既に掏沙会があった。南宋初期、高宗趙構が都を杭州に定め、浙東地区の経済文化もまた繁栄した。稲花会は先に民社が自発的に行会を組織し、後に徐々に廟が組織する整った廟会隊伍に変わった。清軍が入関し、康熙年間、清朝は応天順民のために廟会を発展させた。明清両代の「六月六（日）」廟会の盛況は以下のようである。「六月六（日）」稲花会の会期は三日間で、即ち初五日から初七日までであった。鄞江橋它山廟界下には合計四大堡、十二小堡あり、その下に十五個の自然村があった。各村坊に一人の柱首を設け、柱首は各村・各堡より先賢達人を選んで充当し、廟会を主担し、廟会下の一切の事宜を差配した。

廟会の下に十会一社を設け、柱と称した。議事を柱と称し、行会を会と称し、十会一社を一緒にして一支行会の隊伍を作った。

十会一社及びその主司の職責は以下の通りである。

伏頭会：廟神王令公（王元暐）の帽子を専管した。

揺鈴会：廟神王令公の袍服を専管した。

火符会：王令公出殿時の照明器具を専管した。

鑾駕《らんがかい》会：神轎前の二十四件の儀仗鑾駕を専管した。

揺堂会：王令公神轎の昇降を専管した。
九如会：廟会の演戯を専管した。
河台会：官池河で船を雇って行う河台戯の上演を専管した。
供会　：上供、爵献、祭祀を専管した。
炮担会：神轎出殿時の全ての火炮器具を専管した。
善慶龍会：老龍の護駕を専管した。
銃爆社：三眼銅銃による駆邪助威を専管した。

この十会一社は銃爆社が句章郷懸慈村によって組織されるのを除き、その他の十会は它山廟界下の弟子によって組織されるものである。

廟会は六月五日に開始し、它山堰により利益を受け它山遺徳廟より恩恵を受けている段塘の郷民が自発的に百官船三隻を組織した。六月四日、河台会より通知し、船を操縦して鄞江橋官池河に到着し、五日に官池河中において河台戯の上演を開始した。戯劇の種類の多くは徽板戯《きばんぎ》であり、「鴻善劇団」[31]と名付けられた。また戯子の多くは老演員であり、価鈿《かでん》（出演料・衣装代）は比較的安かった。中には演員に扮した者がおり、演唱時命がけで頭を揺らして発声し、鄞江橋の人がいう老話の「老大鴻善徽板、落落動生三」であった。

六月五日午前、廟会の総柱首台は十会一社の各柱首を集め它山廟で議事させ、「六月六（日）」の廟神の出殿行会の順序、人数等を按排し、各々その職責を担当した。

六月五日

午の刻（午前十二時）：王令公の神像前で香を焚き上供する。

未の刻（午後　二時）：遺徳廟の廟祝が身を清め沐浴する。
申の刻（午後　四時）：菩薩の身を清め、胡麻油で顔を塗る。
酉の刻（午後　六時）：揺鈴会が神袍を奉り菩薩は新袍に衣替えする。
戌の刻（午後　八時）：祈禱の儀仗程（式）により当坊の名宦・仕紳・長者が跪き祭祀する。
亥の刻（午後　十時）：四方の郷民が各々参拝し祭祀する。

六月六日

子の刻（午後十二時）：炮担会が登場し炮（爆竹）を鳴らし、菩薩の王令公を輴に乗せ出発する。時刻になり廟祝が菩薩に背を向けて出殿し、神が輴内に入り、伏頭会は神に帽子をお供えする。神の帽子の二つの摭耳（耳飾）を黄金で作り、神の帽子の最後部を上にして、不測の事態を防いだ。神輴の前には摭板《せきばん》一枚をおき、参湯一盞《さん》・糕点《こうてん》二色をお供えした。白折扇一巴をもって、王令公の右手に挿し、白手拍一個を王令公の右手に置いた。一切の準備が整い、殿内外で炮声がおこり、鄞溪村周家善慶龍会尚化山老龍(32)が急いで駕籠を守って来た。

丑の刻から寅の刻（午前二時～四時）：行会隊伍は始動・出発する。

「六月六（日）」稲花会行会隊伍、行会ルート及び各供地点の概略は以下の通りである。

六月六（日）稲花会後会隊伍の次序。

令箭《れいせん》が一人おり、行会隊伍の先頭にいて、次の供点（お供配置場所）に神輴を迎えるように通知し、お供えを奉り祭祀する、後には報馬と呼ばれた。

銃爆社の三～四人は三眼の銅銃を撃ち、沿道の邪気を払い景気を添えた。

炮担会はその後ろに随従し、炮（爆竹）・杖（ステッキ）・登地炮を持ち、隊伍の両側に沿い壮威を添えた。

吹号《すいごう》（ラッパ）二人・哨吶《しょうとつ》（チャルメラ）数人が音を鳴らした。

舞獅（獅子舞）一対、彩球（紅緑の絹布で作った球形の飾り、クス球）一個。これは清代康熙雍正年間に盛んに行われたが、乾隆年間にいたって中断した。

火籃（火の入った籠）四杯をもった会隊が先導した。また別に松油（タイマツ）の柴爿《さいしょう》（小さい形に割りさいた竹・木）を肩に担いで火籃に燃料を添加する。

旗鑼（旗や銅鑼）二面。郷民四人が旗鑼を肩に担ぎ王令公のために銅鑼を鳴らし、道を開いて先導する。

大紅茡薺《だいこうほっせい》（大きな紅色のくろぐわい：赤提灯）四個に蠟燭を点灯し、王令公のために照明する。提灯には〝鄮県、正堂、粛清、回避〟の文字が書かれている。

硬脚牌（札）四個、白地に「鄮県、正堂、粛清、回避」の赤字が記されている。

皂隷《そうれい》（召使）四人、手に水火棍(33)をもち、俗に紅黒帽・烏黒帽と呼ばれた。

鑾駕神轎《らんがしんきょう》（王元暐の塑像を載せた神輿）が中央にあって、郷民八人が輪流で神轎を肩で担ぎ、神轎の両側は二十四個の全副鑾駕（鈴の飾り）で飾られている。王令公は神轎の中に坐り、右手に扇をもち、左手に帕《ぱっ》（頭巾）を握り、満面紅色に光り、容姿が生き生きとしている。神轎の両旁には彩旗がはためき、爆竹の音が鳴り止まない。郷民百姓が争って神轎を担ごうとし、鑾駕神轎は全行会隊伍の中心である。

神轎の後ろにぴったりと従っているのは揺堂会の一人であり、「喝達郎《かったつろう》」と呼ばれた。

神轎の後ろには皂隷四人がつづき、茡薺（赤提灯）四個を点灯して持っていた。

善慶龍会は尚化山老龍神轎（龍図の描かれた神輿）の後ろを保護した。元々老龍を保護することを九節といい、民国初期に十二節といわれるようになった。

殿後犯人の二十人前後は廟界弟子の懺悔、願掛け、贖罪などを表した。身体に紅背心を着て、銅細穿細の大架《だいか》（大枠）・脚鐐《きゃくりょう》（足枷）・手銬《しゅこう》（手錠）を懸け、罪人の誠心を示した。

最後尾に郷民の弟子が各種各様、色とりどりの提灯を持ってついてきた。

これ以外に各郷・各村の客串《きゃくかん》（しろうと役者）・百姓が銃炮・彩灯・彩旗をもって補助し、並々ならぬ熱情を示した。

行会の隊伍は六月五日夜に準備を滞りなく行い、六日五更三点寅時（午前四時）に出発し、四坊の百姓は争って熱烈に参観し、道を塞いだ。銃炮がパレードの先頭で芸を行い、火箭（火矢）が前方に飛ばされ、四グループの青年壮年郷民が上半身裸になり火箭を持って乱舞し、百姓を蹴散らして道をあけさせ、行会隊伍が順調に通過できるようにした。

令箭(34)が松里に届き、郎官弟(35)・九如会が頭供（最初のお供えの用意）をなした。

行会隊伍は潮のような勢いであり、郎官弟・九如会の戯班は銅鑼を鳴らし、場を盛り上げ、神轎の到着を待った。揺堂会・喝達郎は「善政侯孚恵王の王公が堂に立ち止まった」と叫ぶ。すると各皂隷・硬脚牌手・灯手等は「よし」と叫ぶ。神轎が戯台の前で止まり、松里の郷民弟子はすぐに浄茶・臉水《けんすい》（洗面水）・花色糕点《かしょくこうてん》（餅菓子）四色・季節の果物二色を用意し、八仙卓に載せ、紅色の良質絹布で蓋い、王令公に差し出した。郷民弟子は祭祀し、犯人は跪いて謝罪した。王令公は祭祀を受け演劇をご覧になり、一本の線香が燃え尽きる時間で祭祀は終わる。炮担会が爆竹を鳴らし、揺堂会・喝達郎が「よし」と唱え、「善政侯孚恵王の王公が堂を出られる」と唱える。多くの皂隷・硬脚牌手・灯手が「よし」と呼号する。その声は雷のようであり、衙役が堂で威圧するような声であっ

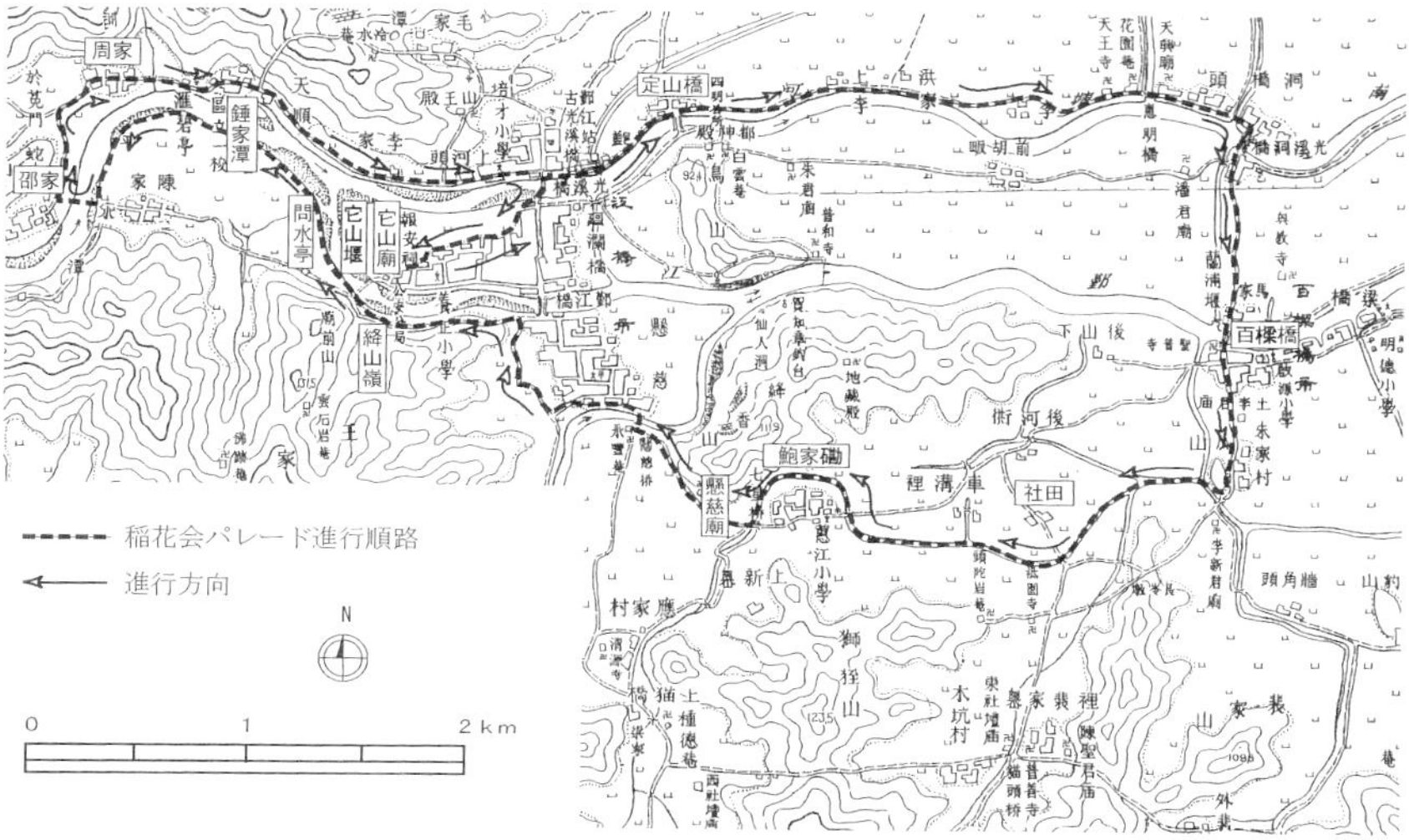

図5　稲花会パレード進行順路（出典：『鄞県通志』鄞県分図　丁）

た。郷民弟子がお供えを撤収し、令箭が先行し、次のお供えの龍王堂に報告した。

龍王堂の朱・王二姓は大興巷下頭南端、元鄞江衛生院旁の小溪港橋下段にいる。

官池河の河台戯は宵通しで翌朝まで行われ、老大鴻善徽板は銅鑼を叩いた。神轎が街路を抜け官池塘まで来て、河台戯も神轎に従って龍王堂前に移り、（中略）官池河両岸は大騒ぎになり、郷民は狂ったように叫び、ここを大供の地点とした。その供祭の方式は「郎官弟」がお供えとお祭りをした。以下は行会のルートと順序である（図5参照）。

定山橋：小供

界牌下（界牌下、現在は下呂家村）：大供、戯劇が催された。

百勝廟：小供

百梁橋：社田里鮑家墈を過ぎ、供点はない。

懸慈廟：小供

大徳里・崗山岭・問水亭を過ぎた所。

晴江岸：小供

邵家：小供

烏頭門を過ぎる。

周家：大供、戯劇がある。

鍾家：通過。

毛家：小供。

光渓村鍾祠：小供。

大栲樹下：大供。九如会の演戯がある。現在は鄞江鎮政府の前。

行会隊伍が通過する路線には合計十二ヶ所の供点があり、その中に、大供が五ヶ所あり、最大の供点は光渓村大栲樹下である。各村各堡の経済的実力により多い時には廟会戯が五台あったこともある。

稲花会行会隊伍は午後五時頃に光渓村上河頭大栲樹下に到着し、当坊の弟子によって王令公の神輪にお供えと祭祀がなされるこの時間が最も長かった。行会隊伍には晩餐が供された。二更（午後九時～十一時）頃、王令公は殿（它山廟）に帰り、行会は終了し、近隣郷村の客串・炮会・灯会も帰った。

稲花会の行会ルートは鄞江、洞橋、寧峰、句章の四郷鎮、全行程四十華里（約二〇キロメートル）である。

六月七日、官池河鴻善戯班子は它山廟内に遷り、安神戯（王元暐像を廟に安置するための演劇）を演じる。

「六月六（日）」稲花会の行会全過程で非常に熱烈に神輪を争って担ぐこの祭祀は江南数省でも屈指のものである。

行会の隊伍・神輪が通過する所では、各村各堡は先に石灰で白線の標識をつけた。神輪がまだ境内に到着しない時、各村・各堡・各族は各々数十名の精壮者を派遣して境内の神輪を担ぎ、決して先方の弟子には境内に越境させない。もし雷池（境界）を一歩でも越境すれば犯衆（違反者）となる。各地の郷紳、各村の族長は青年・若者に時間を早めるように命じ、速く急いで神輪を担ぎ運び入れ、できるだけ神輪を境界内に長く留めれば当坊の平安が保たれると考えられた。

廟会行会の規定は、一地点の供点が終われば次の供点の境界で神轎をお迎えする。しかし、各村各族は神轎をできるだけ長い時間境界内に留めおきたいために相互に神轎の奪い合いが起り、さらに神轎を担がない青年がその間に紛れ込んで、神轎を担いだ。「僧侶が多く粥は少ない」(物が少ないのに分配を願う人は多い)の喩えの通り、多くのものは神轎を担げず、手で神轎・担ぎ棒に触れるだけでも、来年の幸運が得られると思っている。神轎が第一供点から第二供点にいたる境界線上では、現今の綱引競技のように引っ張り合い、神轎の進退は潮の満干のようであった。三歩進めば十歩退き、十歩進めば三歩退いた。神轎の前進は困難で、郷民同士の争いは激烈で、喧嘩となり、お互いに殴りあった。お互いに押し合いをするので泥溝や田畝に落ちる者もおり、官府が出動して調停と制御を加えることがあった。この空前の景況は它山廟境界内の弟子百姓が王県令を敬い尊敬する心を持っていることを示している。

「六月六(日)」稲花会を総観すると、神轎の出殿、界内巡視が廟会の中心であるが、その市集街の盛況は決して「三月三(日)」「十月十(日)」の二大廟会には及ばない。これは稲花会の時季が灼熱の天候であったからである。当時最もよい防暑薬品は薄荷(ハッカ)であり、最もよい防暑食品は木蓮であり、木蓮の栽培方法は簡単であった。衛生条件の差により、全廟会期間中、腹下しする人が無数であり、平安を保とうとして却って平安ではなくなったとも言われている。

九　二〇〇九年十一月二十六日の稲花会

筆者は十一月二十六日(木)に稲花会を見学した。

写真20　稲花会（１）　午前７時頃、神轎が它山廟を出たところ。　出典）2009年11月筆者撮影

写真21　稲花会（２）原光溪磚瓦廠で行われた大供の様子。　出典）2009年11月筆者撮影

この稲花会のパレードの進行・日程は以下の「十月十廟会大巡遊線路按排及時間表」の通りである。

十月十廟会大巡遊線路按排及時間表

它山廟祭祀爵献精神—它山堰村上轎上供（大供）

時間：七：三〇—王元暐路—它山堰西路—它山堰東路—水泥廠拐彎《かいわん》—水中東路—水中西路—它山酒家—鄞江飯店—官池中路（鄞江老街）—鄞江橋—懸慈村—懸慈文化中心上供（小供）

時間：九：〇〇—鮑家礀—秀溪橋—下江宕—環鎮東路（集市貿易街区）—定山橋老路—鳳凰山路—下呂家村（小供）

時間：一一：〇〇—向明州大道西—四明東路—老車站—光溪村—小溪橋—衛生院—原光溪磚《せん》瓦《が》上供（大供）

時間：一二：三〇―小菜場西門―鎮政府后門―李家灘―望水亭―鍾家―周家（小供）

時間：一三：三〇―鍾家過橋―晴江―麻灘―引洪橋―水中西路―王元暐路―鄞江老街―廟弄―它山堰西路―它山廟安神

筆者は朝六時三〇分から参観し、它山廟祭祀爵献精神―它山堰村上輴上供（大供）時間：七：三〇―王元暐路―它山堰西路―它山東路―水泥廠拐彎―水泥廠拐彎までは一人で見学した。

九時四〇分頃、水泥廠拐彎付近の小溪の橋で寧波大学の楊建華先生・李広志先生、学生諸君（兪如珩女士、毛巧霞女士、林梅莎女士、張思維女士、張慧滢女士、朱佩娜女士）と合流した。

稲花会には奉化からの人々も来ていた。パレードは大供では止まり、小供では通過した。各村が自発的に獅子舞などを行った。鄞江鎮政府が主催し、いくつかの団体が後援した。

パレードの集団が原光溪磚瓦廠の大供地点に入ってきたが、大供には以下のものが供えられていた（写真21参照。以下のお供えとその祈願内容については兪如珩女士の聞き取り調査による）。

桂円（龍眼）・柚子《ゆうし》（文旦）・餅子（ビスケット）：団団円円（一家団欒）

苹果《へいか》（リンゴ）：平平安安（平安無事）

葱（ねぎ）：聡明（賢さ）

香蕉（バナナ）：香火延続・旺盛（子孫繁栄、長く続くこと）

長寿麺（長生き麺）：福・発・恭喜（おめでとう）

紅棗《こうそう》（赤いナツメ）：紅紅火火（盛んな様、生活が豊かな様）

金針菇《きんしんこ》（エゾキスゲ）：長命百歳（百歳まで長生きすること）

黄糖（赤砂糖）：子孫が皇帝になることを願う
烤夫《こうぶ》（焼きパン）：豊かになる
香干（燻製の豆腐干）：香火延続・旺盛（子孫繁栄、長く続くこと）
木耳（キクラゲ）：いいもの
花生（落花生）：子孫が繁栄し長く続くこと
麺包《めんぽう》・発糕《はっこう》（パン・蒸しパンの一種）：豊かになる、お金が儲かる
年糕《ねんこう》（もち）：年年高昇（年年生活が上昇すること）

金剛経、太平経：仏教、道教の教典

大供に参加しているあるお婆さんは、三人の娘がいるが、二人の娘には女の子供しか生まれなかった。しかし、仏に祈ったので一人の娘から初めて男の孫が生まれた。この男の孫は仏に祈って生まれた。菩薩の御蔭であると述べていた（この仏・菩薩は王元暐を指している）。

午後三時半頃、它山廟安神を見る。王元暐塑像を載せた神輿（神轎）が它山廟に入り、塑像を安置した。これで稲花会は終了した。居士や参拝人が追従して它山廟に入り、押し合いへしあいの大混雑であった。

稲花会終了後、陳思光氏は以下のように説明された。

稲花会は鄞江鎮政府が主催して行った。菩薩、即ち王元暐が十月十日に出生したので、十月十節としている。稲花会は一九三六年、一九四五年に行われ、二〇〇九年に六十四年ぶりに行われた。稲花会は宣伝しなかったが、近くの者が聞きつけて集まった。これは①鄞江鎮の稲花会は寧波では大変有名であり、②王元暐は地元の人々に尊敬され、崇拝されている。即ち、昔功績を得た人は何時までも尊敬されているからである。今回の稲花会は鄞江鎮政府の指導

で行ったが、民間の人々を信頼して実施した。稲花会の儀式・パレードの内容は年寄りに聞いて復活した。今年の初めから稲花会の準備をし、道具等も今年の初めから作り始めた。

パレードで行進する兵勇の武器は古代の武士が持っていたものの模型である。関羽の刀、張飛の槍などである。即ち、十八班の兵器、六種の銅の兵器である。長い兵器や剣は作らなかった。戯劇は二～三ヶ村でさせた。しかし、河台会は復活しなかった。伏頭会・揺鈴会は民間組織で行った。他は宅山廟が民間に依頼して行われた。パレードの安全のために何回も会議を開いた。老年協会を開いてパレードの路線を決めた。安全を確保してパレードの路線を決めた。関係部門・公安・ガードマンを集めて会議を開いた。二〇〇人ほどのスタッフを用い、パレードには五〇〇人ほどが参加した。稲花会全体では十万人ほどの人々が参加した。二〇〇〇人ほどの鄞江鎮政府はお金を出していない。各郷の老年協会が特に担当した。すべて民営で行った。稲花会は来年するかどうかは不明である。鄞江鎮人民政府の担当者はやるという考えはもっているが、人々がやろうという意志がないとできない。稲花会は民俗文化の一種である。

八三三年十月十日に王元暐によって宅山堰が作られ、また、十月十日は王元暐の誕生日でもある。元々稲花会は六月六日であるが、二〇〇九年は六月六日の節句と十月十日の節句を合同して行ったものである。宅山堰遺徳廟は王元暐だけでなく、十兄弟も祭っている(36)。これは全国でも珍しいものである。王元暐の塑像の衣服は毎年換えている。以上の説明を受けた。

おわりに

本稿は宅山堰水利を文献史料と聞き取り調査資料をもとに述べてきた。宅山堰等の水利施設建設、修理について文献史料で明らかにし、特に中華民国時期以降における水利慣行、農業生産、土地所有関係について聞き取り資料に基づいて述べた。

東晉隆安四年（四〇〇）から長慶元年（八二一）まで、州治、鄞県治はともに光溪鎮にあり、長慶元年に州治が三江口に移り、五代、開平三年（九〇九）に鄞県治も三江口に移り、以後、明州（寧波府）・鄞県の行政機構は三江口に移り、この配置は現在にいたるまで変更していない。この行政機構の光溪鎮から三江口の移動を水利施設建設で考えてみると、太和七年（八三三）王元暐による它山堰、烏金碶、積瀆碶、行春碶の建設によって、三江口への給水システムを完成したことにあった。

寧波地域の水利は西郷と東郷に分かれるが、八三三年以前、西郷は広徳湖水利に基本的に依拠しており、東郷は東銭湖水利に基本的に依拠していた。八三三年以後は西郷は広徳湖と它山堰による水利が行われ、東郷は依然として東銭湖水利を維持した。它山堰、三碶、南塘河による三江口への供水機構が整備され、三江口地域の水利システムが完成した。それによって、州治、県治ともに三江口に移ったのであった。

它山堰は奉化江・鄞江を遡行する海潮を遮り、上流からの淡水を樟溪・光溪・小溪・南塘河・城内に流す施設であり、三七分流が行われた。洪水時には三分を樟溪・光溪・小溪・南塘河（以下、南塘河と簡称する）に流し、七分を鄞江に流した。渇水時は七分を南塘河に流し、三分を鄞江に流した。この它山堰の完成によって、海潮被害を阻止し、淡水を鄞県西部地域、三江口地域へ供給でき、農業用水、飲料用水が確保できるようになったのである。

西郷地域における次の大きな変化は宋代政和七・八年（一一一七・一一八）、楼异による広徳湖の廃湖、湖田化である。これによって西郷地域の水利は它山堰に依存する形態に大きく変化した。它山堰からは南塘河への供水のみならず、旧広徳湖地域への灌漑も行われた。従って、它山堰水利の比重が高まったことにより、它山堰水利が整備されていくことになる。

它山堰は宋代（建隆年間〈九六〇～九六二〉）・明代嘉靖十五年（一五三六）、清代咸豊七年（一八五七）に増築が行われ、三碶の烏金碶は宋代元祐六年（一〇八九）、嘉定十四年（一二二一）、民国十三年（一九二四）に修理され、積瀆碶は嘉定十七年（一二二四）、民国十三年（一九二四）に修理され、行春碶は明代洪武二十七年（一三九四）、清代乾隆二十五年（一七六〇）、道光二十八年（一八四八）、民国十三・十四年（一九二四・二五）に修理された。

宋代熙寧年間（一〇七二年頃）に南塘河の積瀆碶下流に風堋碶が建設され、奉化江・南塘河の暴流を制御し、淡潮を農田に灌漑された。淳祐二年（一二四二）には它山堰近くに迴沙閘が建設され、它山堰にたまる泥砂の浚渫が行われた。しかし、この迴沙閘は完成後三十～五十年で廃棄された。それは淡水が通る水路の重点が樟溪（南塘河）に移ったからである。宝祐六年（一二四二）には小溪右岸に洪水湾塘が築かれ、鄞江を遡上する海潮を阻止し、南塘河への淡水供給機能が増強された。開慶元年（一二五九）には三江口城内に平橋閘が設けられ、水則を計り、城内水位の測量と給水・排水機能が整備された。

明代嘉靖三年（一五二四）に光溪に官池墩（官塘）・光溪橋が設けられ、洪水排水期の水位を高め、它山堰の洪水排水能力を高め、泥砂の港への進入を防ぎ、南塘河の淤塞を防ぎ、主流を左岸に迫らせ、小溪港の引水に利し、南北の交通に供せられた。清代康熙十年（一六七一）に狗頸塘が修築され、奉化江の海潮を防ぎ、南塘河の洪水を防いだ。

它山堰、三碶、風堋碶、迴沙閘、洪水湾塘、平橋閘、官池墩、狗頸塘の完成で基本的に它山堰水利システムが完結したと言えよう。

この它山堰水利慣行について聞き取り調査を行ったところ、人々は碶による水位管理だけが重要なもので、異口同音に「共同体」的な水利規約は存在しないと述べる。取水は農民が牛車を用いて自由に取水した。取水に関する規約はなかった。渇水時、水争いはあったが、それは一時的なもので、保長による調停でおさまった。洪水時は自然に排水を任せるだけであった。河の浚渫、堤防の修理はその河、堤防に面している戸が自分で行った。共同的労働は存在しなかった。むしろ、彼等の「共同体」的な信仰は它山堰を建設した王元暐に対する追慕の念を示す、稲花会等廟会にあったと言う(37)。

民国時期の土地所有形態について、新中国になってからの土地改革時の階級成分について聞き取りを行った。地主は存在するが大規模地主は存在せず、小規模地主（三〇～一〇〇畝）であり、その労働力の中心は長工、短工であった。しかも、地主は長工、短工に毎日三度三度、同じ内容の食事をさせていたとの証言が多かった。

総じて、它山堰水利は水田米二期作の灌漑用水と三江口城内への給水システムであった。農田地域においては碶による水位管理が重要で、農民は自由に取水灌漑を行っていたのである。「共同体」は存在せず、稲花会・廟会における祭祀にのみ共同追慕の念が存在したのである。

唐代太和七年（八三三）に它山堰を建設し、寧波西部地域、三江口の都市の水利システムを作った王元暐は地域住民から信奉され、旧暦三月三日（王元暐夫人の誕生日）、六月六日（稲花会）、十月十日（王元暐の誕生日）の三回廟会が行われてきた。その最大の廟会は六月六日の稲花会であった。稲花会は一九四五年まではある程度定期的に行われていたが、新中国になってからは長らく実施されず、二〇〇九年十一月二十六日に六十四年ぶりに復活した。

陳思光氏の研究によると稲花会の前身は它山堰が建設されるまでは它山地域の光溪・北溪古港一帯が泥砂で淤塞するので、それを人々が自主的に掏沙、即ち、浚渫を行ったことにあった。它山堰建設後、堰は鄞西七郷の農耕・飲料水の水源となり、郷民は鄞江橋に来て掏沙する必要があまりなくなったが、人々は六月六日の掏沙会を記憶していた。毎年、鄞江橋に集まる日は遂に三月三日、十月十日以外に別の廟会、即ち、俗称、稲花会となった。

即ち、稲花会の元来の意味は水利向上のための淘沙＝浚渫にあったこと、它山堰が建設されてからは王元暐の偉業に対し感謝するために、稲の花が開花する農閑期の旧暦六月六日に行われた廟会であった。

六十四年ぶりに復活した稲花会は鄞江鎮政府、它山堰文物保護管理所の指導のもと、地域住民が自主的に行ったものであった。道士の招請、読経、神轎・パレードの編成、大供・小供等殆んどすべてが地域住民の自主性によるものであった。十一月二十六日は平日の木曜日であったために若者の参加者はほとんどなかったが、各郷村の老年協会の老人が組織的に自主的に運営・参加していた。老人パワーの偉大さと老人達が如何に稲花会の復活を願っていたかを垣間見た。水利と信仰と娯楽の結合がこの稲花会であった。

註

（1）寧波市鄞州区水利志編纂委員会編『鄞州水利志』（中華書局、二〇〇九年十二月）八三〇頁、大事記、唐。また、『新唐書』巻四一、地理志、明州には「南二里有小江湖、溉田八百頃、開元中令王元暐置、立祠祀之。東二十五里有西湖、溉田五百頃、天寶二年令陸南金開広之。西十二里有広徳湖、溉田四百頃、貞元九年、刺史任侗因古迹増脩。西南四十里有仲夏堰、溉田数千頃、太和六年刺史于季友築。」とあり、小江湖は開元中に王元暐が置いたとあるが、王元暐は太和七年（八三三）に鄮県令になったことから小江湖修治は開元年間ではなく、太和年間のことと考えられる。

（2）二〇〇九年八月四日の陳思光所長よりの聞き取り調査によると、三個の瓢とは、三個の木の家鴨とのことであった。また、『鄞志稿』（清・蔣学鏞纂、清乾隆間纂、稿本）巻二〇によると、「旧伝、王侯作木鵝三、一云作木瓢、随其所止而設碶焉、今堰東十五里為烏金、又三里為積瀆、又二十五里為行春、窃意相去遠近、乃当日審度地勢、為之非必専借験於浮物也、顧碶之設、不止於洩暴流、而兼可以納淡潮」とあり、旧伝では王元暐が木鵝三を南塘河に浮かべ、その止まる所に三碶を設けたとあるが、它山堰からの距離、地勢に基いて三碶を作ったものであり、暴流の排水、淡潮の入水のための施設であったと述べている。また、謝国旗先生（寧波市鄞州区文物管理委員会）によると碶は水位を調節するものである。王元暐は它山堰を作る際、同時に南塘河に上水碶、下水碶、行春碶を作った。これは木のアヒルを流してとまった場所に碶を作ったのである。洪水が起こりやすい場所であるため、洪水防止のための水位の調節を行うためにこの三ヶ所に碶を作ったとのことである（二〇〇九年二月の聞き取り調査）。

（3）『四明它山水利備覧』三堨。尚、松田吉郎「『四明它山水利備覧』訳註稿（1）」『兵庫教育大学研究紀要』第四一巻、二〇一二年九月二十八日を参照されたい。

（4）謬復元等『鄞県水利志』河海大学出版社、一九九二年十二月、五三三頁所載の張申之（張傳保、一八七七～一九五二）の条によると、張申之は鄞県櫟社郷の人。光緒二十八年（一九〇二）恩科と正科合併で挙行された科挙に合格した。民国初（一九一二）に衆議員となり、民国十二年（一九二三）曹錕を嫌い下野し、故郷に戻った。一生、鄞県で実業、水利、交通等を振興した。南塘河の浚渫、中塘河の修理、市内城河の浚渫、堰壩・碶閘の修理を行い、民国三十六年（一九四七）鄞西水利局が成立した際に理事長となり、烏金碶・積瀆碶等を修理したと述べられている。

（5）松田吉郎「明清時代浙江鄞県の水利事業」『佐藤博士還暦記念中国水利史論集』国書刊行会、一九八一年。

（6）寧波地域では大田（大業）・小田（小業）の区別があった。『鄞県通志』第五、甲編、農業、農村一般状況、一、繳租辦法によると、「本県農民繳租辦法、約分三種。（一）定租。由佃戸毎年向業主繳納定量之租額、該項租額有大小業之別。（佃農所租之田、多世代相襲成為半占有性質、名為小業。佃農有時更将小業転佃於另一佃戸、則承佃此小業之佃戸、須納両重之租、一為大業、一為小業）。在二五減租未実行以前、大業毎畝租額為二百斤、後減為一百五十斤、小業之租額、視田之肥瘠、由双方議定、大抵毎畝最多為一百二十斤、普通五六十斤、最低二三十斤。」とあり、地主―A佃戸―B佃戸とする一田両主制であった。A佃戸が耕作権を持って居る土地を小業といい、この小業をB佃戸にまた貸しする。B佃戸からA佃戸に支払う大業（租）毎畝五六十斤と小業（租）毎畝二百斤を合算して二百五六十斤を支払う。A佃戸は地主に小業（租）の二百斤を支払うという形態であった。この『鄞県通志』記載の大業・小業の意味と盛小毛氏口述の大田（他人に貸す土地）・小田（自分で耕作する土地）とは若干説明が異なるが、大田は他人（佃戸）にまた貸しされることから地主には大小業合算租の収入がある田であり、小田は自分の耕作地であると説明されていることから長工に耕作させる田である。長工から小業租を徴収せず、長工に薪水（給料）のみ与え、耕作物はすべて地主の所有となったと考えられる。

（7）註（4）に同じ。

（8）劉文彩は一八八七～一九四九年十月十七日。中国四川省大邑県安仁鎮の人。著名な大地主であり、軍閥劉文輝の兄である（https://zh.wikipedia.org/wiki/%E5%88%98%E6%96%87%E5%BD%A9、二〇一五年十一月二十八日参照）。

（9）『国朝先正事略』巻四六によると、沈光文は清、鄞の人。明末の貢生。官は桂王（永暦帝、朱由榔）の時、大僕寺卿。尋いで台湾にわたり、鄭成功に帰依したとある。

（10）民国『鄞県通志』第一、輿地志、己編、河渠、埘、光緒鄞県志各郷水利総論。

（11）二〇〇九年五月三日に筆者は寧波大学の李広志先生、三年生の岑丹璐女士と鮑依子欣女士の経営する日本料理屋で鮑安富氏に会って、質問した。奉化市岳林街道に新鮑村があるが鄞江橋陳鮑家村と関係しているのかと質問した。鮑安富氏によると両村の鮑族は同族ではないとのことであった。

（12）二〇〇九年四月二十七日に筆者は寧波大学大学院生の寧娣娣女士、彼女の親戚の寧錫恩女士とともに、同三月に鮑安富氏より聞き取り調査を行った鄞江鎮懸慈村と鮑家磡村を調査した。鮑家磡祠堂の付近の住民の鮑召定氏、鮑安鼎氏（鮑安富氏の隣に住んでいた人）等のお話によると、磡は祠堂より北の山の中にあり、今はわからないとのことであった。

（13）註（12）と同じ。鮑召定氏、鮑安鼎氏等のお話によると、同祠堂の南の山の中が鮑家村であると言われた。

（14）二〇〇九年四月二十七日の筆者の調査による。

（15）註（12）と同じ。鮑召定氏、鮑安鼎氏等のお話による。

（16）註（11）と同じ。二〇〇九年五月三日における鮑安富氏よりの聞き取り調査による。

（17）二〇〇九年四月二十七日に筆者は寧娣娣女士、寧錫恩女士とともに懸慈廟を訪問した際に、同廟の管理人の劉定伙氏からの説明による。

（18）註（16）と同じ。二〇〇九年五月三日における鮑安富氏よりの聞き取り調査による。

(19) 註(17)に同じ。

(20) 鮑安富氏のお話では懸慈廟のお祭りは九月十七日の菩薩の誕生日に因んで行われたと言われたが、註(15)と同じ同廟の管理人の劉定伙氏のお話では九月二十七日の菩薩の誕生日に因み九月二十六日～二十八日の三日間行われていると言う。

(21) 註(17)に同じ。

(22) 二〇〇九年四月二十七日に筆者は寧娣娣女士、寧錫恩女士とともに、澄浪台を訪問し、同台の管理人よりの説明による。

(23) 註(13)に同じ。

(24) 註(11)に同じ。

(25) 二〇〇九年四月二十七日に筆者は寧娣娣女士、寧錫恩女士とともに売柴嶴水庫を訪問した。『鄞県水利志』二八六頁によると、一九七六年八月時、総容量六三九・二万メートルであり、同書四三九頁によると、一九八四年にダム堤防の加高が完成したとある。

(26) 松田吉郎「它山廟の稲花会について」藤井徳行教授退職記念号『社会系諸科学の探求』社会科学研究会、法律文化社、二〇一〇年三月。

(27) 陳思光氏によると同著『鄞江橋』「鄞江鎮的歴史沿革和変遷」の史料は『浙江省名鎮志』(上海書店、一九九一年五月)によるとのことであった(二〇〇九年十二月二十七日口述)。

(28) 『民国鄞県通志』輿地志、卯編、廟社、遺徳廟。

(29) 魏岘は南宋淳祐二年(一二四二)に『四明它山水利備覧』を著した。魏岘は同書に淘沙の項目を入れるなど、浚渫の重要性を述べている。陳思光氏によると掏沙を行った箇所は鄞溪から北溪の它山堰付近までの箇所であったとのことであった(二〇〇九年十二月二十七日口述)。

(30) 太平会とは菩薩(王元暐の塑像)が它山廟を出て地域の太平を守るという意味である。水災・火災防止、水利順調、盗賊防止、生命の安全、伝染病・疫病防止という意味である(二〇〇九年十二月二十七日陳思光氏口述)。

(31) 段塘の鴻善劇団は専門の劇団であり、越劇、京劇を行った(二〇〇九年十二月二十七日陳思光氏口述)。

(32) 尚化山老龍神轎とは尚化山の龍潭に龍の伝説があり、明朝より鄞溪村の人々が十五のチームの舞龍隊を作り、奉納した。龍の長さは最初は九節、後に十二節に長くなった（二〇〇九年十二月二十七日陳思光氏口述）。

(33) 役人の使用する武器、主に護送のときに使用。硬木から作られた六尺ほどの棒で、槍などよりも長く作られている。水火とはすなわち、水＝黒、火＝赤の色を現わし、黒と赤で塗られている。護送中の役人董澄と薛覇が林冲を殺害しようと使った事がある（http://www.cnw.ne.jp/˜unpuku/bugu/a1.html）。

(34) 軍中で発令のしるしとして用いた竿頭に鉄製のやじり状のものをつけた小旗（『中日大辞典』大修館書店）。

(35) 郎官は漢代の侍郎・郎中皆郎官という（『後漢書』明帝紀）。

(36) 十人の工匠或いは十兄弟とよばれる人々については民国二十四年刊『鄞県通志』癸編、祀典、政教志、遺徳祠に次のように述べられている。「西室祀唐佐理修堰十人、宋修堰耆民周四明、佐理修堰耆民王森・胡仲道・陳鈛・王瀾。旧例、毎歳春秋、守土官具祝文・香帛・羊一・豕一・尊一・爵三、陳設祠内。正官一人、朝服詣祠行礼（大清通礼）。今里人、猶歳以三月五日・十月十日致祭焉。……」とあり、它山廟においては王元暐など官僚以外に堰修築に係わった十人など民間人も併せ祭祀していた。尚、民国二十四年（一九三五）当時は祭祀は三月五日、十月十日の二回であり、六月六日の稲花会は行われていなかったようである。

(37) 二〇〇六年九月二十七日に陳思光氏とともに烏金碶を訪問した。その際に陳思光氏は它山堰水系において「共同体」的な共同労働の存在を否定され、王元暐への追慕の稲花会等にみられる廟信仰が「共同体」的信仰であると指摘された。烏金碶の盛小毛氏も同様な意見であった。

楼异と広徳湖

小野　泰

はじめに

宋代寧波《ニンボー》の水利を考察する時、鄞《ぎん》県西部に位置する広徳湖《こうとくこ》を干拓して湖田化するかどうかの論争が有名であり、この問題を抜きにしては寧波水利を語る事はできないであろう。従来、楼异《ろうい》をはじめとする楼氏一族は、多くの科挙及第者を輩出し、繁栄していった一方で、権門と結びつき、強引に湖田化を実現させ、その事が地域の水利秩序を破壊し、農民達を苦しめたという文脈で語られることが多い。

ここでは、その固定観念をひとまず取り払い、〝地域開発を進めた人々〟との側面から、彼等を通してみた寧波（当時は明州《めいしゅう》、及び慶元府《けいげんふ》）社会の一齣を浮かび上がらそうとするものである。

寧波に移住し、発展したいくつかの士人（勢族）の動向を踏まえながら、当時の寧波の社会・経済、更には文化的な特質を、多角的に考察する。地域社会が発展し、人口が増加する一方で、北宋末から南宋初にかけて、浙東《せっとう》の明州・越州《えっしゅう》（紹興府《しょうこうふ》）一帯では、湖田化（盗湖）問題が表面化した。これらの歴史的な事象を念頭に、寧波社会を再度考察する。尚、本稿では、当該時代の寧波を、楼异が生きていた当時の明州の呼称で統一する。

一　明州の開発と広徳湖水利

（1）明州の開発と水利建設

唐宋時代、明州の開発と水利建設に関しては、斯波義信・長瀬守・本田治・陸敏珍各氏の優れた諸研究が詳しい(1)。これらに依拠しつつ、宋代の明州が置かれていた社会・経済的な状況を概述する。次に、玉井是博・小野寺郁夫・西岡弘晃・長瀬守各氏の研究により、陂湖《ひこ》が農田灌漑、洪水など治水に果たした機能、湖辺住民に果たした役割などを考察する(2)。また、こうした事象が、天野元之助・西山武一・吉岡義信・寺地遵各氏、筆者により、当時の政治的な問題、地域社会史の問題ともなっていた点を考察する(3)。

明州は、唐の開元二十六年（七三八）に行政的に独立するまでは西隣の越州に属していた。当初の州治は、鄞江上流の小渓《しょうけい》、すなわち鄮《ぼう》県に置かれていた。大暦六年（七七一）に、州治の子城が三江口《さんこうこう》に築かれ、唐末には羅城が築かれた。五代の呉越時代に、行政領域の区分が確定し、同時に慈渓《じけい》県治（慈湖の南）、奉化《ほうか》県治（大橋の南）、象山《しょうざん》県治（象山山麓）、望海《ぼうかい》県治（後、定海《ていかい》県：甬江《ようこう》海口）も各々定着した。熙寧六年（一〇七三）には、舟山《しゅうざん》に昌国《しょうこく》県を置いた。

明州の地域開発を刺激したものは交通の発達、具体的には隋による大運河の建設である。これに連なる浙東河《せっとうが》の整備により、大運河南端の起点に位置する杭州の外港となった。そして、諸物資の集散機能を分担した。運河に沿って、堰・埭が作られ、その傍らには草市が発達していた。

明州の負郭である鄞県十三郷は、鄞江（明州城以南＝上流を鄞江、以北＝下流を甬江と称す）によって、東郷（六郷）・西郷（七郷）に分けられており、本来別々の水利体系であった。古来、東郷は主として東銭湖《とうせんこ》によって灌漑されており、西郷は它山堰《たざんえん》を中心とした它山水系と、これと繋がってはいるがやや別の水系からの水を蓄水する広徳湖とによって灌漑されていた。(4) 東銭湖は晉の時代、広徳湖は斉・梁の際からすでに存在したらしく、いずれも地形を巧みに利用した人造湖である。この時期は、県治の所在や寺院の分布でも推測できるように、山麓周辺のごく限られた地域が居住空間だったようである。従って農耕地も水源地の近くに存在し、いわゆる陂塘《ひとう》（陂湖《ひこ》）灌漑の段階に属し面積も小さかったと想定される。(5)

唐代になると、開発の進展とも関連し、都市・農業双方の水源を確保する目的で、水利施設に対する一連の工事が施される。広徳湖・東銭湖の整備は別として、最も早い時期のものは、やはり陂塘の小江湖《しょうこうこ》であった。小江湖は、唐初の貞観十年に県令の王君照《おうくんしょう》によって整備され、八百余頃に漑田した。しかしこの小江湖は、比較的早くに湮塞したらしい。(6) そして、後の明州の都市化、及びこの地域の水利工事にとって決定的に重要な役割を果したのが、它山水系の整備である。仲夏《ちゅうか》堰は、太和元年に、刺史于季友《うきゆう》が築いたものである。次いで太和中に、県令王元暐《おうげんい》が小溪（当時の明州治）付近に石堰の它山堰を築き、鄞江水を本流と運河（南塘）に分けた。この南塘沿いに、旱澇に応じて清水を調整し、塩害を防ぐ目的で、行春《こうしゅん》・積瀆《せきとく》・烏金《うきん》の三碶《けつ(けい)》が築かれた。南塘の水は、城南門より城中の日・月二湖に貯えて上水とし、城内の大小の運河に給水したのち、東門側の食喉《しょくこう》・気喉《きこう》の排水口から甬江に放流した。広徳湖・東銭湖についても、この時期幾度か浚渫あるいは堤防強化等の工事を施し、水利灌漑機能の充実をはかっている。唐代に創建・修築された水利施設の特徴は地理的には、它山堰、仲夏堰、行春・積瀆・烏金の三碶は、いずれも鄞江の中・上流に位置している。年代的には、小江湖をのぞけばいずれも唐代後半であり、太和年間が特に多い。広徳湖・東銭湖でも、史料に現れた浚渫・修築等の工事は、天宝以後である。工事の担当者は、そのほとんどが地方官である。五代に関しては、詳細はわからないが、広徳湖では大規模な修築工事が行われている（表1、表4参照の事）。

北宋期は、広徳湖・東銭湖でしきりと修築工事が繰り返されている。前者では湖田化、後者では水草による湖面の淤塞が最大の問題であり、共に湖の水利灌漑機能を弱め、ひいては農業生産を低下させる原因ともなるため、様々な措置が講じられたが、決定的な対応策はなく、西七郷に漑田する広徳湖は、政和七年から翌年にかけて、守臣楼异の手によって大部分が湖田化された（後述）。その他では、風棚碶《ふうほうけつ》と雲龍碶《うんりゅうけつ》が設置された。

南宋期は、水利施設の特徴として、地理的には鄞江の下流域に進出してきており、呉潜《ごせん》が宝祐五年（一二五七）の前後に一連の改良工事を行い、明州城内の平橋《へいきょう》に水則を設け、東西両郷の水利体系を一応統合した。年代的には、特に理宗の宝慶年間（一二二五～二七）から開慶年間（一二五九）にかけての約三十五年間に集中している。また、工事担当者に関しては地方官が多く、唐から宋にかけては一応官の強い介入があったと見て差しつかえあるまい。[7] また、明州での仏教盛行を反映して、雲龍碶、育王碶《いくおうけつ》（宝慶碶《ほうけいけつ》）、道士堰《どうしえん》等の名称が見られ、更には東銭湖畔の「隠学山復放生池碑」の内容等から、寺観勢力が鄞県の水利開発に果した役割も無視できないと言えよう（表4・5、参照の事）。

以上の考察から、陂湖・陂塘（鄞県の場合は、主に広徳湖・東銭湖）に直接頼らず、水門施設を伴った河川灌漑を重点的に利用し始めるのは、南宋の理宗朝前後であり、裏返せば、この時期までは寧波平野周辺の山麓・扇状地付近に位置していた〝古田〟（当然、広徳湖・東銭湖、它山堰の周辺であろうと推定される）の比重が大きく、寧波平野中心部に開かれていった〝新田〟の比重は依然小さかったと結論づけることができよう。この事は、唐から宋にかけてのこの地域での鎮市及び水利施設関係の廟祠の地理的分布の偏在によっても確認できる。また、鎮市の分布状態からは、鄞県の中でも、西七郷よりは東六郷の方が古くから開けていたとの印象を受ける[8]。

（2）　広徳湖水利と湖田化の推移

広徳湖の成立と機能、及び北宋末までの歴代の湖田化の動きと、それに対する浚渫・修築に関しては、先学の詳細な研究があるので、表化して略記するにとどめる[9]。表1によると、広徳湖の成立は斉・梁の際か、あるいはそれ以前に遡ること、明州（鄞県）の開発に伴って、その蓄水・灌漑能力も次第に拡大されていったこと、浚渫・修築等は地方官の担当だが、実際工事には在地の有力者の協力を得ていること、等が読みとれる。しかし、湖辺の豪民が州県の彊吏と結托し、あらゆる機会を利用して湖田化を実現させようとしている。そのため、度重なる禁令にも関わらず、趨勢としては湖田化（盗湖）の既成事実が着々と積み重ねられた様である。北宋末の広徳湖湖田化を画策し、かつ実行に移したのは、北宋の中期以後次第に明州に地盤を築きつつあった楼氏出身の楼异である[10]。『宋史』巻三五四、楼异伝では、彼は「明州奉化人」とある。同伝に、

政和末、知随州、入辞、請於明州置高麗一司、創百舟、応使者之須、以遵元豊旧制。州有広徳湖、墾而為田、収

表1　広徳湖浚渫に関する年表

年代	担当官等	内容	出典
斉・梁の際（四七七～五五七）	—	創湖の時期	曾鞏「広徳湖記」①
唐、大暦八年（七七三）	県令　儲仙舟	修治の功を加える。	『宝慶四明志』巻一二　広徳湖
唐、貞元元年（七八五）	刺史　任侗	湖を浚渫し、灌漑面積を広げる。	曾鞏「広徳湖記」
唐、大中元年（八四八）	御史　李後素	民の湖田請願に対し、験視の結果廃湖せず。	〃
宋、建隆中（呉越）（九六〇～九六二）	節度使　銭億	農隙に郷夫一〇万を集め、十隊に分け官吏に董せしむ。給米九〇〇〇碩、銭五〇万、公復た千緡を出す。周廻一万二八七一丈の隄を修す。	『乾道四明図経』巻二　広徳湖
宋、淳化二年（九九一）	—	民、始めて州県の疆吏と、湖を盗み田と為す。	曾鞏「広徳湖記」
宋、至道二年（九九六）	知州　丘崇元	自ら按視し、復湖する。湖禁を一州の勅に著わす。	〃
宋、咸平中（九九八～一〇〇三）	—	官吏の職田として、湖西の山足地百頃が充てられ、次第に湖田化する。	〃
宋、天禧二年（一〇一八）	知州　李夷庚	始めて湖界を正し、限一八里を築き、これを限る。	〃
宋、天禧二年（一〇一八）	知州　李夷庚	太平興国（九七六～八三）以来、民が冒取していた林村・高橋の湖濱地を禁絶する。	〃
宋、天聖・景祐の間（一〇二三～三七）	州従事　張大有 知州　李照	民復た相率いて湖田請願をする。州従事張大有、按行してこれを止める。知州事李照「至道の詔」を石に刻み、息む。	〃
宋、康定中（一〇四〇）	県主簿　曾公望	益々湖を治む。	〃
宋、熙寧元・二年（一〇六八・六九）	知県　張峋	熙寧元年十一月～同二年二月、民力八万二七九二（工）	〃
		(1)「民の人と為り信服せられ、知計有る者」を選び、督役せしむ。	〃
		(2) 環湖の隄、凡て九一三四丈を築き、碶九、埭二十を為る。又、楡・柳三万一〇〇〇を植え、隄を固める。資材は皆余材を用いる。	〃
宋、元祐中（一〇八六～九六）	—	議者復た、廃湖の説を倡ふ。	王庭秀「水利説」②
宋、元祐中（一〇八六～九六）	知県　段藻	慶暦丁亥（七年、一〇四七）より今元祐癸酉（八年、一〇九三）に距ること、凡て四十七年。而して湖提を修めるは、前に荊公（王安石）、中に張侯峋、最後に段君藻。湖提に、楡柳一三〇丈分を植える。	舒亶「水利記」③
宋、崇寧中（一一〇二～〇六）	兪襄 知州　葉棣	兪襄、復た廃湖の議を陳べる。知州葉棣、兪襄を罰す。兪襄遂に都省に走り、其の策を献ず。蔡京これを悪み、本貫に拘送する。	王庭秀「水利説」
宋、政和七・八年（一一一七・一一一八）	知州　楼异	徽宗、楼异の請願を納れ、湖田化を許可する。（詳細は省略）	『宋史』巻三五四、楼异伝

表2　広徳湖田の面積、及び租課額

湖田面積	毎年の租課（総額）	出典
七二〇頃（七万二〇〇〇畝）	穀三万六〇〇〇石（米一万八〇〇〇石）	『宋史』巻三五四、楼异伝
八〇〇頃（八万畝）	米二万石	王庭秀「水利説」
―	租米一万九〇〇〇余碩	『宋会要』食貨七―四五、水利三
上等田 中等田 下等田　計五七五頃九九畝（五万七五九九畝）	租米一万八四三一碩六斗八升（毎畝三斗二升）	『宋会要』食貨六三―一九八、農田雑録

表3　它山堰設置・修築等年表

年代	担当官等	内容	出典
唐、太和七年（八三三）	県令　王元暐	畳石為堰于兩山閒闊四十二丈……渠興江社為二。	『宝慶四明志』巻一二、它山堰
北宋、建隆中（呉越）（九六〇～六二）	節度使　銭億	它山堰損壊不可修。跪請于神増築全固。	『宝慶四明志』巻一、太守
北宋、崇寧元・二年（一一〇二～〇三）	知県　龔行修	父老に它山堰の利害を詢い、石と鉄で、増強する。	『四明它山水利備覧』巻下
南宋、紹興十六年（一一四六）	知州　秦棣	它山堰の損壊箇所を増強する。	〃
南宋、嘉定七年（一二一四）	知州　程覃	捐田四十畝を置き、経費に充てる。	〃　巻上
南宋、嘉定十四年（一二二一）	魏峴	程覃にならい、田を置き経費に充てる。	『宝慶四明志』巻四、日月二湖
南宋、紹定元年（一二二八）	知州　胡榘	程覃にならい、田を置き経費に充てる。有司の責を重くする。	〃
南宋、嘉熙三年（一二三九）	知州　趙以夫	魏峴に委ね、田畝を増置する。	『四明它山水利備覧』巻上
南宋、淳祐元～三年（一二四一～四三）	知州　余天錫 知州　陳塏 知州　黄壮猷	魏峴に委ね、浚渫させる。 廻沙閘を置く。 洪水湾に石塘を築く。	〃　巻下
南宋、宝祐六年～開慶元年（一二五八～五九）	都吏　王松 正将　鄭瓊	洪水湾を浚渫させる。	『開慶四明続志』巻三、洪水湾

表4　東銭湖浚渫に関する年表

年　代	担当官等	内　容	出　典
晋代（二六五～四二〇）	—	創湖の時期	李暾「修東銭湖議」④
唐、天宝中（七四二）	県令　陸南金	田一二万一二一三畝を廃す。毎畝、米三合七勺六杪を徴す。八塘を築き、四堰を築く。	〃
北宋、天禧中（一〇一七～一〇二一）	知州　李夷庚	旧廃址に因り、湖隄を増築して堅固にする。	魏王趙愷『剳子』⑤
北宋、慶暦八年（一〇四八）	知県　王安石	湖界を重浚す。	〃
北宋、嘉祐中（一〇五六～六三）	—	初めて碶・閘を置く。	〃
北宋、治平元年（一〇六四）	—	六隄に修め、陸南金・李夷庚の祠を隄の旁に立てる。	〃
北宋、熙寧元・四年（一〇六八・七一）	知県　張峋 知県　黄頌	東銭湖と、隠学山棲真寺の放生池との経界を、山旁の耆耋の言により正す。	沈遼「隠学山復放生池碑」⑥
南宋、紹興十八年（一一四八）	—	請佃を尽く罷める旨の検挙約束あり。	『宋会要』食貨八—一二七　水利化
南宋、乾道五年（一一六九）九月	知州　張津	「農隙を候ち、淤塞した湖面を浚渫したい」との請願。資金・労働力は援助を乞う。	〃
十月	知州　趙伯圭	後任の趙伯圭は、知県楊布を遣わし、調査させた結果、費用不貲で中止と決定。	魏王趙愷「剳子」
南宋、淳熙四年（一一七七）	知州　趙愷 知県　姚枱 長史　莫済 司馬　陳延年	知県の乞により、長史・司馬を遣わして実地調査をさせ、「士人の心力有る者」に開葑工事を辦集させたが「因銭米不給、頗有擾民」の事態となる。	提刑程覃『剳子』⑤ 尚書胡榘『剳子』⑤
南宋、淳熙十二年（一一八五）	（明州申）	「茭葑の除去」この茭葑が積載された土地の請佃を、禁止する旨の詔を請う。	『宋会要』食貨六一—一三一、水利四
南宋、嘉定七年（一二一四）	知州　程覃	(1)開湖局を置き、府銭三万二〇〇〇緡を撥し、田一〇〇〇余畝を買い、毎歳の租穀二四〇〇余石を開葑船の費用とする。 (2)捐田の管理は「近郷の物力最高の者」に輪委し、米穀・緡銭は近湖の寺院に分在させる。 (3)而後来、有司奉行不虔、田租浸移用、湖益塞。	提刑程覃『剳子』 〃 『宝慶四明志』巻一二、東銭湖
南宋、宝慶二年（一二二六）	知州　胡榘	(1)朝廷に度牒百道・米一万五〇〇〇石を請い、湖面を浚う。 (2)十月、水軍と七郷の食利戸に券食を給い、又漁戸を募り、交互に開葑を行う。	『宝慶四明志』巻一二、東銭湖 〃

		(3)更に、程覃以来の「置田策」を継続させるため、銭二万八〇〇〇余緡を増額し、田も合計三〇〇〇畝に増加した。	〃
		(4)捐田の管理は翔鳳郷長顧泳之に主らせ、漁戸の管理制度も整備し、開葑に当らせた。更に、府県丞による督察、提挙常平司による董事制度も整備した。	〃
南宋、淳祐二年（一二四二）	知州　陳塏	冬、農隙に、制幹林元晉・僉判石孝広に命じて、買葑策を行わす。「不差兵不調夫、随舟大小葑多寡、聴其求售交葑……」	『宝慶四明志』巻一二、東銭湖（後守続増）

①曾鞏「広徳湖記」は、『元豊類藁』巻一九に拠る。
②王庭秀「水利説」は、『宝慶四明志』巻一二、広徳湖条に拠る。
③舒亶『水利記』は、『乾道四明図経』巻一〇に拠る。
④李暾「修東銭湖議」は、『雍正寧波府志』巻一四に拠る。
⑤魏王趙愷・提刑程覃・尚書胡榘の「劄子」は、いずれも『宝慶四明志』巻一二、広徳湖条に拠る。
⑥沈遼『隠学山復放生池碑』は、『乾道四明図経』巻一一に拠る。
⑦明州は、南宋の紹熙五年（一一九四）に慶元府に昇格したが、本稿では便宜上すべて明州に統一し、長官も知州とした。

表5 ㈠鄞県水利施設、設置・修築等一覧（陂湖・渠・堰・塘・碶）(修)は、修築を示す。

	名称	年代	担当官等	出典
1	東銭湖	晋代（二六五～四二〇）	―	李暾『修東銭湖議』
2	広徳湖	斉・梁の際（四七九～五五七）	―	曾鞏『広徳湖記』
3	小江湖	唐・貞観十年（六三六）	県令　王君照	『乾道四明図経』巻一
4	九里堰塘	唐、大暦中（七六六～七七九）	刺史　呉謙	『延祐四明志』巻一五
5	仲夏堰	唐、太和六年（八三二）	刺史　于季友	『乾道四明図経』巻一
6	它山堰	唐、太和七年（八三三）	県令　王元暐	『宝慶四明志』巻一二
7	烏金碶	唐、太和中（八二七～三五）	県令　王元暐	〃
		南宋、嘉定十四年（一二二一）	魏峴	〃
8	積瀆碶	唐、太和中（八二七～三五）	県令　王元暐	〃
		南宋、嘉定十七年（一二二四）	―	『民国鄞県通志』輿地志己編
9	行春碶	唐、太和中（八二七～三五）	県令　王元暐	『宝慶四明志』巻一二
10	風棚碶	北宋、煕寧八年（一〇七五）	知県　虞大寧	〃
11	雲龍碶	北宋、煕寧中（一〇六八～七七）	県主簿　黄宁	『至正四明続志』巻四
12	育王碶	南宋、宝慶中（一二二五～二七）	阿育王寺	〃
13	保豊碶	南宋、淳祐元年（一二四一）	知州　余天錫	『宝慶四明志』巻一二
		南宋、淳祐二年（一二四二）	知州　陳塏	〃
		南宋、開慶元年（一二五九）	知州　呉潜	〃
14	廻沙閘	南宋、淳祐二年（一二四二）	知州　陳塏	〃
15	江東碶	南宋、淳祐二年(修)（一二四二）	知州　陳塏	〃
16	大石碶	南宋、淳祐二年(修)（一二四二）	知州　陳塏	〃
17	中塘河（西塘）	南宋、淳祐六年（一二四六）	知州　顔頤仲	『民国鄞県通志』輿地志己編
18	顔公渠	南宋、淳祐六年（一二四六）	知州　顔頤仲	『至正四明続志』巻四
19	練木碶	南宋、宝祐五年(修)（一二五七）	知州　呉潜	『開慶四明続志』巻三
20	洪水湾塘	南宋、宝祐六年(修)（一二五八）	知州　呉潜	〃
21	北津堰	南宋、宝祐六年(修)（一二五八）	知州　呉潜	〃
22	西渡堰	南宋、宝祐六年(修)（一二五八）	知州　呉潜	〃
23	呉公塘	南宋、宝祐六年(修)（一二五八）	知州　呉潜	〃
24	開慶碶（鵲巣碶）	南宋、開慶元年(修)（一二五九）	知州　呉潜	〃
25	鄭家堰	南宋、開慶元年(修)（一二五九）	知州　呉潜	〃

(二)東銭湖七堰

あ	莫枝堰
い	平水堰
う	大　堰
え	高湫堰
お	銭　堰
か	梅湖堰
き	栗木堰

(三)鎮市の所在

A	小溪鎮（句章郷）
B	横溪市（豊楽郷）
C	林村市（桃源郷）
D	甬東市（万齢老界郷）
E	下荘市（陽堂郷）
F	東呉市（陽堂郷）
G	小白市（陽堂郷）
H	韓嶺市（翔鳳郷）
I	下水市（翔鳳郷）

(四)水利施設関係の廟祠の所在

	名称	所祀神	創建時代
a	嘉沢廟	陸南金（李夷庚）	唐、天宝中（七四二〜五五）
b	後巌廟	唐、明州刺史王沐	唐、貞元中（七八五〜八〇四）
c	横塘廟	唐、奉化県令趙定・趙察	唐、元和〜長慶（八〇六〜二四）
d	遺徳廟（善政侯祠）	唐、王元暐（銭億、他）	唐、太和中（八二七〜三五）
e	白鶴山廟	唐、任侗	唐、咸通中（八六〇〜七三）
f	乾崇廟	唐、斉閭（宋、陳矜）	唐、乾符中（八七四〜七九）
g	王荊公廟（聚勝廟）	北宋、王安石	北宋、嘉祐六年（一〇六一）
h	風棚廟	北宋、虞大寧	北宋、熙寧中（一〇六八〜七七）
i	豊恵廟（楼太師廟）	北宋、楼异（王説）	南宋、嘉定中（一二〇八〜二四）
j	鐘公廟	北宋、鐘廉	南宋、慶元中（一一九五〜一二〇〇）
k	胡墅廟	南宋、胡榘	南宋、宝慶中（一二二五〜二七）
l	胡公祠（胡墅廟）	南宋、胡榘	南宋、宝慶中（一二二五〜二七）
m	戚浦廟	北宋、楼异	宋時
n	戚浦新廟	北宋、楼异	宋時
o	烏金廟	唐、王元暐	宋時
p	白鶴山新廟	唐、任侗	南宋時

（『民国鄞県通志』卯編、廟社）

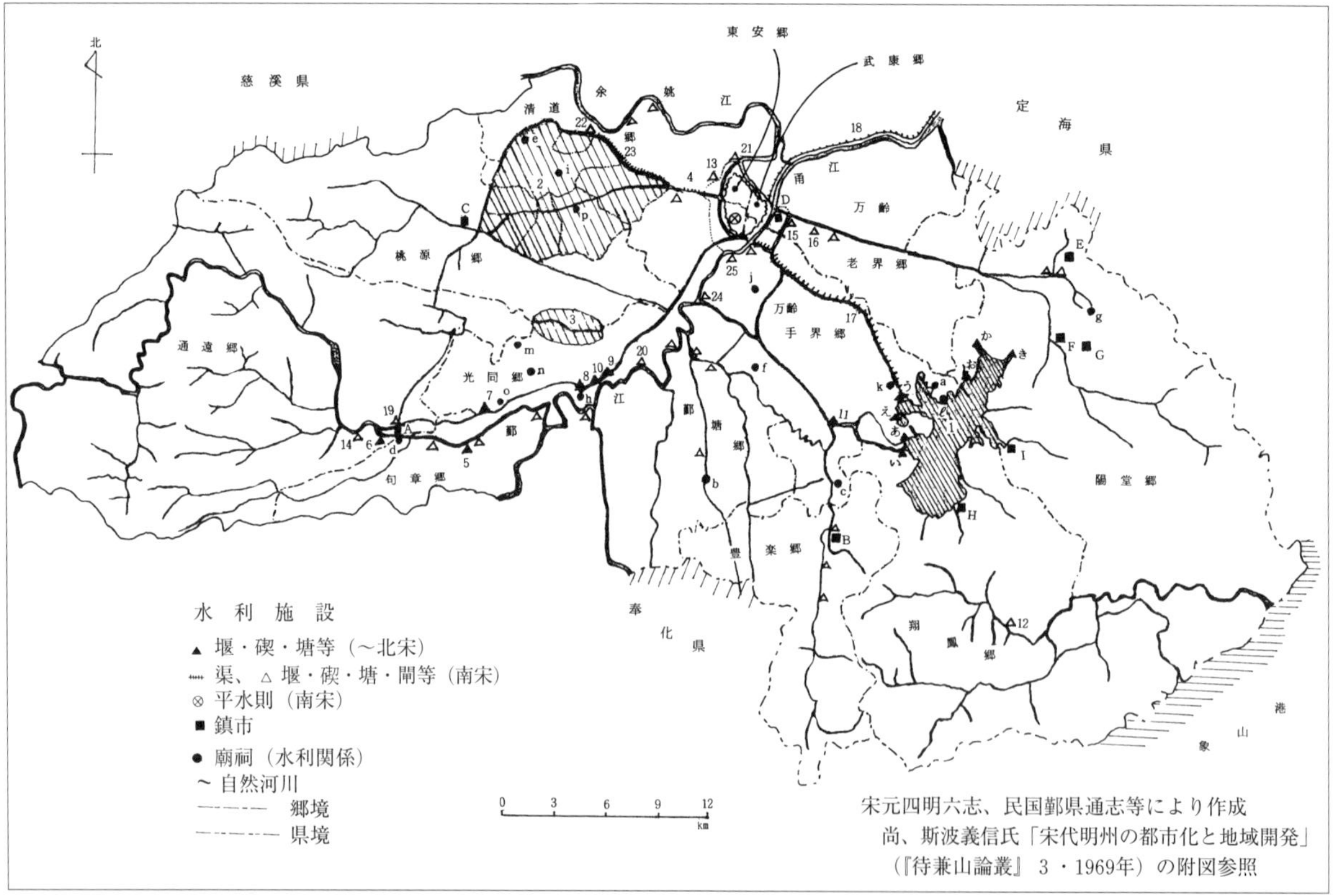

宋元四明六志、民国鄞県通志等により作成
尚、斯波義信氏「宋代明州の都市化と地域開発」
（『待兼山論叢』 3・1969年）の附図参照

図1　鄞県の水利開発総合図（南宋末）

其租可以給用。徽宗納其説、改知明州、賜金紫。出内帑緡銭六万為造舟費、治湖田七百二十頃、歳得穀三万六千。加直龍図閣・秘閣修撰、至徽猷閣待制。

とあり、政和の末に知随州に任じられ、都で拝謁した折に、明州に高麗司を置き、百舟を創り、使節の須《もと》めに応じ、元豊の旧制に遵わせようと請うた。湖田からの租課を高麗使節の接待費に充てることを条件として湖田化公認の申請をし、徽宗《きそう》の裁可を得ている。高麗は宋に対する朝貢国であり、宋初以来、高麗使節は、登州《とうしゅう》経由で都開封《かいほう》へ至る東路と呼ばれる順路を通っていたが、その後、正式の通交は一時杜絶した。熙寧七年（一〇七四）に高麗は金良鑑を遣わし、以後は明州より運河を通って開封へ至る、南路を使用する様になった(11)。そして、熙寧・元豊以後、高麗使節はかなりの頻度で来朝しており、史料によると、元豊年間は、特に高麗使節を厚遇したという(12)。また、他の朝貢国と同様、高麗使節に対しても迎賓館が設けられたが、明州でも楽賓館、定海県では航済亭が設けられた。更に、高麗使節が利用する二隻の巨大な外洋船も、この時期に建設された(13)。

しかし一方で、この使節の接待には膨大な経費を要し、おまけに亭館の修繕や物資運搬のため、沿道の諸州県には過重な負担が強いられた(14)。加えて、高麗には宋と遼（後には金）との間に位置するという地理的・政治的な複雑さがあった。このため、哲宗の元祐年間以後南宋の隆興年間に至るまで、高麗との通交に関して度々その是非が論じられた。賛成論者は、主に政治的理由からこの問題を捉えている。その論点は二つあり、第一は高麗との関係を通じて遼（後には金）の動静を探らせようとするもの、第二は通交関係の維持により宋の太平を世に示そうとするものである(15)。反対論者は主に経済的理由によるもので、使節接待には膨大な経費を要し、沿道諸州県には過重な負担を強いるのみで、宋朝には糸毫も得るところがない、とするものである(16)。しかし、度重なる〝罷使〟請願の上奏にも関わらず、南宋の乾道九年まで正式の通交関係は存続した。その最大の理由は、いわば「建前」としての賛成論が、「本音」としての反対論に優先したためであろう。したがって、政和末の楼异による広徳湖の湖田化計画は、この間の事情を巧みに利用して徽宗に上言し裁可を得たものと言えるだろう。(17)

この広徳湖の干拓田は、その後湖田隅として残され、歴代租課がかけられた。この地で農業を営み、実際に暮らす人々に関しては、「湖辺の民」や、豪強あるいは彼らの佃戸といった表現が地方志や文集からは垣間見える。しかし、それ以上の具体像はなかなか窺い知る事ができない。ところで、最近この地の現地調査がいくらか可能になった。(18) この調査により、いくつかの興味深い手掛かりを得る事ができる。かつての湖田隅の一角、集士港鎮清墊《しゅうしこうちんせいてん》には大姓が三氏いる。翁《おう》氏・呉《ご》氏・曹《そう》氏である。そのうち、翁氏には『翁氏宗譜』がある。同譜によると、翁氏は福建崇安《ふっけんすうあん》の人で、興化軍莆田《こうかぐんほでん》に関連がある。莆田には、著名な水利施設木蘭陂《もくらんひ》と太平陂《たいへいひ》とがある。地形的には、干満の差が大きい瀬海地を閉め切り、山系からの諸水を蓄水し、一定の時間をおいてかけ流し、脱塩処理をした上で土地利用を図るものである。こうした地形は、明州の瀬海部・平野部での土地利用との類似性が見られる。明州のうち、慈溪県と鄞県は、この共通項で括る事ができる。『翁氏宗譜』に名の載る翁升《おうしょう》が慈溪県に足場を築いたという記事は、この事を裏付けている。

二　明州の士人社会と楼氏

（1）　楼氏登場の背景

宋代以降、特に大きな社会的位置を占めるようになった士人社会については、清水盛光・福沢与九郎・伊原弘・周藤吉之・Richard L. Davis・梁庚堯・黄寛重等、各氏の研究があり、これらをもとに、明州の代表的な士人と地域社会の構造に関する考察が進んでいる[19]。

次に、右に合わせて楼氏の登場と発展を、福田立子・Linda Walton・包偉民・黄寛重等、各氏の研究をもとに、楼异に至る楼氏一族とその発展の軌跡を考察することがある程度可能となった[20]。

各地方志に描かれた明州の士人像について、眺めてみる。

『乾道四明図経』巻一、水利には、

城之河渠、蓋一水自它山、経仲夏而入南門、水自大雷、経広徳湖而入西門、淫溇汎溢則城之東北隅有碶以洩於江……

「城内に入る河渠は、它山より仲夏を経て南門より入る一水と、大雷山《だいらいさん》より広徳湖を経て西門より入る一水とがある。常に溇溢の虞があるので、城の東北隅に碶を設けて江に洩らした。……」と説明されている。天禧間の許兪《きょゆ》「李侯夷庚開河記」が広徳湖水を、元祐間舒亶《じょたん》「西湖引水記」が它山の水をそれぞれ言い、又王庭《おうてい》秀《しゅう》が、「河渠説」を作り、二水の利を兼言したとする。この巻には「賢守事実十二」の項があり、水利に関するものが五人を占めるが、楼异の事績は、方臘《ほうろう》の乱に際しての郷土防衛が対象である。巻三、奉化県・人物には、祖父にあたる楼郁《いく》が、

楼郁、字子文。志操高厲、尚友古人。経明博学、其為詞章、務極於理、教授里人、咸以先生称之。

と記されている。巻九には、州学記や県学記、寺観の碑記と共に、水利に功績のあった王元暐を祀った「重修善政侯祠堂記」や、李夷庚《りいこう》・陸南金《りくなんきん》を祀った「李陸二公祠堂記」を載せる。巻一〇には、寺観の碑記と共に、禅院による塗《と》田《でん》の開荘記、象山県の朝宗碶《ちょうそうけつ》の修築記を二つ載せる。これらと共に、曾鞏の「広徳湖記」、王安石の「鄞県経游記」、舒亶の「西湖記」・「西湖引水記」・「水利記」、楊蒙《ようもう》の「重修它山堰引水記」が収められている。「西湖記」・「西湖引水記」は、它山水系から城内の西湖に引水する経路の保全を主張するもので、楊蒙や曾鞏の記と同じ傾向の史料であっ

た。

『宝慶四明志』では、巻一・郡守に、やはり楼异の郷土防衛を簡単に記す。巻六・叙賦下、市舶の高句麗国の条で、政和七年楼异による広徳湖の湖田化の経緯を、また同巻・雑賦、湖田の項で、租米の充当先を示した。本書では、人物は格段に詳しさを増す。巻八・叙人上、先賢事跡上では、楼异の条に、子・孫・五世孫・六世孫・七世孫までを概述する。その最後に、

楼氏世居奉化、継徙于鄞、有義荘以贍族。一倣范文正公之成規。异之子璹、字寿玉所創也。拠碑記及楼氏家伝

とある。「楼氏は世々奉化に居し、継いで鄞に徙った。義荘を持っており、それで一族を贍《せん》した。ひとえに范文正公の成規に倣った。异の子璹《とう(じゅ)》、字は寿玉《じゅぎょく》が創立した。（碑記及び楼氏家伝に拠る）」

楼氏と結びつく名族として、汪《おう》氏・汪思温《おうしおん》の条がある。思温の子が大猷《だいゆう》であり、楼氏不遇の時期は、汪氏に頼っていた。また、王説《おうせつ》の末である王正己《おうせいき》は楼异の壻にあたり、「廃湖辨」を著して、湖田化を支持した。また、福建からの移住者も多い。翁升は、慈渓の人だが、その先は莆田の人である。陳輔《ちんほ》は、五世の祖が福州から徙居した。義荘田の関連では、沈煥《しんかん》が挙げられる。また、巻九・叙人中、先賢事跡下では、史浩《しこう》がある。また、巻十一、郷人義田の記事がある。巻十二・叙水、広徳湖の条には、王庭秀「水利説」と王正己「廃湖辨」を載せる。東銭湖の条には、魏王趙愷《ちょうがい》の箚子、提刑程覃《ていたん》の箚子、尚書胡榘《こく》の箚子を、それぞれ載せる。王氏（王正己の子孫）は、広徳湖の望春山に隠棲したという記事がある（『宋元四明六志校勘記』二・佚文二）。

また、楼异の妻たる馮《ふう》氏一族についても、興味深い史料がある。馮氏は慈渓県の富裕戸であり、中央の顕官ではなかったが、明州の地域社会では、一定の影響力を持っていた。馮制の代には、『宋元学案補遺』巻六に、

馮制、字公初、慈渓人。康定間、大饑民至相啖食。家有穀数千斛、悉貸之、頼以全者、百余家。

とある。

「馮制、字は公初、慈溪の人であった。康定年間、大饑饉があり、民は大いに窮した。制の家には穀物が数千斛あり、悉くこれを貸与した。そのため、百余家が生を全うした」。

このように馮制は、凶事には、郷里の保全に意を尽くしていた。また、『同書』に

舎東有古陂、県長牟経、俾郷先生王致・楊適畊之、民数奪其豬水。先生諭民穿古渠、引潮以漑無復奪水之擾。二先生割田為寿、先生曰吾哀二先生窮耳、豈望報耶。成化四明志

とあり、曾て王致《おうち》・楊適《ようてき》等の調停に入って、農民達との水権の争いを仲裁し、しかもその際報酬を求めなかったという。この条は地域社会を読み解く上で興味深い。前後の史料や材料から、楼氏は汪氏・袁氏・馮氏等と共に、まず有力地主（戸）として財を成し、胥吏《しょり》の列に加わっていた。そこで、地方社会に一定とけこみながら、次第に名望家の地位を固めていった。従って、後年徽宗朝の政和年間、楼异が広徳湖の湖田化を推進し得たのは、ここに描かれたような妻方の馮氏の影響力も無視しては考えられないだろう。

明州の楼氏に関しては、政治史の官僚研究で、あるいは社会経済史の分野では族産の一種義荘の研究で、いくつか先行研究がある。近年は、社会史が宋代史研究の重要な分野の一つとなり、家族史・宗族史の成果が多く見られる。楼氏一族に関しては、Linda Wolton、包偉民、黄寛重氏の研究が、それぞれ代表的なものであろう。

これら近年の研究をまとめると、以下の様になる（図2　楼氏系図　参照）。楼氏は唐末から五代初にかけて、婺《ぶ》州の東陽《とうよう》から移住した。これが、九世の祖に当たる。七世の祖からはその名が判別する。これが楼皓《ろうこう》である。その次子六世の祖は楼杲《ろうこう》である。楼杲の孫（『攻媿集《こうきしゅう》』の著者楼鑰《ろうやく》から見て高祖〈祖父の祖父〉）に楼郁がいる。楼氏の歴史では、この楼皓と楼郁の時に大きな動きがあった。同じく明州の名族袁燮が書いた「行状」（『絜斎集《けつさいしゅう》』巻一一、「資政殿大学士

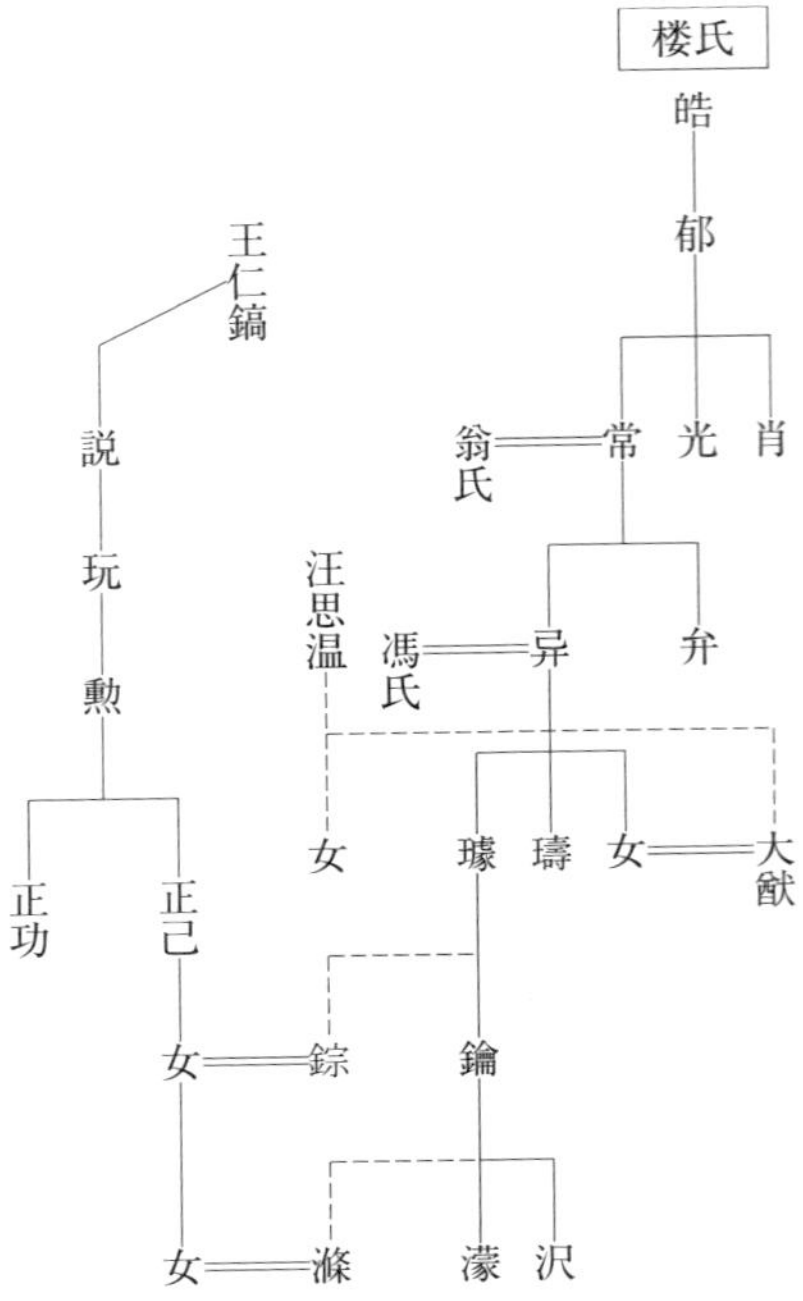

図２　楼氏系図

贈少師楼公行状」）によると、

……相伝為明楼氏、由婺徙焉、本一族也。

とある。言い伝えによると、明州の楼氏は元、婺州に家した一族が別れたものであるという。続けて、婺州楼氏は、紹興年間に襄靖公楼炤《しょう》が簽書枢密院事となって初めて大となった（『同書』）。そして、

家于明者、其盛久矣。公七世祖諱皓、六世祖諱杲、皆卓卓有賢行。至高大父郁寖以昌大。

とある。七世の祖皓、六世の祖杲は、いずれもすぐれて賢行があった。五世の祖郁に至って、ようやく盛んとなった。具体的には、

自奉化徙鄞、卜居于郡城之南、儒学精深為後進師。皇祐中、擢第得廬江主簿、以禄不逮親弗肯仕、贈正議大夫。

とある。郡城（明州城）の南に居を定めた。その儒学は精深であり、多くの後進を育てた。皇祐中、科挙に及第し、廬《ろ》江《こう》県の主簿を得たが、禄が少なく親を養えない、との理由で職を辞した。そこで、正議大夫を贈られた。これは、既に述べている様に、楼郁が科挙に及第しながら仕官の道を自ら閉ざし、郷里で学問を究め、後進を育てる方途を選んだ経緯を記したものである。そして、曾祖と祖については、また以下の様に記している。

太師知興化軍・台州、皆有恵政。楚公当政和間、以才侍従、再牧郷邦、名所居曰昼錦、……。

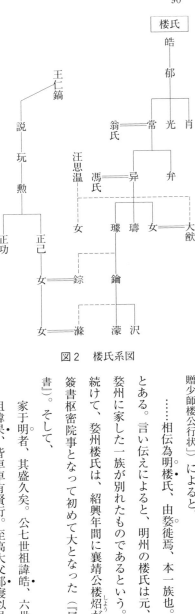

太師（常《じょう》）は、知興化軍・知台州を勤め、皆恵政があった。前述の、湖田隅で耕作する翁氏が、興化軍莆田からの移民であるとの宗譜の記述と、興味深い結びつきを見出せる。ただし、夫人の翁氏が直接興化軍莆田と関係があるかどうかは確定できない。楚公（异）は、政和年間に評価されて侍従となった。知明州に再任され、その住居のあった坊は、昼錦坊《ちゅうきんぼう》と名付けられた。さらに「行状」には、

　曾祖常朝議大夫贈太師、妣翁氏贈陳国夫人……祖异徽猷閣学士朝議大夫贈太師追封楚国公妣馮氏

とある。太師（常）は、朝議大夫で太師を贈られた。夫人は翁氏で陳国夫人を贈られた。また、祖异は徽猷閣学士・朝議大夫で太師を贈られ、楚国公に追封された。夫人は馮氏である。前述のように、この楼常の妻翁氏と、楼异の妻馮氏は、明州鄞県の水利開発にとって少なからぬ役割を側面から果たした可能性がある。

（2）楼异像の形成

さて、楼异については『宋史』に列伝がある。また、『宋史』の成立と相前後して、楼异の事を記した文章がある。『至正四明続志』巻九　祠祀　豊恵廟《ほうけいびょう》で、作者は当時の慶元路《けいげんろ》推官の況逵《きょうき》である。全体は、概ね①楼异の経歴と、湖田化に至る経緯、②北宋末から南宋初のこの地域と湖田の様子、③楼鑰の登場と、湖田化の必然化、④元代の現状、⑤立廟と撰記の由来で、それぞれ順に説明している。

先ず、①楼异の経歴と、湖田化に至る経緯について、このような記述がある。

　a豊恵廟祀太師楚国楼公、其法於是者歟。公諱异字試可、登宋元豊八年進士第、擢懐州司理、累遷大宗正丞、尚書右司員外郎、転鴻臚卿、以朝散大夫知秀州。丁光禄公憂廬墓終喪、踰年赴闕、調随州、陛辞日復改知明州。公以郷邦之嫌力辞不允、賜三品服以寵其行。

とある。傍線部分が注目箇所で、楼异は、明州知州への赴任を、「公以郷邦之嫌力辞不允、賜三品服以寵其行」と、郷邦之嫌を理由に、一旦は辞退している。次に、湖田化以前の情況については、

b異時東夷入貢、絶洋海道四明、赴汴、漕司倉卒括舟、於民労費不貲。

「以前、高麗は海路四明（明州）に入港し、そこから汴に赴いた。転運司は急に民から舟を徴発し、その疲弊は計り知れなかった」。

c広徳湖在鄞之西十二里、歳久湮塞。公請、得為田以其賦入、備麗人供億之繁。

「広徳湖は鄞県の西十二里に在って、湖西の湮塞が広がっていた。公（楼异）はそこを湖田として、そこからの収入を高麗使節供応の費用に備える事を請願した」。

d政和七年四月、至郡按行它山堰水利無恙、即募民疏鑿溝塘、布画耕懇等第受給。凡為田七万余畝、界於清道・桃源二郷七甲、歳得穀三十余万斛、依元豊故事造画舫百柁、置海口専備麗使、投賜鉄符於定川之宝山海濤、以鎮之、時有巨魚出迎長数丈鱗角耀日、観者駭愕。又以田租之余築西埭置閘於傍。

「政和七年四月、楼异は着任すると、郡（州）内を巡行し、它山堰水系が無事に機能している事を確認し、直ちに民を募って溝塘を疏鑿し、開墾地の配置を計画し、戸等によって土地を受給した。湖田は全部で七万余畝、清道・桃源の二郷、七甲にまたがり、毎歳穀三十余万斛を収穫した。……又、田租の余で西埭を築き、閘を傍らに置いた」。

広徳湖は、山西（西側）がなだらかな山地となっており、本来、諸山の水を集め、水圧調整の遊水池兼、農業灌漑のための陂湖として立地していた。最後の部分のこの記述からは、舟の往来にも備えたであろうが、山西からの集水調整施設を整備した様が読み取れる。

②北宋末から南宋初のこの地域と湖田の様子については、

e……後夷貢往来、民不知労、公私為便是、歳田生嘉禾紀之史氏、父老徳公、立生祠於霊波道院。

「後に高麗が来貢した際に民は擾されず、官も民もこれ（湖田の収入からの使節供応）を便とした。毎歳湖田からは、豊かな稔りを生み、その事が記されている。史氏、父老は公（楼异）を徳とし、生祠を霊波道院《れいはどういん》に立てた」。

f宣和二年、群盗弄兵於歙睦、窃拠武林分兵残数郡、明之士著無頼、陰欲嘯聚為盗応。公踪跡渠梟於市、躬集豪勇分部伍、乗城捍禦、軍律厳明、寇卒不敢犯。明年秋、王師凱旋召赴闕下、道除知平江、加徽猷閣直学士以褒其功、公至官条具利害、乞修城壁為戦守備、方就規画而被疾丐祠、章三上甫得帰。六年正月望卒。上方御楼張灯訃聞、為之罷宴贈賻、有加官其三子。所居坊曰、里人尊之為墨荘先生。明年葬奉化之金鍾。

「（大意）宣和二年、方臘の乱が起こった時には、知州自ら毅然とした態度で兵を率いて守りを固め、反乱軍の進入から守り通した。翌年秋、乱は鎮圧され、公は闕下に召され、その道中に知平江府に除され、徽猷閣直学士を加えられて、その功に報いられた。その後、病を得て祠を乞い、ようやく郷里に帰った。宣和六年正月に、公は死んだ。明年、奉化（県）の金鐘《きんしょう》に葬られた」。

g紹興初、会湖田所得官租四万六千余石、以贍定海屯駐諸軍撥下等田一千七百余石、帰於学宮以養士大佐国家之用。居民感慕無巳、遷廟霊波之西飲食必祭四時献賽厳如生存。

「南渡後の紹興始め、湖田からの官租四万六千余石は、定海駐屯諸軍の経費に充てられた。また、下等田からの一千七百余石を撥して学宮に所属させ、学校経営の費用として、国家の入用を佐けた。居民はひたすら感慕して、霊波廟の西に遷し、生者に接する如く四時の飲食等の供えを欠かさなかった」。

③楼鑰の登場と、湖田化の必然化については、

h頃歳旱蝗雨雹有禱即応妖不為害。常賦無虧。承信郎湯建中等三十三人述其霊応、乞加封爵詣府列訴以達於朝。嘉

定元年、以孫鑰同知枢密院事贈太師楚国公。二年、賜廟額曰豊恵、与它山善政祠、並為久遠。

「この頃、旱蝗雨雹があったが、霊波廟に禱ると霊験あらたかで、常に賦を虧くことがなかった。承信郎湯建中《とうけんちゅう》等三十三人はその霊応を述べ、府に詣でてしきりに封爵の加贈を訴え、朝に達しようとした。嘉定元年に孫の楼鑰が同知枢密院事なので太師楚国公を贈られた。二年には豊恵廟の廟額を賜り、它山善政祠《ぜんせいし》と共に久遠に並べられることとなった」。

i 熙寧張令隄築繕完通、守越州曾鞏作記、以美其能引唐人石刻賦詠、証湖為不可廃、未嘗詳考水利之源実繋乎它山、而鷗脰之浸浅澱者、斯可田其沢縈廻、則灌漑自若也。俗儒習於耳聞、徒以南豊所記云、追咎力詆又謂非蔡京所喜、湖田奏請事由中制方京総治三省、去賢任佞有臣如此、疎遠於江湖而能従指措挈供給瘡痍之民而煦嫗之建之、大利安可誣。考之旧史、宋武帝時、孔霊符表請徙無貲之家於鄮鄞、墾起湖田公卿議以為難、帝違衆議徙民作田並成良業、由是観之、湖之可田当在元熙永初其漸況堰利已成。大中所請庸知非昔時遠徙之裔而世居湖郷者邪。熙寧以来、且濬且湮横従其畝不待政和而遂廃也明矣。

「（大意）曾鞏の広徳湖記は、唐人の文を引用し、美文で湖の廃すべからざることを証するが、未だ水利之源が它山水系と繋がり、鷗脰《おうとう》（広徳湖）の浅瀬は田として、水沢や涇水は灌漑用や漕路とするのが自然のことだと詳しく考察していない。俗儒は耳聞だけで曾鞏の記を信じて湖田派を謗り、また、蔡京《さいけい》が喜ばなかったという事を、大きく取り上げる。しかし、湖田の奏請はひとえに民生の安定のためであり、謗るべきではないはずである。歴史に照らせば、幾度も湖田は行われており、廃湖は、いわば自然の趨勢なのである」。

④元代の現状については、

j 元統三年春、県長吏欽承明詔、致祭祠下顧、寝堂廊廡、蟻腐陊剝頹焉。……監県帖木児脱穎・丞毛文傑偕宰弐、悉捐己俸為倡。適歳旱相仍惟湖田稟収倍登、郷義士陳元寿・世庸等相与伐石相材因余隙撤腐旧而作新之。明年秋九月、告成、凡楹七十有八瓴甓甃覆丹堊黝漆……。

「元統三年春、県の長吏が詔を受けて廟を祀った所、堂廊は至る所蟻が喰い、剥がれ落ちている状態であった。そこで、当時の監県・県丞が悉く俸給を捐じて基金とした。たまたまこの年は、湖田隅では例年に倍する豊作であった。そこで、郷の義士陳元寿《ちんげんじゅ》・世庸《せいよう》等が相共に石材や木材を切り出し、農閑期を利用して傷んだ部分を新しくした。明年秋九月に完成した。全部で楹《はしら》が七十八、瓦や敷き瓦を用い、壁には丹や漆を施した……」

k……官民父老、以廟未有碑、公之労績日遠月忘泯而莫伝、属予為文勒石以示後、予以郡職専刑、祠事非所預知。公之七世孫墉、嘗以復昼錦義田有請而記熟公家伝旧矣、故歴叙湖田廃興之由、以糾郡志之偏駁。

「……官民・父老は、廟に未だ碑がなく、楼公の労績が日々忘れ去られて伝えられなくなっていくので、予（況逵《きょうき》）に委嘱して文を為り、石に刻んで後世に示そうとした。予は郡職で専刑（州の推官）なので、祠事（祭神。楼异の事）は預り知らざる所であった。そこへ、公の七世の孫墉《よう》が、嘗て昼錦《ちゅうきん》義田《ぎでん》を復したいと請願し、公の家伝を詳らかに記してきた。そして、湖田興廃の様子を明らかに述べ、郡志の偏った議論を糾した」。

⑤立廟と撰記の由来

l……楼公事蹟旧志不詳而新志又略之、湖郷之民祝沢等三十六人訴其事於県、県上之郡、郡下於学俾詳刻之梓以永其伝。

「……楼公の事蹟は、旧志では詳らかでなく、新志もこれを略している。そこで、湖郷之民祝沢《しゅくたく》等三十六人がその事を県に訴え、県は郡に上げ、郡は郡学にこれを詳らかに刻し、印刷させた」。

元の『延祐四明志』も、事実を淡々と伝え、上記、『至正四明続志』の況逵による碑文は、むしろ楼异の措置を評価している。しかしその後、楼异悪玉説が次第に成立していく。

『嘉靖寧波府志』巻五、川　広徳湖に、

……楼异為郷守、卒廃為田、使七郷之田無歳不旱。異時膏腴、今為下地、害可勝言哉。殿中御史王廷秀水利説、以示有志興復者。紹興三年、李荘簡亦欲復湖卒不果、其後异之壻王正己著廃湖辨、反以為利民之図而湖終不可復矣。

とある。「楼异は知州になると、ついに湖を廃して田とした。そのため、七郷の田は毎歳旱となった。以前は豊かな土地（膏腴）であったが今は痩せた土地（下地）となってしまい、その害はとても言い尽くせない。殿中御史王庭秀は「水利説」で復湖の志を示し、紹興三年には李荘簡公（李光）が復湖を欲したが、到頭果たせなかった。その後、楼异の壻王正己は「廃湖辨」を著し、これは利民の図りごとであると反論した。そうして、湖は終に復されなかった」とする。

清代の全祖望《ぜんそぼう》（一七〇五～五五）には、「広徳湖田租考」（『鮚埼亭集《きつきていしゅう》』巻三五）、「増訂広徳湖白鶴廟祀典碑」（『鮚埼亭集』外編、巻一三）があり、ここで楼异を批判している。「田租考」では紹興七年に守臣仇悆《きゅうよ》が官租を一万九千石から四万五千余石に増額した聚斂之臣で、「則湖之累始於异、而成於悆也」と記している。仇悆の措置は、隠れていた私租を官租の形に変えただけであり、事実の誤認が見られる。「白鶴廟碑」では、歴代の治水官の治績を列挙した上で、楼异は民に害を与えたので、廟に列祀すべきではないという。因みに、全祖望は、鄞県東郷の鮚埼鎮の人である。明代以降の地方志では、このように楼异ははっきりと悪玉として登場してくる。

おわりに

本論で考察した問題点を今一度整理し、今後の課題についても触れたい。後世の楼异評価とその再検討を通じて、宋代の政治・社会問題の一端となった、広徳湖の湖田問題が持つ意味を、寧波地域史研究の中で、研究し続けていきたい。

楼氏は、浙東婺州から奉化県に移住してきた。ここで財を成し、その財力で、「奉化県録事」を手に入れた。皓の時、咸平年間（九九八～一〇〇三）の事である（『攻媿集』巻七四、「為趙晦之書金剛経口訣題其後」）。県の録事は州の幕職官とは異なり、事務系統の職役であり、胥吏層の一員と考えることができる。皓は、この地で盛んに仏教寺院に寄進しており、郷里から一目置かれる存在となった。実際に士大夫の仲間入りするのは、その子、楼郁の時からである。彼は皇祐年間（一〇四九～五三）に進士及第を果たした。押録《おうろく》、すなわち押司《おうし》や録事は、県の衙門《がもん》で房を構え、やがて郷戸衙前（二年）、投名（長名）衙前（三年）と共に、押録衙前（三年）として、職役にもつかなければならなかった。財をもって郷里に聞こえた楼氏だが、たとえ良心的な名家であっても、差役の負担は当然重く、のしかかっていたであろう。従って、楼郁の進士及第により官戸に籍され、税役の優遇措置を適用されたことは、楼氏発展の上で大きな意味をもつのである。短い仕官を経て、郁は教授として県学、やがて州学で教え、遂には州城に居を構えることになる。郁の孫がこの楼异、楼异の子、璹は地方官を歴任し、『耕織《こうしょく》図詩《ずし》』を著しており、昼錦義荘を設けたのも彼である。二代に亙る開発地主の傾向が見て取れる。异の孫、璹の甥に当たるのが、後の参知政事楼鑰である（『攻媿集』の著者）。

楼昇による、広徳湖の湖田化は、山麓・扇状地での開発から、平野部・濱海部に開発の趨勢が移行する、丁度過渡期に当たっていた。它山堰水系が機能し、それに沿って多数の碶が設けられていき、灌漑用水が確保されたと考えられる。水系の確保については、南宋の水利書『四明它山水利備覧』でも、「大雷山系の水は、広徳湖址の溝渠を通って它山堰水系にも流れ込む、どうして旱の時に、它山堰水系だけが水流を湛えていられようか、と作者の魏峴《ぎけん》は疑問を呈する（『同書』巻上「広徳湖仲夏堰已廃並仰它山水源」）。烏金碣（碶）は元祐六年、它山堰本体は崇寧年間にそれぞれ修築が加えられている。同時代人は、楼昇に対して必ずしも悪感情のみを抱いているわけではない。上の『四明它山水利備覧』に加えて、『宝慶四明志』巻十二・叙水、広徳湖の条には、王庭秀「水利説」と王正己「廃湖辨」を載せている。中央の宰執となった楼鑰への遠慮もあっただろうが、少なくとも、守湖派・廃湖派の両者の史料・根拠を提示している。当時、高麗使節の供応問題の負担も、湖田化による増収も、明州の地域社会に実際に存在した大きな問題であった。後世、道学の確立に随って、陸学の影響の強い楼氏の儒業の地位が相対的に低下し、明清と悪玉楼昇像が形成されていったのではないだろうか。

守湖派と廃湖派の対立は、必ずしも表面的な二項対立ではなく、特に守湖派の議論は観念的で修辞的な傾向が強い。廃湖に伴う湖面の消失は、環境問題としても捉えられ、廃湖が渇水期の水量不足や降雨期の出水を招きやすかったことは事実であろうが、寧ろこれは地域開発の中で見られる歴史の一齣ではないだろうか。地域社会の構造に視点を移した場合、両者は自らの一族や郷党社会を維持していくために、相互にネットワークを張り巡らせて、協力関係も築いていたと思われる。史浩・沈煥・汪大猷の三人が郷曲義荘（義田）を創設したことはよく知られている。この義荘の運営には、その後楼鑰や、高閌《こうこう》の一族、袁燮《えんしょう》の一族も加わっていたとされる(21)。また、金との戦争で焼失した州学・県学の復興、或いは道路・橋・堰堤等水利施設の修築にも、これらの士人達と同様に深く関わっていたと思われる。

更に、科挙同年、或いは仕宦同年の誼があり、彼等は同郷の優秀な人材を、力を尽くして推薦している。例えば、史浩は沈銖や袁燮を、汪大猷は史彌大や沈銖を、といった具合である。(22)さらに、史氏一族の墓誌銘を、楼鑰に依頼して撰している。(23)

今後の課題としては、宋から元に至る政治のうねりの中で、この地域がどのような影響を受け、変化しまたは発展していったか、或いはまた元・明や明・清の激動期について跡づける必要がある。この地域の、明清時代の水利事業については研究があるが、元・明・清と時代を縦に繋いだ地域社会の在り方と水利を重層的に絡めた研究、あるいは広く移住民の動向から考察した研究は、その端緒についたばかりである。今後も様々な角度から、この寧波地域の研究を続けていきたい。

註

（1）①斯波義信「宋代明州の都市化と地域開発」（『待兼山論叢』三、一九六九年）、同氏『宋代江南経済史の研究』（汲古書院、一九八八年）後篇　寧紹亜地域の経済景況　二寧波の景況　1宋代の寧波・2宋以後の寧波。②長瀬守「宋代江南における水利開発――とくに鄞県とその周域を中心として――」（『青山博士古稀記念宋代史論叢』省心書房、一九七四年、後『宋元水利史研究』国書刊行会、一九八三年）。③本田治「知鄞県時代の王安石の水利事業について」（『立命館文学』五八九、二〇〇七年）。④陸敏珍『唐宋時期明州区域社会経済研究』（上海古籍出版社、二〇〇七年）第一章人口、耕地与区域開発、第二章交通網絡与経済区域的空間結構、第三章水利建設与区域社会整合。

（2）①玉井是博「宋代水利田の一特異相」（『史学論叢』七、一九三七年。後『支那社会経済史研究』岩波書店、一九四二年）。②小野寺郁夫「宋代における陂湖の利――越州・明州・杭州を中心として――」（『金沢大学法文学部論集』一二、一九六四年）。③西岡弘晃「宋代浙東における農田水利の一考察――とくに鄞県広徳湖を中心として――」（『中村学園研究紀要』五、一九七二年）、同氏「宋代鑑湖の水利問題」（『史学研究』一一七、一九七二年）。④長瀬守「宋代江南における水利開発――とくに鄞県とその周域を中心として――」（『青山博士古稀記念宋代史論叢』省心書房、一九七四年、『宋元水利史研究』国書刊行会、一九八三年）。

（3）①天野元之助「陳旉の『農書』と水稲作技術の展開」（上）・（下）（『東方学報』京都、一九・二一、一九五〇・五二年、『中国農業史研究』農業総合研究所・お茶の水書房、一九六二年）。②西山武一「中国における水稲農業の発達」（『農業総合研究』三―一、一九四九年、『アジア的農法と農業社会』東京大学出版会、一九六九年所収）。③吉岡義信「宋代の湖田」（『鈴峰女子短大研究集報』三、一九五六年）。④寺地遵「湖田に対する南宋郷紳の抵抗姿勢――陸游と鑑湖の場合――」（『史学研究』一七三、一九八六年）、同氏「南宋政権確立過程研究覚書――宋金和議・兵権回収・経界法の政治史的考察――」（『広島大学文学部紀要』四二、一九八二年、『南宋初期政治史研究』溪水社、一九八八年）、同氏「陳旉『農書』と南宋初期の諸状況」（『東洋の科学と技術――藪内清先生頌寿記念論文集――』同朋舎、一九八二年）⑤小野泰「宋代明州における湖田問題――廃湖をめぐる対立と水利――」（『中国水利史研究』一九八七年）。

（4）張津等撰『乾道四明図経』巻一水利、王庭秀「水利説」（羅濬等撰『宝慶四明志』巻一二鄞県志・広徳湖・所引）。

（5）西山武一「中国における水稲農業の発達」、前掲（3）。

（6）魏嵩山「唐代小江湖考」（『文史』8、中華書局、一九八〇年）参照。

（7）松田吉郎「明清時代浙江鄞県の水利事業」（『佐藤博士還暦記念中国水利史論集』国書刊行会、一九八一年）、二七六頁。

（8）図1参照。

（9）小野寺郁夫「宋代における陂湖の利――越州・明州・杭州を中心として――」、前掲（2）、西岡弘晃「宋代浙東における農田水利の一考察――とくに鄞県広徳湖を中心として――」、前掲（2）。

（10）伊原弘「宋代明州における官戸の婚姻関係」（『中央大学大学院研究年報』一、一九七二年）。

（11）高麗との通交問題に関しては、内藤雋輔「朝鮮支那間の航路及びその推移について」（『内藤博士頌寿記念史学論叢』弘文堂、一九三〇年→『朝鮮史研究』東洋史研究会、一九六一年）、森克己「日宋麗連鎖関係の展開」（『史淵』四一、一九四九年

『新編森克己著作集第二巻　続日宋貿易の研究』勉誠出版、二〇〇九年）、丸亀金作「高麗と宋との通交問題」（1）・（2）（『朝鮮学報』一七・一八、一九六〇・六一年）等が代表的な研究である。

(12) 朱彧『萍洲可談』巻二、葉夢得『石林燕語』巻七。

(13) 王応麟『玉海』巻一七二、徐兢『宣和奉使高麗図経』巻三四。

(14) 北宋中期～末期は、かなりの頻度で高麗使節が来貢していた。一回の供応費用は、一説には直接の経費だけで、十万貫を要したという。蘇軾『蘇文忠公文集』巻三十、李燾『続資治通鑑長編』巻四三五・元祐四年十一月突巳の条。租米を複数年分備蓄・換金すれば、一定の費用にはなったはずである。

(15) 『宋史』巻三七八、衛膚敏伝。

(16) 蘇軾の上奏（李燾『続資治通鑑長編』〈以下、『長編』と略記する〉巻四三五・元祐四年十一月癸巳の条、『長編』巻四八一・元祐八年二月辛亥の条。順に、『蘇文忠公文集』巻三十、巻三十五）、胡舜陟の上奏（張大昌輯注『続資治通鑑長編拾補』巻五六・靖康元年十月辛酉の条）、鄭興裔の上奏（『鄭忠粛奏議遺集』巻上、「請止高麗入貢状」）等が、その代表的なものである。

(17) 楼异の鴻臚卿の官名に注目したい。また、王庭秀の「水利説」によると、楼异の背後には中人鄧忠仁がおり、彼の影響力が大きかったようである。「同書」に、

……大概毎一事、必有一大奄領之。時楼异試可、丁憂服除到闕。蔡京不喜楼而鄭居中喜之。始至除知興仁府已　奏可而蔡為改知遼州、月余改随州、不満意也。異時高麗入貢、絶洋泊四明、易舟至京師、将迎、館労之費不貲。崇寧加礼与遼使等置来遠局于明。中人鄧忠仁領之、忠仁実在京師事皆闕決、楼欲舍随而得明、会辞行上殿。于是献言、明之広徳湖可為田、以其歳入、儲以待麗人往来之用。皆忠仁之謀也。既対上説、即改明州……。

とある。

(18) 『寧波地域の水利開発と環境』（研究成果報告書、第1部　現地調査の記録、九九～一〇〇頁　二〇一〇年三月）。また、同年十月の「聞き取り調査」。いずれも松田吉郎氏による。

(19) ①清水盛光『中国族産制度攷』（岩波書店、一九四九年）。②福沢与九郎「宋代郷曲（郷人）義田荘小考」（『史学研究』六

二、一九五六年）。③伊原弘「宋代明州における官戸の婚姻関係」、前掲（10）。④周藤吉之『宋代官僚制と大土地所有』（日本評論社『社会構成史体系』八、一九五〇年）。⑤Richard L. Davis "Court and Family in Sung China, 960-1279 Bureaucratic Success and Kinship Fortures for the Shih of Ming-chou" Duke University Press Durham 1986。⑥梁庚尭「家族合作、社会声望与地方公益：宋元四明郷曲義田的源起与演変」（『中国近世家族与社会学術研討会論文集』中央研究院歴史語言研究所、一九九八年）。⑦黄寛重「南宋四明袁氏家族研究」（『中国近世社会文化史論文集』中央研究院歴史語言研究所、一九九二年）、同氏「人際網絡、社会文化活動与領袖地位的建立――以宋代四明汪氏家族為中心的監察」（『転変与定型――宋代社会文化史学術研討会論文集』台湾大学歴史系、二〇〇〇年。いずれも『宋代的家族与社会』国家図書館出版社、二〇〇九年）、等。

(20) ①福田立子「宋代義荘小考――明州楼氏を中心として――」（『史艸』一三、一九七二年）。②Linda Walton "Kinship, Marriage, And Status In Song China: A Study of The Lou Lineage of Ningbo, c.1050-1250", Journal of Asian History, vol.18-1,1984。③包偉民「宋代明州楼氏家族研究」（『大陸雑誌』九四―五、一九九七年）。④黄寛重「南宋四明楼氏家族的興衰歴程」（『史学：伝承与変遷学術研討会論文集』、国立台湾大学歴史学系、一九九八年）、同氏「宋代四明士族人際網絡与社会文化活動――以楼氏家族為中心的観察」（蘭台出版社『宋史研究集』三二、二〇〇二年。いずれも『宋代的家族与社会』国家図書館出版社、二〇〇九年）。

(21) 黄寛重「宋代四明士族人際網絡与社会文化活動（前掲、註（20））で、元の『延祐四明志』巻一四、学校攷下・本路郷曲義田荘の項で、楼鑰「義荘記」を引いている。

(22) 梁庚尭「家族合作、社会声望与地方公益」（前掲、註（19））で、史浩の『鄮峰真隠漫録』巻九、「陛辞薦薛叔似等箚子」で袁燮を、『攻媿集』巻八八、「敷文閣直学士宣奉大夫致仕贈特進汪公墓誌銘」で史彌大・沈銖を、それぞれ例示している。因みに沈銖とは沈煥の父で、史浩とは布衣之交を結んでいたとされる。

(23) 楼鑰『攻媿集』巻七四、「跋葉夫人墓誌」。他に、『攻媿集』巻一〇五には「朝請大夫史君（浚）墓誌銘」、巻九三には「純誠厚徳元老之碑（史浩神道碑）」を収める。尚、史氏一族については、岡元司氏の遺著『宋代沿海地域社会史研究』（汲古書院、二〇一二年）第二部に、「南宋期浙東における墓と地域社会」（第十章）と、「宋代明州の史氏一族と東銭湖墓群」（第十一章）の労作が収められている。ここに、あらためて寧波プロジェクトに尽力された岡元司氏のご冥福をお祈りしたい。特に後者は、史氏一族と鄞県東郷東銭湖周辺との深い関わりが論証されており、興味深い。併せて、拙著『宋代の水利政策と地域社会』（汲古書院、二〇一一年）第二部の「広徳湖・東銭湖水利と地域社会」（第二章）も参照されたい。

広徳湖水利と廟・宗族

松田吉郎

はじめに

寧波水利は東郷の晋以来の東銭湖、西郷の斉・梁以来の広徳湖が二大水利施設であり、唐太和七年（八三三）に鄞江上流に它山堰ができて、東郷の東銭湖、西郷の広徳湖、它山堰による水利灌漑が行われていた。しかし、宋政和七・八年（一一一七・一一一八）に楼异《ろうい》が広徳湖を廃し、湖田とし、その租米を高麗使節等の供応費用にあてたことから、西郷の水利は専ら它山堰によって担われる事になる。

広徳湖の水利については既に西岡弘晃氏の研究、(1) 同湖の廃湖・守湖については小野泰氏の研究がある。(2) この楼异による広徳湖の廃湖、湖田化については宋代以来、知識人によって批判されている。(3) 寧波市鄞州水利志編纂委員会編『鄞州水利志』（中華書局、二〇〇九年十二月）七四二頁所載の寧波市工芸美術学会楊古城・曹厚徳「広徳湖的興廃和湖区文化遺迹考」では、「南宋紹興十八年（一一四八）から一九八八年の八四〇年間、記載されている水災七十七回、旱災五十六回、……広徳湖廃止後の鄞西は典型的な旱澇多発区である」と述べられている。

しかし、筆者が寧波の水利調査を行い、現地の人々から聞き取り調査を行うと、楼异に対する批判の声は聞かれず、むしろ湖田化によって農業生産が可能になったと感謝の念を表明している。(4)

この両者の違いを人々の廟・祠堂信仰によって解明したいというのが筆者の目的である。旧広徳湖周辺には多くの廟・祠堂があるが、本章では旧広徳湖西部の霊波廟《れいはびょう》（望春山廟）、蓬莱観《ほうらいかん》、白鶴山廟《はっかくさんびょう》、内部の豊恵廟《ほうけいびょう》、白龍王廟《はくりゅうおうびょう》、恵民祠《けいみんし》、徳恵祠《とくけいし》、崇徳祠《すうとくし》、南部の翁氏祠堂《おうししどう》、聞氏祠堂、戚浦廟《せきほびょう》、虞氏祠堂《ぐししどう》、羊府廟《ようふびょう》、東部の孚石塘廟《ふせきとうびょう》（浮石廟）を中心に検討したい。

一　広徳湖水系

宝慶『四明志』（宋宝慶三年〈一二二七〉胡榘修）巻四に、寧波水利について、以下のように記されている。

日月二湖、皆源於四明山、一自它山堰、経仲夏堰、入南門、一自大雷、経広徳湖、入西門、瀦為二湖、在城西南隅、南隅曰日湖、又曰細湖、又曰小江湖、又曰競渡湖、昔有黄鍾二公競渡於此、因以為名。久湮、僅如汙沢、独西隅存焉、曰月湖、又曰西湖、其縦三百五十丈、其衡四十丈、周回七百三十丈有奇。

寧波城内の日湖・月湖に入る水は二系統あった。一は它山堰・仲夏堰をへて南門に入るもの。一は大雷から広徳湖をへて西門にはいるものであった。

乾道『四明図経』（宋乾道五年〈一一六九〉張津等修）巻一〇、広徳湖記、曾鞏《そうきょう》には

鄞県張侯図其県之広徳湖、而以書幷古刻石之文遺余、曰、願有紀。蓋湖之大五十里、而在鄞之西十二里。其源出於四明山、而引其北為漕渠、泄其東北入江。凡鄞之郷十有四、其東七郷之田、銭湖漑之、其西七郷之田、水注

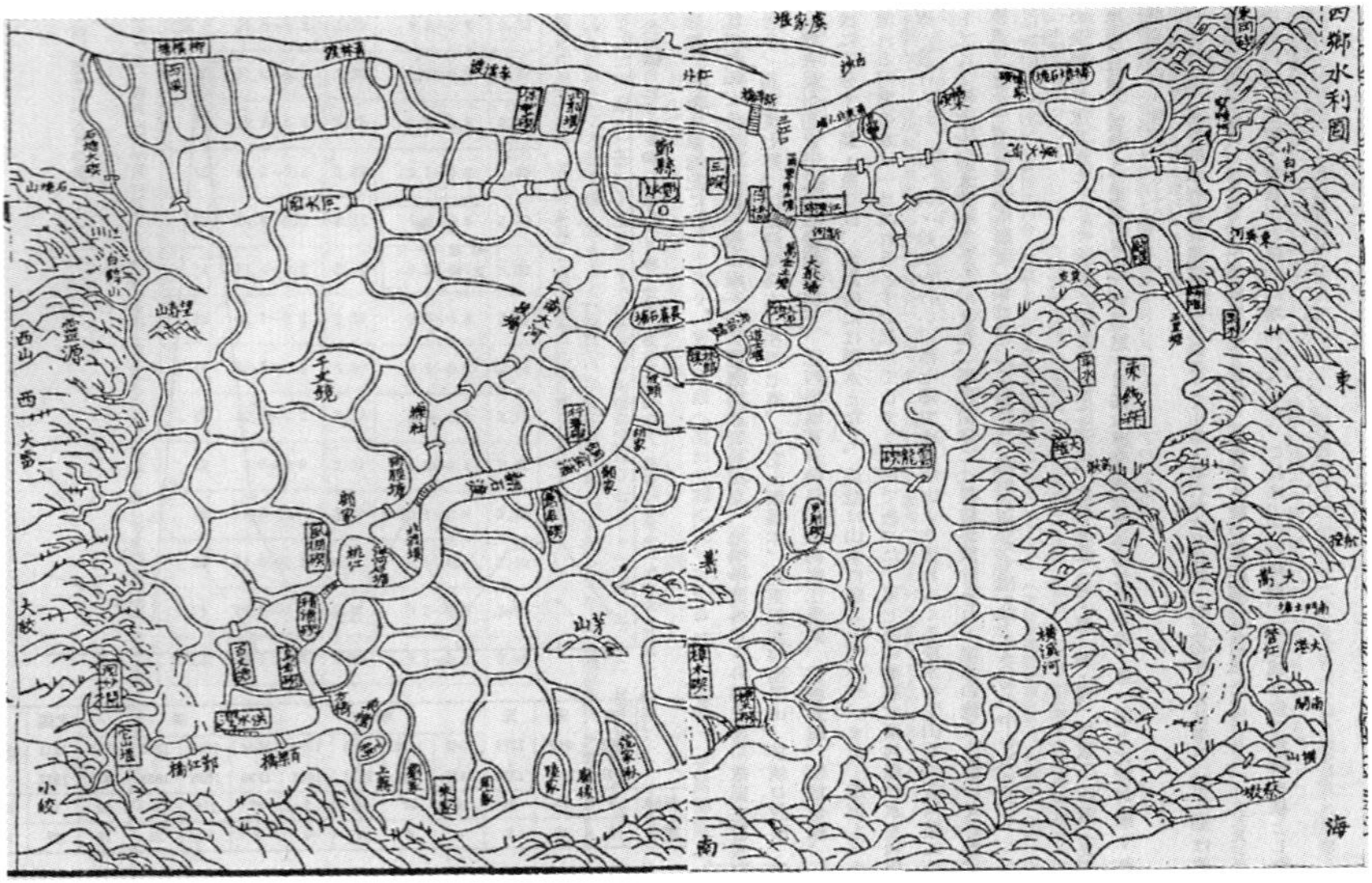

図１　鄞県図　鄞県西部に広徳湖があった。　出典）光緒『鄞県志』より

之者、則此湖也。舟之通越者、皆繇此湖。而湖之産、有鳬雁魚鼈、茭蒲葭菼、葵蓴蓮芡之饒。其旧名曰罌脰湖。

とある。広徳湖は五十里（約二八キロメートル）の周囲があり、鄞の西十二里に位置した。水源は四明山にあり、広徳湖の水を北に引いては漕渠にはいり、東北へは江（奉化江）に入った。この漕渠は余姚江を指し、江は奉化江を指すものと考えられる。即ち、四明山・大雷から来る水が広徳湖に流れ、漕渠（余姚江）へ注ぐものと、西門へ注ぎ、寧波城内に入り奉化江に注ぎ、三江口を通じて甬江を通り、海に注いだ。高麗、日本の使節は海から甬江を遡上し、三江口に入り、余姚江（漕渠）を航行して余姚、紹興（越州）、杭州と向かうルートであった。広徳湖の水が余姚江（漕渠）に流入していた。

また、鄞県には十四郷あったが東七郷は東銭湖水利を受け、西七郷は広徳湖水利を受けていた。湖には「鳬雁魚鼈《ふがんぎょべつ》、茭蒲《こうぶ》葭菼《かたん》、葵蓴蓮芡《きしゅんれんけん》」の鳥類・魚類・水草類の産出もあった。

斉・梁時期（四七九〜五五七）に作られたという広徳湖[5]は当初、鸎脰湖《おうとうこ》とよばれていた[6]。唐大暦年間（七六六〜七七九）に漑田面積は四〇〇頃（一頃約五・八ヘクタール、四〇〇頃約二三二一ヘクタール）であった[7]。大暦八年（七七三）に県令儲仙舟《ちょせんしゅう》が修治を行い、この時から広徳湖と名称が変更された[8]。その後、廃湖と守湖の動きがくり返されたが、広徳湖は廃湖されなかった。唐大中年間（八四七〜八六〇）には漑田面積八〇〇頃（約四六四二ヘクタール）[9]、宋元豊年間（一〇七八〜八五）漑田面積二〇〇〇頃（約一一三二五ヘクタール）になったという[10]。しかし、政和七・八年（一一一七・一一一八）に知州楼异が高麗使節の供応費等捻出のために広徳湖の湖田化を徽宗に申請して許可され、湖田となった[11]。

『宋史』巻三五四、楼异伝には、

楼异……明州奉化人。……政和末、知随州、入辞、請於明州置高麗一司、創百舟、応使者之須、以遵元豊旧制。州有広徳湖、墾而為田、収其租可以給用。徽宗納其説。改知明州、賜金紫。出内帑緡銭六万為造舟費、治湖田七百二十頃、歳得穀三万六千。加直龍図閣・秘閣修撰、至徽猷閣待制。郡資湖水灌漑、為利甚広、往者為包侵、异令尽泄之墾田。自是苦旱、郷人怨之。

とある。この楼异による湖田化によって、湖田七二〇頃（約四〇七七ヘクタール）、租穀三六〇〇〇石（約二一五七八・二四八トン）を得ることができるようになった。しかし、廃湖によって旱害に苦しみ、郷人は怨んだとある。

至正『四明続志』（元至正二年〈一三四二〉王元恭修）巻九、祠祀には

豊恵廟、楚国公楼异、事備前志。……豊恵廟祀大師楚国楼公、其法於是者歟。公諱异、字試可、登宋元豊八年進士第、擢懐州司理、累遷大宗正丞、尚書右司員外郎、転鴻臚卿、以朝散大夫知秀州。丁光禄公憂、廬墓終喪、踰年赴闕、調随州、陛辞日、復改知明州、公以郷邦之嫌、力辞、不允、賜三品服、以寵其行。異時東夷入貢、絶洋海道四明赴汴、漕司倉卒、括舟於民、労費不貲。広徳湖在鄞之西十二里、歳久堙塞、公請得為田、以其賦入備

表1　広徳湖田の面積

湖田面積	毎年の租課（総額）	出　　典
720頃（72000畝）	穀36000石（米18000石）	『宋史』巻354楼异伝
800頃	米20000石	王庭秀「水利説」
	租米19000余碩	『宋会要』食貨７～45水利３
上等田・中等田・下等田計575頃99畝（57599畝）	租米18431碩６斗８升（毎畝３斗２升）	『宋会要』食貨63～198農田雑録

出典）小野泰「宋代明州における湖田問題――廃湖をめぐる対立と水利――」

麗人供億之繁、政和七年四月、至郡按行它山堰水利無恙、即募民疏鑿溝塘、布画耕墾、等第受給、凡為田七万余畝、界於清道・桃源二郷七甲。歳得穀三十余万斛。依元豊故事、造画舫百柁置海口、専備麗使。

即ち、楼异は政和七年（一一一七）四月に它山堰水利を視察し、広徳湖の廃湖によっても、水利に問題がないことを確認し、民を募集し溝塘を開き、区画を決めて開墾させ、田を受給させた。その面積は七万余畝（約四〇七七ヘクタール）であった。年に三十余万石（約二五七八・二四八トン）の穀物を収穫できた。さらに海口に画舫船百艘を設置して、高麗使節接待に備えたと言われている。

その後の湖田面積及び毎年の租穀は表1の通りである。

しかし、嘉靖『寧波府志』（明嘉靖三十九年〈一五六〇〉周希哲等修）巻五、広徳湖に、

楼异為郷守、卒廃為田、使七郷之田無歳不旱、異時膏腴、今為下地、害可勝言哉。殿中侍御史王廷秀作水利説、以示有志興復者、紹興三年、李荘簡亦欲復湖、卒不果、其後异之壻王正已著廃湖辯、反以為利民之図、而湖終不可復矣。

とあるように、その後は復湖は行われないままに現代に至っている。そして鄞県西郷七郷の田は旱害を告げない歳はなく、肥沃な田地が下田に落ちたと言われている。

広徳湖廃止後、旱害が頻発したことは疑いなく、楼异自身も霊応廟で祈雨を行っている。

乾道『四明図経』巻一に、

霊応廟、即鮑郎祠也。旧云永泰王廟、在州南二里半。按輿地志云、鮑郎、名蓋。後

漢鄮邑人、為県吏。……政和八年、太守徽猷閣待制楼异、以雨暘順、時有禱輒応、奏請王爵加恵済王。

とあり、鮑蓋《ほうがい》（後漢、鄮県《ぼうけん》人）を祭っている霊応廟で政和八年（一一一八）に楼异は雨が順調に降ったことを感謝し、鮑蓋に恵済王の爵位を賜らんことを上奏している。

二　広徳湖西部の廟信仰

筆者は二〇〇九年十二月二十八日、三十日及び二〇一一年五月三日に寧波市鄞州区集士港鎮清墊《せいてん》（広徳湖の南西端）の曹根良氏（二〇〇九年当時八十五歳、曹一族の族長）より聞き取り調査を行った。曹根良氏の口述によると、中華民国時期の旱害時には望春山廟で祈雨を行った。この廟は龍王廟であり、龍潭という池がある。この廟の管轄範囲を神轎がまわり、祈雨をし、大供、小供が行われたと言われた。そこで、まずは望春山廟（霊波廟）より考察したい。

（1）霊波廟（望春山廟）

1　霊波廟の歴史

乾道『四明図経』巻一〇、曾鞏《そうきょう》「広徳湖記」には、

与望春白鶴山相直、因以其山名、山之上為廟、一以祠神之主此湖者、一以祠吏之有功於此湖者。

写真1　望春山廟〈霊波廟〉　出典）2011年5月3日筆者撮影

とあり、広徳湖には望春山と白鶴山が相対峙してあったが、各山には広徳湖の主神を祭る廟と広徳湖に功労のあった官吏を祭る廟があった。即ち、望春山廟は広徳湖の主神である白龍を祭り、白鶴山廟は明州刺史任侗《じんどう》を祭っている（後述）。

　宝慶『四明志』巻一三、鄞県志、第二、祠祀考に、

　　霊波廟、県西、広徳湖、望春山、即白龍祠也。

とあり、また延祐『四明志』（元延祐七年〈一三二〇〉馬沢修）巻一五に、

　　霊波廟、在県西、広徳湖、唐賜額霊龍特封広徳宣聖王、宋熙寧七年改賜今額、鄞宰張珦与陳光祿忠恕奉勅建。

とある。『宋史』巻三五四、楼异伝にあるように、霊波廟は広徳湖望春山にあり、白龍を祭る廟であった。唐代に広徳宣聖王に封ぜられ、宋代熙寧七年（一〇七四）に霊波廟の額を賜ったと言われている。

また、『桃源郷志』（清康熙二十七年〈一六八八〉纂）「山川志」には、以下のように記されている。

　　望春山在広徳湖中、上有王孟谷、下有龍穴。禱雨即応。

さらに、『桃源郷志』「祠廟志」には以下のように記されている。

　　霊波廟在望春山。斉梁時有神、姓白名玉、常嘗乗玉龍往来、顕跡累著、斉永明癸亥建白龍祠於山頂、唐貞観丙申鄮令王君昭申有台、房玄齢開奏、賜額霊龍廟。開元丁丑、姚崇奏神、除蝗消災、封恵済侯。戊寅特封広徳公、大暦癸丑以施雨、封爵宣聖王、立王冊文牒、宋熙寧戊申七年（月）、改封霊波廟。鄞令張峋・光祿陳忠恕奏勅建廟、高宗建炎元年、金兀朮陥明州焚毀其殿、石刻無遺、紹興元年、郷人重建之、元至正間、加勅重封、明宣徳中、分為上中下三堡、湖中西門、諸白龍王廟倶霊波神行祠（祀）云。傍有東嶽宮・関帝殿、汪正中有記。

霊波廟は望春山にある。斉梁時代（四七九～五五七）には神があり、白玉といい、常に玉龍に乗って往来し、彼の霊

験はあらたかであった。斉の永明元年（四八三）に白龍祠を山頂に築いた。唐貞観十年（六三六）に鄮県令王昭申は台《うてな》を設け、房玄齢が上奏して朝廷より霊龍廟の額を賜った。開元二十五年（七三七）姚崇《ようすう》が神に蝗災《こうさい》の消除を祈願し、白玉を恵済侯に封じた。同二十六年（七三八）には特に広徳公に封ぜられた。大暦八年（七七三）雨が降ったことにより、宣聖王の爵に封ぜられた。宋熙寧元年（一〇六八）七月に霊波廟に改めて封ぜられ、鄞県令張峋《ちょうしゅん》、光禄の陳忠《ちんちゅう》恕《じょ》が廟を建設した。高宗の建炎元年（一一二七）、金の兀朮《うじゅ》が明州を占領しその殿を焼失し石刻も残存しなくなったが、紹興元年（一一三一）に郷人が再建した。元至正年間（一三四一～六七）勅令により重ねて封ぜられ、明宣徳年間（一四二六～三五）、上中下の三堡に分けられた（これは後述するように霊波廟の祭祀境域である）。広徳湖中・西門の白龍王廟は霊波廟の分祀である。

さらに、『桃源郷志』風俗志には、

孟冬月秋収告成、各備酒肉以祭田祖、行報賽礼、霊波廟賽会、迎神搬演献劇、従望春山迎至林村昭恵廟、二神同往浣花橋行宮観戯畢、送至磐石碶側而別、林村杜氏、望春王氏、各接樓人演戯、春山李氏僱優人開台、凡十年賽会一次。

陰暦十月秋の収穫後、酒肉を準備して田祖（田の神様）を祭るために賽礼を行う。霊波廟賽会は神様を迎えて演劇を催した。神様を望春山から迎えて林村の昭恵廟[12]にいたり、白玉と黄伯玉の二神をともに浣花《かんか》橋《きょう》行宮《あんぐう》にお連れし戯劇を観覧後磐石碶側まで送ってそこで別れた。林村と望春には演劇を世話する氏族がいたという。

二〇一一年五月三日と十二月三十一日に筆者は霊波廟を訪ね、同廟管理人の柳信根氏（一九三四年生、鄞州区横街鎮桃源村柳家河。霊波廟主管）より聞き取り調査を行った。

霊波廟の二〇一一年の仏事日程は表2の通りである。

表２　霊波廟の2011年の仏事日程

1	財神菩薩聖誕	正月初五日（一日）
2	玉皇大帝菩薩聖誕	正月初九日（一日）
3	文昌梓菩薩聖誕	二月初三日（一日）
4	香客組織念陀仏	二月十二日至十三日（二日）
5	黄沙普地仏寺	二月廿六日（一日）
6	観音菩薩聖誕	二月十九日（一日）
7	中堡菩薩聖誕	三月十八日（一日）
8	関公・陸家嶴菩薩聖誕	五月十三日（一日）
9	上堡菩薩聖誕	六月初一日（一日）
10	包公菩薩聖誕	六月十六日（一日）
11	観音菩薩進庵堂	六月十九日（一日）
12	開門焰口：白天拝忏、晩上放焰口	七月初八日（一日一夜）
13	下堡菩薩聖誕	七月廿五日（一日）
14	地蔵王菩薩聖誕、関門焰口	七月廿九日（一日一夜）
15	香客組織念陀仏	八月十二日至十三日（二日）
16	泥羅大王、竜王菩薩聖誕	八月十五日（一日）
17	観音菩薩上天庭	九月十九日（一日）
18	香客組織念陀仏	十月十二日至十三日（二日）
19	地母娘娘菩薩聖誕	十月十八日（一日）
20	黄沙普地仏寺	十一月十九日（一日）

出典）2011年農暦１月　横街鎮桃源村霊波廟管理委員会啓

即ち、泥羅大王（どじょう）、龍王菩薩を中心にさまざまな神様が祭られ、各々の誕生日も記されている。

次に『望春山霊波廟廟史匯調録』（題材匯録人：霊波廟主管　柳信根、二〇一一年農暦五月十三日立）に霊波廟の歴史・伝説について以下のように記されている。

一、霊波廟の地理・位置

霊波廟は集仕港姚家の東隣であり、南は桃源村小橋頭、下馮、横里である。西は横街頭、柳家河、職田王、山西王である。北は春山村胡家、白岳の紅蓮池である。

二、霊波廟の歴史的淵源

「霊波廟」は俗称「望春山廟」であり、悠久の歴史をもつ。相伝では早くも紀元四七九～五五七年に存在し、隋唐時代（五八一～九〇七年）、明（寧波）、越（紹興）一帯は州郡の機構は設置されず、当時四明山下には鸎脰湖《おうとうこ》（広徳湖、鸎湖と称された）があった。方円二十余里、四明群山の泉水を集め、湖中には「望春山」があり、湖辺には「白岳山」があり、両座の高山が聳え南北に対峙し、望春山下に天生の龍潭があり、龍がそこにいて、雲の下から甘い霖雨を降らせ、下界におりて「風雨が順調」を保佑し、神と廟の基礎が始まった。

史料の記載によると永明元年（四八三）、ここにすでに「白龍祠」があり、当該廟の神を調べると、元々は白龍の化身であり、一人の白髪の老翁、姓が白、名が玉で廟の人（神）と自称するものであった。彼は常に白龍に騎乗してやってきて「顕神顕霊」、鄞西人民はそれを極めて尊敬していた。

また伝えられるところによると、宋政和七年（一一一七年四月）位を有する楼异太守が広徳湖一帯に来て考察し、「水利を興修した」。そこで民衆百姓を動員し、河道の「中塘河」「湖白河」を開鑿疏通し、同時に湖を囲み田七千余畝を造成し、「広徳湖」を湖白河水系に改造した。しかし、廃湖造田は利益と弊害があり、弊害は湖田化で旱澇《かんろう》災害が容易に発生したことである。民衆百姓の神の保佑を求める願望が切迫した。また旱害の年にあえば望春山で祈禱を考えた。人民は秋夫が琴瑟《きんしつ》と太鼓を撃ち銅鑼《どら》を鳴らし祭り仰ぐようにした。時に雨が降れば干裂した湖田が潤い、枯れた穀物の苗が生気を取り戻した。民衆百姓は毎年好成績の収穫を得られた。祈雨時の熱誠と龍の顕在の場面は壮観で、霊現の状況と祈禱の結果により、甘雨が降り、龍が出現して去った[13]。

伝によると唐（貞観）（太宗）十年（六三六）、「霊龍」という匾額を賜り、宋熙寧七年（一〇七四）に「霊龍」を「霊波廟」に改めた。また鄞宰相張峋《ちょうしゅん》と光禄寺卿陳忠恕《ちんちゅうじょ》は廟を建設したが、建炎元年（一一二七）の兵燹で消滅した。紹興初年（一一三一）、また再建した。同時に「宣聖王は上堡」に、「広徳公は中堡」に、「恵済侯は下堡」に封ぜられた。上中下三大堡を分設し、下に各十二の小堡を分設し、合計三十六の小堡を建設した。周囲方円二十余里、千余戸の民衆百姓が礼拝を求めた。

各堡の基本範囲は以下の通りである。

上堡：柳家河、山西王、前周、胡家、職田王、横街頭、隠仙橋南辺、后徐、西陳、朱都埲《とう》。

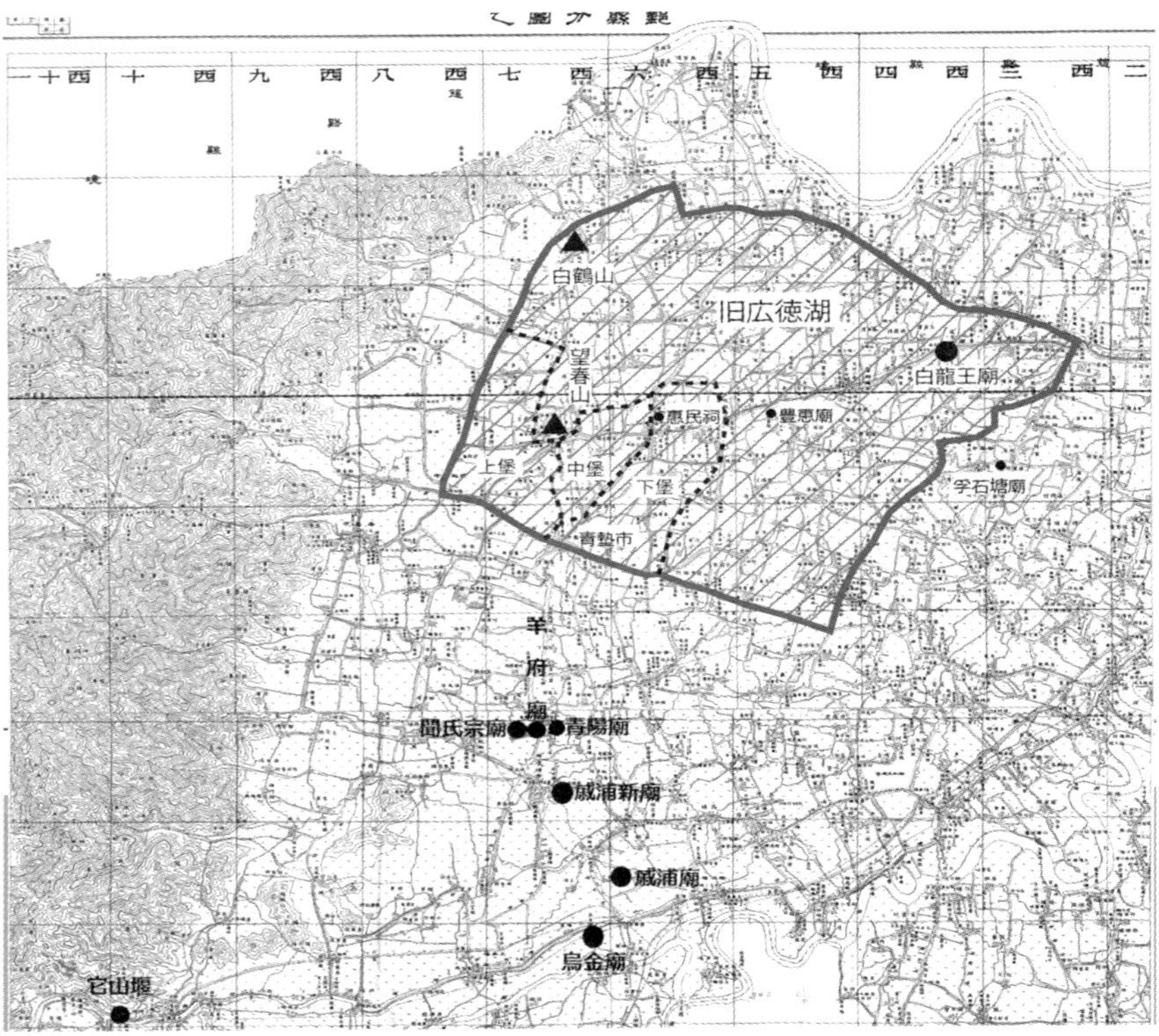

図２　広徳湖周辺の廟と霊波廟祭祀圏　出典）民国『鄞県通志』より加工

中堡：小橋頭、下馮、横里、上馮、朱家漕、丁厳、夏家、翁家、青墊、方家、孫家、周家、張家、姚家、顧家港、庵漕、朱家、陳家漕、集仕港。

下堡：井亭橋、董家橋、湖里陳、水閣張、応家、何家、埠頭任、鄭家車、華家橋、陳家、祝家橋、李家漕（図２参照）。

（各堡範囲の調査は行き渡っておらず、諒解して戴きたい）

また伝によると古代の賢明な皇帝には規定があった。凡そ大災害を防御するには必ず祭祀を行わなければならなかった。反対に民衆に功徳のないものは（現地に）赴かなければ祭祀は行われなかった。ゆえに廟を造り、神を敬うのは民衆百姓のためである。民衆百

写真２　霊波廟裏の古龍潭　出典）2011年12月28日筆者撮影

姓が神霊の保佑を最も希望しているからである。この規定に照らせば、大災害を防御するために祭祀を行う廟は広徳湖中の望春山麓にある「霊波廟」後門の天然の古龍潭である。寧波府の守令長官は毎年、「霊波廟」に来て祈禱祭祀を行わなければならなかった。霊波廟は州県の行政機関所在地より三十余里離れた路途にあり、往復は極めて不便で、往来には苦労した。鄞県長の張峋は詔を奉り州県の行政機関所在地より十里の路途にある何家に一座の廟を建設し、「白龍王廟」と名付けた。県令は毎年「白龍王廟」で祈禱祭祀した。さらに「白龍王廟」の「干守」(管理人)が霊波廟に来て祈禱した(現在の白龍王廟である)[14]。また郡邑志上にその件が記載されている。もし、寧波の天一閣に行き査閲すれば龍の由来が明白となろう。現在にいたっても霊波廟の望春山麓に一つの天然の古龍潭と一つの千年龍の彫刻の石香炉があり、霊波廟で祭祀に使用されており、後輩達が霊波廟に来て古代の歴史的文物遺産を鑑賞できるようになっている。

また民間の伝によると、当時北宋は山河の半ばを（金に）取られ、「小康王[15]」は金兵との戦いで、金兵の猛追撃をうけ、「泥馬渡江」の説法があった。伝説では「農村娘娘」が布蘭の蓋いで遮り救援にきた。「康王」が親しくあって依頼し、朝廷に帰ってから恩を感謝し、布蘭旗を挿して出迎えの恩に報いたという説がある。その後、康王は兵が敗れたことにより望春山廟里で駐兵した。当時の兵士は金兵を恐れ病人も多く、とても再戦できるような状態ではなかった。康王は憂鬱であり、朦朧としている時、一人の白髪の老翁が廟の西側の「龍井」（この井戸は廟西の山西王村の龍進橋と称するところの東側）に口があり、井戸内の泉水を飲用すれば危難を解くことができると指摘した。言い終わると老翁は見えなくなった。康王は神佑と感じて早速兵士に命令して即座に龍井橋の龍井に行き取水し、各兵士が三口飲み干すとすぐに効果があらわれ、身体が全快し、心力強壮となった。そこで旗・太鼓を整え金兵と再戦したところ、勝利して囲みを解いた。杭州を奪回し、康王が天子の位につき、廟を修理し、廟額を賜って恩に報いようと考え、廟を修理して一新した[16]。

2　解放後の霊波廟

解放後の霊波廟は鄞県望春区隠仙郷の農村の「土地改革」を実施するための農民代表大会を招集する会場となった。「頑迷地主悪覇」に対して団結して房産・土地を分割する勝利の果実をえた。一九五三年より鄞県望春区糧管所糧食儲備倉庫となり、一九六六年糧管所倉庫が撤去され集仕港に移って倉庫が建設されたために、霊波廟は荒野・草原になり、廟の背後の望春山麓に一個の天然の古龍潭と三間の元来の廟堂人員居住の五閣の小屋を残すのみとなった。

改革開放後、政治が通じ人が和し、当地の民衆は国家の功労に感謝した。一九八六年、王栄富・沈春英・李萍《りへい》・陳永昌等を主とする民衆百姓が自発的に籌款し、粗末なありあわせの物で簡単にし、元来の廟堂人の居住する五閣の小屋一間を廟宇とし、元来の歴史的規模に照らして上・中・下堡の菩薩神像を鎮座させて信者大衆の祭祀礼拝に供するようにした。「宗教的信仰の自由」政策、精神奨励の下、敬神祭祀の群衆は日増しに多くなり一間五閣の小屋の廟宇は甚だ狭小となった。一九九一年長年廟に住み管理している沈春英老婆が柳信根に図面をかき費用を試算し施工するように委託して、元来の荒野にあった歴史的廟の基地に五間の平屋を廟宇とした。一九九六年柳信根を先頭に、上・中・下三堡の弟子の資金協力で四〇〇メートルの長さ、四メートルの幅のコンクリート道路を建造し、同時に春山村村民会で鄞県水利局に報告し、八〇トンの重量でも通行できるコンクリート大橋を建造し、広大な香客（参拝客）の廟への訪問祭祀礼拝を可能にした。さらに廟宇の完全な管理をすすめるために、特に民衆の自発的な組織をたて、一九九八年一月一日に五人で霊波廟臨時管理組を組織し、二〇〇五年に九人の組織に拡大し、同時に霊波廟管理委員会に改組し、廟内の事務を統括的に管理した。管理委員会の成員は柳信根・魯興国・沈春英・陳仁根・陳永昌・汪信康・李萍・方意琴・孫華芬（柳信根が全面的に責任をもち、廟宇に長年住み一切の事務を管理した）であった。

新農村の建設が徐々に進むにつれて、廟周辺の広大な土地を開発し、一九九一年建設の小さな平屋廟宇は日光を遮り暗かったので、多くの三堡の弟子信者が紛々と提議し、現在の廟宇を改建し、廟管理委員会共同で研究討論し群衆百姓の建議を発動した。皆、信心があり、一九九一年建設の平屋の廟宇を壊し、元来の歴史的古廟形態の新廟宇の再建を決定した。柳信根は全面的に責任をおって先頭にたち、柳信根が十二歳時に霊波廟で読書した時代の古廟の形態を回想し、再度図面にかいて工事を監督した。……作成した歴史的廟図及び新建廟宇の正大殿五間施工順序を民衆に広告した。霊波廟の新造廟宇建設の第一期正大殿工事の時間を選び順序を按排した。……二〇〇七年農暦四月十四日前殿上で酒二〇〇卓を供え、祝った。霊波廟の前・後二殿、東西廂房を再建し、観音閣を建て増し、歴時十ヶ月、合計建造費一七六万五〇〇〇元であった。霊波古廟が新生し、永遠に広徳湖中の望春山麓に屹立した。……上・中・下三堡の弟子が代々相伝し、終身祈禱礼拝する。

……題材匯録任・霊波廟主管　柳信根　二〇一一年農暦五月十三日立(17)。

霊波廟の管理人の柳信根氏によると、望春山廟の裏に古龍潭があり、泉水ではないが涸れたことはない。旱害時に泥鰌、蝦、魚をとって祈雨し、後に放生した。古龍潭は山の下にあり、その山は一五〇畝ある。龍王菩薩が祭られ、祈雨時に各地を巡行したという。

民国時期、この霊波廟では一年に数回龍王の巡行が行われた。雨が少なくても多くても行われた。その費用は廟田から出た。上堡、中堡、下堡から村民信者により名望家が各々一名選ばれ、合計三名が廟を管理した。廟田の耕作者は信者である。佃租は毎年毎畝の収穫物の三〇％であった、一般の佃租は四〇％であった。当時の同地域の毎畝の生産量は四〇〇斤であった。この地域は一年一期作であった。解放後は一年一回七月～八月に巡行が行われ、信者の寄付金によった。管理人は鄞県隠仙郷政府である。

龍王信仰については、旱魃でも澇水・洪水でも祈禱を行った。旱魃時、祈禱して雨が降らないときはもう一度行ったが、大概は祈禱後、雨が降った。この霊波廟では信者は祈雨を主に行い、中には健康祈願する信者もいる。霊波廟に祈念する人々は広徳湖付近の住民と広徳湖に親戚のある住民である。

廟会の規模は小さいが、毎年一月二十一日と八月二十一日の二回行っている。一月は新年に入って福を祈るためものので、八月は豊作を祈るためのものである。廟会の負責人は信者の選挙できまり、三堡から一人だけ、金持ちがなった。負責人は廟会の費用をすべて負担した。廟会は三日間或は五日間或は七日間行われ（出資金の額によって決まった）、劇を催した。この劇は外地人の劇団によるものである。

霊波廟裏にある古龍潭の水はいつも少ない。この潭に降りてはいけなく、水は何にも利用されない。人々は龍王に対しては信仰上の迷信をもち、楼异に対しては実際に土地を造成してくれたことで感謝している。

河川の浚渫は楼异の時に行われたのみで、その後は解放前まで行われなかった。解放後は農民が行っている。堤防の修理は行ったことがない。農民の共同作業はなく、自分ですべて行ったと言うことである。

（2）蓬莱観

宝慶『四明志』巻第一三、叙祠には

蓬莱観、県西広徳湖之望春山、先是白龍祠之側有道堂、立郡守楼异生祠、有道士奉香火、紹興十三年、請象山廃観為額。

とあり、蓬莱観は鄞県西、広徳湖の望春山にある。白龍祠（霊波廟）の傍に道堂があり、楼异の生祠（生存中に神として祭られた祠堂）をたて、道士が祭祀を行っていた。紹興十三年（一一四三）に象山県の廃観の額を受けたと言われている。

次に、延祐『四明志』（元延祐七年〈一三二〇〉袁桷《えんかく》選）巻一八、鄞県、道観には、

蓬莱観、在県西広徳湖之望春山。先是、白龍祠之側有道堂、立郡守楼公异生祠。紹興十三年、請象山廃観為額。攻媿楼公作記云、……明之四山、去郡皆三十余里、西有湖千頃、一山穹然秀出、此為最近者、名曰望春、旧有霊波廟、以祠白龍。政・宣間、有陳孜者、始崇以殿、辟道院於東、俾道士馮立権奉香火。祖父少師典郷邦、因湖之淤、請於朝、而田之歳得穀亡慮四十万斛、父老以為徳、立生祠於其中、又得道士何思遠居之。於是観宇益興、廊廡略備。思遠澄心錬気、得黄老之真風、駆役鬼物、霊迹有不可掩者。嘗至之京師、有運船数百千艘、欲絶淮而潮

不登、為作法於其堧、未幾、潮溢、歓声如雷、悉頼以済。発運使以聞、勅差明州管内副道正。盗発清谿旁郡、山谷間多響応者、祖父大飭守備、郡以無恐、思遠亦有陰助、石記存焉。紹興癸亥、太守莫公将命拝章、禱雨而験、奏移象山蓬萊観廃額、手書扁榜以寵異之。

とある。即ち、延祐『四明志』は楼鑰《ろうやく》『攻媿集《こうきしゅう》』を引いて次のように述べている。明州の西には湖（広徳湖）があり、一山が突出し、望春と呼ばれ、古くから霊波廟があり、白龍を祭っていた。政和・宣和年間（一一一一～二五）陳孜《ちんし》という人物が殿（霊波廟）を崇拝し、東に道院を作った。道士馮立権に祭祀を行わせた。楼鑰の祖父楼异が明州知事になった時、広徳湖が淤塞し朝廷に廃湖して田となすことを請求した。年に四〇万石の収穫があり、父老達は楼异を徳として生祠をその中につくった。また、道士何思遠に居住させて守らせた。何思遠は黄帝・老子の気風を得、鬼払い等を霊験あらたかに行っていた。何思遠が都開封に赴いた際、淮河の水が不足し、漕運船が渋滞していたのを見て、「法」を行うと、まもなくして潮が溢れてきて、漕運船が通行できるようになった。盗賊が明州にも押し寄せてきた際、楼异は守備を厳重にさせていたために恐れるにたりなかった。紹興十三年（一一四三）明州太守の莫将が祈雨を行ったところ、霊験あらたかであった。そこで象山県蓬萊観廃額の移動を奏上し、扁榜を手書きしたと言われている。

至正『四明続志』巻一一、古迹、戴機「蓬萊観輪蔵記」には以下のようにある。

鄞城西陂湖千頃、中峙一山、屹然如瀛洲、方丈在滄溟、是為望春。其間有神龍隠見、興雲作雨。山之巓道士結廬、以煉形養性、世奉香火。紹興中、因望霓応禱、太守莫公有請於朝、賜額為蓬萊。職観事者屢更、惟童思定真実不妄、鋭意興造、自是殿宇廊廡寖寖琳宮珍館矣。是地無膏腴一畝、而客衆数百指。思定念粥魚斎鼓不可冷落、乃欲建輪蔵於観西、蔵未就而思定羽化。其徒胡志清操履尤愨、戮力募縁。方懼力不能弁、邑檀那保義郎厲斌慨然身任是責。観之神人又作奇夢以感動之、其志益堅。経始於淳熙之戊戌、而落成于辛丑之孟秋。縻金銭一万緡、蔵経五千四百八十一巻。金碧輝映、四境瞻礼、有禱立応、施利日広、黄冠羽服済済然秩之聯也。厲又楽捨良田百畝、因是傑然為鄞之名観。嗟夫、天下無難事也。精誠所感、雖九鼎万鍾盥手可立弁也。志清一日叩吾廬、焚香烹茗、従容以記属余。余家密邇蓬莱、諗其事為詳、豈得自黙。淳熙辛丑七月記。

蓬莱観は紹興十三年（一一四三）明州太守の莫将が象山県蓬莱観廃額の移動を奏上したという記事までは前述のとおりである。蓬莱観の管理を行っている童思定・胡志清(18)が輪蔵を蓬莱観の西に建設しようと欲し、寄付金を募ったが十分に集まらなかった。しかし、鄞県の檀那の保義郎厲斌《れいひん》が負責人となって進めた。蓬莱観の神人が夢に現れ感動させたので、益々意志を固めた。淳熙五年（一一七八）に施工し、同八年（一一八一）に完工した。一万緡の費用を用い蔵経は五四八一巻であった。また、厲斌は良田百畝を喜捨した。

即ち、宋代淳熙年間の蓬莱観は蔵経楼としても有名となっていたのである。

（3）白鶴山廟

嘉靖『寧波府志』巻一五、壇廟には、

白鶴山廟、県西三十五里、唐咸通間建。別廟、一在県西二十五里、名新廟。

とあり、また、乾隆『鄞県志』（清乾隆五十三年〈一七八八〉銭維喬修）巻七、壇廟には、

白鶴山廟、県西三十五里、唐咸通間建、別廟、一在県西二十五里、名新廟、聞志。案南豊広徳湖記云、為二亭於隄上、与望春白鶴山相直、因以其山名、山之上為廟、一以祠神之主此湖者、一以祠吏之有功於此湖者、然則白鶴山廟祀賢吏、而望春山廟則祀湖神、所謂霊波廟者、張珣改為望春山廟、而今猶仍其名歟。

とあり、白鶴山廟は鄞県の西三十五里（約二〇キロメートル）にあり、唐咸通年間（八六〇～八七四）に建設された。別

廟は鄞県の西二十五里（約一四キロメートル）にあり、新廟と名付けられている。南豊広徳湖記によると、堤防の上に二亭があり、望春山と白鶴山が相対しており、その山の名で名付けられ、山の上に廟が作られた。一つは湖の主神を祭り、一は湖に功労のあった官吏を祭った。白鶴山廟は賢吏を祭り、望春山廟は湖の主神を祭り、所謂霊波廟であり、張珣が望春山廟と改名した。

また、『鄞県通志』（中華民国二十二年〈一九三三〉張伝保修）第一、輿地志、卯編、廟社、白鶴山廟には、

白鶴山廟、鶴山郷白鶴山麓、祀唐刺史任侗。分子堡（華姓）丑堡（董姓）寅堡（後洪丁姓呉姓）卯堡（鮑姓）辰堡（前洪）巳堡（丁周姓）午堡（鄭姓）未堡（施周張楊趙諸姓）申堡（前劉柳屠後劉）酉堡（胡姓）戌堡（虞周）亥堡（童家横）十二堡。唐咸通間建、清道光元年重修、幷請封典、五年勅封昭応伯、董瀾有重修記。八百五十三戸、約二千五百六十八人。旧暦正月二十日、相伝、為神之諱期、旧時演戯三天、今改一天、九月一日、相伝、為神之誕期、演戯一天、今已停止。……案董瀾記、謂廟始於宋神宗元年、鄞令張公所建、以祀有功於湖者、昔在山巓、清雍正五年、因廟宇傾圮、移至山麓、嘉慶二十五年重修。現設鶴山郷郷公所。

とあり、白鶴山廟は唐代咸通年間（八六〇〜八七四）に建てられ、明州刺史任侗を祭っている。任侗は貞元九年（七九三）に広徳湖を改修し、四〇〇頃の水田を灌漑できるようにした[19]。一九三〇年代初期の祭祀圏は十二堡に分かれ、各氏族が祭祀を担当していた。さらに『鄞県通志』によると、道光元年（一八二一）に重修され、五年（一八二五）に昭応伯に封ぜられた。旧暦一月二十日の任侗の没日と九月一日の誕生日に演戯が催されていたとある。董瀾《とうらん》の記録によると、宋代神宗元年（一〇六七）に鄞県令の張公が廟を重修し、広徳湖に功労のある官吏を祭った。以前は白鶴山頂にあったが、清代雍正五年（一七二七）に廟宇が崩れたために山麓に移動し、嘉慶二十五年（一八二〇）に再修したと言われている[20]。

筆者は二〇一一年五月三日に白鶴山廟を訪問した。同廟には現在、浄土宗の僧侶、尼僧が居られた。近々廟の山側に寺を建てる予定だそうである。この廟の主神は唐貞観年間の明州刺史任侗、それに龍王も祭られていた。廟会は旧暦一月十五～二十日の元宵節、九月一日の任侗の誕生日であった。現在の場所から少し離れた所に元々廟があった。現在は工場に売却され、民国二十二年（一九三三）の碑文のみ残っていた。碑文の要点は以下の通りである。

桃源誌所載、白鶴山又称西朶山、上有三塔、下有祠廟、而廟逮於宋神宗元年、祀唐明州刺史任公、祠在廟右、祀唐宋各宦有功於湖者也。始在山嶺後、一徙山下、歴八百年之久為鄮西名勝古蹟湖。

筆者が廟付近の老婆に尋ねると以下のように述べられた。祈雨は行われた。昔話で毎日、太陽が照って雨が降らない。龍王山から太陽を射すと、太陽は人々の苦労を感じて雨を降らす。そうしたら龍王を元の場所に運ぶが重くて運べない。そこで旧廟のところ（現在工場）に住まわせたと言われている。

写真３　白鶴山廟　出典）2011年５月３日筆者撮影

四　広徳湖内部の廟信仰

宋政和・宣和年間（一一一一～二五）陳孜《ちんし》という人物が殿（霊波廟）を崇拝し、東に道院を作った。道士馮立権に祭祀を行わせた。楼鑰の祖父楼异が明州知事になった時、広徳湖が淤塞し朝廷に廃湖して田となすことを請求した。年に四〇万石の収穫があり、父老達は楼异を徳として生祠をその中につくった[20]。また、後述するように豊恵廟を建造して楼异を祭った。さらに、旱害が

写真4　豊恵廟　出典）2011年5月5日筆者撮影

多発したので龍信仰に基づき、白龍王廟を建設した。その後、復湖の動きがあったが、復湖されないままに終った[21]。

この広徳湖の湖田は官田となり、高額の租税がかけられたために、人々の怨嗟の的となり、明代正徳年間に租税の軽減、銀納化が行われ、それに尽力した聞淵、林富、楊允恭（楊欽）、陳槐のために恵民祠などの廟を建造して祭っている。

さて、本節では広徳湖の湖田化の歴史と廟建造の歴史を文献資料で明らかにし、現代農村の古老よりの聞き取り調査に基づいて特に楼异に対する評価と廟信仰の関係を明らかにしたい。

（1）豊恵廟

宝慶『四明志』巻第一三、叙祠には

豊恵廟、広徳湖之望春山、政和七年楼异守郷郡、墾湖為田、人為立祠、其孫鑰参知政事、追封太師。嘉定二年、府以士民之請、上于朝、十一月二十一日、有旨賜廟額、劄送参政府。

とあり、概要は以下の通りである。豊恵廟は広徳湖の望春山にある。政和七年（一一一七）に楼异が明州太守となり、広徳湖を田とした。人々は祠をたてた。その孫の楼鑰（一一三七～一二一三）は参知政事となり、楼异は太師に追封された。嘉定二年（一二〇九）明州府は士民の要請をうけ、朝廷に奏上した結果、十一月二十一日に詔がくだり、廟額を賜り、参政府に劄送《さつそう》した。

至正『四明続志』巻九、祠祀には

豊恵廟、楚国公楼异、事備前志。廟久圮廃、至元三年、本路与鄞県官捐俸重建、推官况逵為記。

祭法曰、法施於民、以労定国、以死勤事、能禦大菑、捍大患、如是有功烈於民者、則祀之。『春秋伝』謂、封為上公、祀為大神。豊恵廟祀大師楚国楼公、其法於是者歟。公諱异、字試可、登宋元豊八年進士第、擢懐州司理、累遷大宗正丞、尚書右司員外郎、転鴻臚卿、以朝散大夫知秀州。丁光禄公憂、廬墓終喪、踰年赴闕、調随州、陛辞日、復改知明州、公以郷邦之嫌、力辞、不允、賜三品服、以寵其行。異時東夷入貢、絶洋海道四明赴汴、漕司倉卒、括舟於民、労費不貲。

広徳湖在鄞之西十二里、歳久堙塞、公請得為田、以其賦入備麗人供億之繁、政和七年四月、至郡按行它山堰水利無恙、即募民疏鑿溝塘、布画耕墾、等第受給、凡為田七万余畝、界於清道・桃源二郷七甲。歳得穀三十余万斛、依元豊故事、造画舫百柁置海口、専備麗使。投賜鉄符於定川之宝山、海濤以鎮之。時有巨魚出迎、長数丈、鱗角耀日、観者駭愕。又以田租之余築西埭、置閘於傍。擢秘閣、再任、朝廷遣使三韓、必僦南舶以渉鯨波、公用賜銭造二乗舟、錦帆朱鬣、威耀若神、固陵善之。毎奏聞、輒宸翰報可、今存於祠石者凡三十九劄耳。後夷貢往来、民不知労、公私為便。是歳田生嘉禾、紀之史氏、父老徳公、立生祠於霊波道院。宣和二年、群盗弄兵於歙・睦、窃拠武林、分兵残数郡。明之土著無頼陰欲嘯聚為盗応。公跡其渠梟於市、躬集豪勇分部伍乗城捍禦、軍律厳明、寇卒不敢犯。明年秋、王師凱旋、召赴闕下道、除知平江、加徽猷閣直学士、以褒其功。公至官、条具利害、乞修城壁、為戦守備。方就規画、而被疾、丐祠章、三上甫得帰。六年正月望卒。上方御楼張灯、訃聞、為之罷宴。贈賻有加官其三子、所居坊曰昼錦、里人尊之為墨荘先生、明年葬奉化之金鐘、神潮擁衛、及虜乃退。又明年、汴京失守、二帝蒙塵、戎馬南牧、直抵四明、守臣宵遁、城闕為墟、公於是宣和全人矣。

紹興初、会湖田所得官租四万六千余石、以贍定海屯駐諸軍。撥下等田一千七百余石、帰於学宮以養士、大佐国家之用。居民感慕無已、遷廟霊波之西、飲食必祭、四時献賽、厳奉如生存。頃歳旱蝗雨雹、有禱即応、妖不為害、常賦無虧。承信郎湯建中等三十三人述其霊応、乞加封爵、詣府列訴、以達於朝。嘉定元年、以孫鑰同知枢密院事、贈太師楚国公。二年賜廟額曰豊恵、与它山善政祠並為久遠。按郡乗、広徳湖旧名罌脰、其袤千頃、由魏晋至唐已数百年、毎春夏潦溢、南注於江、与海潮相接、鹵悪不堪用。唐太和中、鄮令王元暐為它山石堰、下伏梅梁、横截大江、以遏其勢、渠江遂分、渓流綫繞、貫於七郷以及城市。碶閘啓閉、視旱溢而為之平。故自大中以後、恒有請湖為田者、有司重於改廃、益加浚治。熙寧張令隄築繕完、通守越州、曾鞏作記以美其能、引唐人石刻賦詠、証湖為不可廃、蓋未嘗詳考水利之源実繫乎它山、而罌脰之浸浅澱者斯可田、其匯沢縈迴、則灌漕自若也。俗儒習於耳聞、徒以南豊所記云者追咎力詆、又謂公非蔡京所喜、湖田奏請、事由中制、方京総治三省、去賢任佞、有臣如此、疏遠於江湖、而能従容指措、挈供給瘡痍之民而煦嫗之、建之大利、安可誣也。考之旧史、宋武帝時、孔霊符表請徙無貲之家於鄮鄞、墾起湖田、公卿議以為難、帝違衆議、徙民作田、並成良業。由是観之、湖之可田、当在元熙・永初有其漸。況堰利已成、大中所請、庸知非昔時遠徙之裔而世居湖郷者邪（耶）。熙寧以来、且濬且湮、横従其畝、不待政和而遂廃也、明矣。古今異宜、海桑陵谷、有非人之所能為、要之、因民所利而利之者、固不可膠柱而調瑟、紛耘之論、不得不為公弁也。夫以政・宣庸闇、猶能知公之賢、任公之専、久於其職、卒底成功。使遭遇聖明、彌綸弼賛、在帝左右、其植立為何如。昔人謂大丈夫不得宰天下、猶当宰一郡・一邑、以自見其恵利孚洽、使民没世而不能忘、是郡邑猶之天下也、吾謂楚公為近之。世之便佞智巧、媮安井甕、一時号為俊傑者、生則隆圭、竞樹麾鉞、寵焰芬華、歿則窃爵謚、塔廟邱壟、僭侈張耀、幕帷相嬉、而不知薪伝之及、求其事業之足以沢物垂遠、則一無可称、是皆公之罪人也。皇元混一、首通漕運、衣食京師、連檣飛輓、風帆旬月而達。四明歳石不下十万、湖田居四之一、定海屯軍、校官廩給、圭田之数不与焉。神舟僅廃、而海口百艘襲旧規、厳哨綽以励辺防、詔書屢下、必以名山大川忠臣烈士為礼、使者詣庭趨拝、薦亨如式。嗚呼、公之勤労、創闢於生前、禜霊赫奕於身後、幽顕一致、此豈便佞智巧所得為哉。元統三年春、県長吏欽承明詔、致祭祠下、顧寝堂廊廡、蟻腐陊剥頽焉。欲圧懼無以掲虔妥霊。監県帖木児脱穎、丞毛文傑、偕宰弐悉捐己俸為倡、適歳旱相仍、惟湖田廩収倍登、湖郷義士陳元寿・世庸等、相与伐石相材、因余隙撤腐旧而作新之、明年秋九月告成、凡為楹七十有八、瓴甓甃覆、丹堊黝漆、穹屹宏偉、視昔斯倍。別駕桑君国材率其属躬詣新廟、行祼饗礼、牲斉潔充、音奏在庭群衷叶和、神用来格。官民父老、以廟未有碑、公之労績、日遠月忘、泯而莫伝、属予為文勒石以示後。予以郡職専刑、祀事非所預知、公之七世孫墉、嘗以復昼錦義田、有請而記、熟公家伝旧矣、故歴叙湖田廃興之由、以糾郡志之偏駁、既又作詩以遺湖民、俾歳時歌以祀公、以永其無窮之思。其詞曰、望春巑岏兮、際天渺瀰。江湖噴薄兮、捍鍵重隄。霊龍譲宅兮、鼉蛟以駆。以灌以漕兮、可舟可犁。秈稲芃芃兮、桑麦離離。我民之賜兮、飽食而衣。其一。生有祠兮、蓬萊之宮。歿有祀兮、於湖之中。公出游兮、雨年豊。鶴翩翩兮、鼓逢逢。舄鹵為沃兮、伊神之功。薦馨肴席兮、報以秋冬。其二。婆娑兮、屢舞、霊連蜷兮、来下、祝我寿我兮、錫多。祜浮雲富貴兮、草木同腐。公独栄耀兮、無有今古。千秋万歳兮、我田我祖。其三。定遠大将軍蘄県翼上万戸達魯花赤完者都、太中大夫慶元路達魯花赤兼管内勧農事速刺蛮、正議大夫慶元路総管兼管内勧農事張塔海帖木児、朝列大夫同知慶元路総管府事伯不花、宣武将軍慶元路総管府治中桑而伽思監、承直郎慶元路総管府推官胡潤祖、承務郎慶元路総管府経歴楊致道、将仕郎慶元路総管府知事陳構、慶元路提控案牘兼照磨承発架閣黄師憲、承直郎慶元路鄞県達魯花赤兼勧農事帖木児脱穎、承直郎慶元路鄞県尹甄顕忠、承事郎慶元路鄞県丞毛文傑、将仕郎慶元路鄞県主簿唐光祖立石。

楼公事蹟、旧志不詳而新志又略之、湖郷之民祝沢等三十六人訴其事於県、県上之郡、郡下於学、俾詳刻之梓、以永其伝。余嘗至豊恵廟、見其豊功盛烈、石刻昭著、続取其家伝与況侯之記読之、則楼公誠有功於国而有徳於民者也。雖欲不載、仁者其忍棄之邪（耶）。乃知況侯之文、非溢美也。因書之以記其歳月云。至正四年十有一月既望、教授天台朱文剛記。

とある。特に広徳湖水利関係の概要は以下の通りである。

豊恵廟は楚国公楼异を祭り、廟は久しく廃屋となっていたが、至元三年（一三三七）に慶元路と鄞県の官が俸給を寄付して再建した。推官の況逵《きょうき》がその事を記している。

豊恵廟は大師楚国楼公を祭る。公の諱は异、字は試可、宋元豊八年（一〇八五）に進士に登第した。懐州司理に抜擢され、大宗正丞、尚書右員外郎に累遷し、鴻臚卿に転じ、朝散大夫で知秀州となった。やがて随州に調せられ、陛辞の日、再び知明州に改められた。楼异は辞退をねがったが、許されなかった。楼异は時に「東夷」（高麗）が入貢し、絶洋海道、四明より汴（開封）に赴き、漕司は倉卒に民に船を括り、労費は少なくないことを慮っていた。

広徳湖は鄞の西十二里（約六・七キロメートル）にあり、長年淤塞していた。楼异は広徳湖を田とし、その賦を高麗人供応の費用にしたいと要請した。政和七年（一一一七）四月、楼异は它山堰を視察したところ、水利に問題がなかった。そこで民を募り、溝塘を疏鑿し、布画耕墾し、等第受給し、凡そ七万余畝をつくった。清道・桃源二郷七甲を境界とした。歳に穀三十余万石を得た。元豊の故事により、画舫船百をつくり、海口に置き、専ら高麗使に備えた。また、田租の余りをもって西埭を築き、閘門を傍らに置いた。秘閣に抜擢され、再任された。後に「夷」（高麗等）が往来しても民は苦労を知らず、公私ともども便とした。歳に田に嘉禾が生じ、これを史氏が記録し、父老は楼异を徳とし、生祠を霊波道院に立てた[23]。

楼异は宣和六年（一一二四）正月末日死去し、皇帝より楼异に贈賻が加えられ、三人の子に官位をあたえられ、明年（一一二五）奉化の金鐘に葬られた。さらにその翌年（一一二六）に汴京が金の侵入によって陥落し、宋の二皇帝が北方に拉致され、戎馬が南下し、四明に到達しようとした。守臣が宵に逃れ、城闕が墟となり、楼异は宣和の「全人」（聖人）となった。

紹興初年（一一三一）、湖田で得られた官租は四万六〇〇〇余石は定海中途鄆《うん》諸軍に給付された。下等田一七〇〇余石を投下し学宮に帰し士を養い、大いに国家の費用を助けた。居民が感じ慕うことやまず、廟を霊波廟の西に遷し、必ず飲食を供えて祭り、四時献賽し、厳かに奉り存命時と同じようにした。旱・蝗・雨・雹の際に祈禱すれば霊験あらたかであり、妖気でも害が無く、常賦に欠損がなかった。承信郎湯建中等三十三人はその霊験を述べ、封爵を加えてもらいたいと要請し、明州府に赴き列訴したので、朝廷に達した。嘉定元年（一二〇八）に孫の楼鑰が同知枢密院事となり、太師に楚国公を贈った。二年（一二〇九）に廟額を豊恵と賜った、它山善政祠（王元暐の廟）と併せて久遠となった。

二〇一一年五月五日（木）寧波大学外語学院修士一年生の銭雅倩女士と旧広徳湖内の豊恵廟を参観した。別名は楼太子廟である。祭神の誕生日が以下のように記されていた。

楼异（一月十四日）、財神菩薩（一月五日）、虚空菩薩（七月十六日）、馮将軍菩薩（四月一日）、后殿娘娘（三月五日）地母娘娘（十月十八日）、九天娘娘（三月三日）、送子娘娘（二月十五日）、文昌閣（二月三日）、紅将軍菩薩（八月一日）、周倉菩薩（?）、心誠則天（?）、呉公菩薩（五月十三日）、関平菩薩（八月十五日）、水官菩薩（十月十五日）、天官菩薩（一月十五日）、地官菩薩（七月十五日）、三将軍（十月十三日）、九公菩薩（六月十六日）、王老丞相菩薩（五月十六日）、包公

（青天、六月十六日）を祭っている。

楼昇について、豊恵廟の管理人は広徳湖を湖田にし、米が出来るようになった。いろいろな善事を行ったことで、人々は楼昇を尊崇していると説明した。

同廟付近の徐徳夫氏（八十三歳：二〇一一年当時）より聞き取り調査を行った。

豊恵廟の廟会は以前には行われたが、今は行われていない。しかし、楼昇を尊崇している。これは広徳湖が廃湖され湖田となり、米ができるようになったからである。旱害はあったが少なく、ここはとてもいい所である。しかし、当時の官僚の中には楼昇を悪い人と批判するものもいたと述べられた。(24)

（2） 白龍王廟

旧広徳湖内部には二ヶ所の白龍王廟がある。一ヶ所は鄞県城西二十里にある地方官が建てた廟、もう一ヶ所は鄞県城東南二里にある民間が建設した廟である。

まず、鄞県城西二十里にある地方官が建てた白龍王廟を考察しよう。

宝慶『四明志』巻第一三、鄞県志、第二、祠祀考には

白龍王廟、県西二十里、霊波之別廟也。

とあり、白龍王廟は鄞県西二十里にあり、霊波廟の別廟である。

延祐『四明志』巻一五、祠祀攷には、

白龍王廟、在延慶寺東、宋嘉定十五年見像、重建。

とあり、白龍王廟は延慶寺の東にある。宋嘉定十五年（一二二二）に塑像が見え、重建された。

白龍王廟内にある「鄞西白龍王廟碑記」には以下のように記されている（●は判読不明文字）。

伝説、展禽講、聖王有一規定。凡能抗御天災的、都要進行仰祭祀。相反、対没有功徳的、不去也不准供祭、所以造廟敬神都為民衆、民衆最希望、神霊来保佑、最関心水災旱災一類問題。這里的〝白龍王廟〟始建于南宋時期、拠考証、白龍王之神、早在南宋以前就出現。隋唐以前、四明山・紹興一帯還没有設置州・郡的機構、当時鄞西四明山下一〝罌脰湖（罌湖）〟、方円二十里、呑吐着四明群山之水、湖中有望春・白鶴両座山、高高屹立、南北対峙。望春山下有了一龍潭、龍在郡里興祥云、下甘霖、下界仰丈保佑、于是、有了神和廟的雛形。

到斉梁時期～五代残唐、有位姓白名玉的神（人）、経常騎玉龍過来過去顕神顕霊、鄞西百姓対之極為敬崇、朝廷在該廟賜匾額為霊王、封白玉為広徳宣聖王、也就白龍王之神、到宋朝熙寧七年又改霊王為霊波（望春山廟仍為霊波廟）。到了宋朝政和七年四月、有位姓楼名异的官員、引罌湖考察、興修水利、于是発動民衆疏通河道、囲湖七万多畝、把罌湖改造成湖泊河（遺址在十三洞橋一帯、曾称罌湖郷和白鶴郷）、但是田畝稍一遇害、就会干裂、民衆受苦不堪、求神保佑的心情比以前更加迫切。然而廟在望春山下龍潭旁、離寧波県城三十多里、地方長官去祈禱祭祀、往返不便来回、很労苦、于是県令張珣奉旨、又離城市●里、造一座廟、叫白龍王廟。同時、写進郡邑誌、書上以備査考。

如今、凡遇干年景、対着神像和龍潭祈禱、就有及時雨被求下来、使得枯萎的禾苗得到生機、百姓得到好年成、那琴瑟撃鼓以祈甘雨、龍見

写真５　白龍王廟　出典）2011年５月５日筆者撮影

而云的典故、従南宋、元、明三朝以扣一直流伝沿襲下乗、這白龍王廟的世代的供養、也是逆循仿効故事的、況且、白龍王廟的歴経四朝（立碑時已到清朝）五〇〇年、廟宇已経頽壊、既不利安神、又妨敬神。

就在康熙癸亥年開始請工匠、備材料、按照原来的規模、又修繕一新、同時還撥給十八畝廟脚田、作為毎年供祭和日后修繕的費用、従供祭上做到豊盛浄、在廟宇中使得各項設施、経久無損、用足的人、財、物力来報答神霊、這完全応該把白龍王廟建造的因由和神霊為天造福于七郷、以及当地民衆対神霊的虔誠等情形一一列挙、都符号敬神供祭的定規、立這一石碑、就是為了伝于後世而不朽。賜進士出身二甲伝盧翰林院庶吉士范光陽撰、康熙庚午歳季秋月谷旦。（従范光陽的資格、官階着、很可能是明朝兵部侍郎范欽的後代、以備料到立碑、前後経歴七年）碑是一六九〇年。

……一九九七年任孝鴻。

……二〇〇八年十二月三十日。

概要は以下の通りである。

民衆が最も希望するのは神霊が助けに来てくれることである。最も関心のあることは水災・旱災類の問題である。白龍王廟は南宋時期に建設された。考証によると白龍王の神は早くも南宋以前に出現していた。隋唐以前、四明山・紹興一帯はまだ州・郡の機構はなかった。当時鄞西部の四明山下の罌脰湖（罌湖）は方円二十里で四明群山の水を呑吐していた。湖中には望春・白鶴の両座の山があり、高々とそびえたち、南北に対峙している。望春山下に一つの龍潭がある。龍は郡里で吉祥を興し甘霖を下すという。下界では保佑を仰ぎたより、ここにおいて神と廟の雛形ができた。

斉梁時期（四七九〜五五七）から五代後唐時期（九二三〜九三六）白玉という神（人）がおり、常に玉龍に騎乗し往来し神霊をあらわにした。鄞西部の人民はこの白玉を極めて尊崇し、朝廷は当該廟に扁額を賜い霊王とし、白玉を封じて広徳宣聖王とした。即ち、白龍王の神である。宋熙寧七年（一〇七四）にまた霊王を改めて霊波（望春山廟は霊波廟のことである）とした。宋政和七年（一一一七）四月になり、楼异が罌脰湖を考察し水利を興修した。そこで民衆を発動し河道を疏通し、罌脰湖七万余畝は囲墾された。罌脰湖を改造し湖白河（遺址は十三洞橋一帯にあり、曾ては罌湖郷と白鶴郷と称された）をつくった。しかし田畝は一度害にあうとたちまち干裂し、民衆が受ける苦難は堪えられないものであり、神に保佑を求める心情は以前に比べてさらに緊迫した。廟は望春山下の龍潭の傍らにあり、寧波県城より三十余里（一六・六キロメートル前後）離れているので、地方長官が祈禱祭祀に赴くには往復が不便で、労苦が大きかった。そこで県令の張珣が詔を奉り、県城より十里（五・五キロメートル前後）離れたところに一座の廟を造り、白龍王廟とよんだ。

「現在」（一六九〇年前後）においては旱害の年にあえば神像及び龍潭へ祈禱すれば求めに応じて雨が降り、枯れかかった穀物の苗が生気を取り戻し、百姓は豊作の成果を得ることができる。那の琴瑟が撃つように調和し、祈雨すれば龍があらわれ雲が生ずるという典故となった。南宋、元、明の三朝より流伝し沿襲となった。この白龍王廟の世代の供養は故事に倣って行われた。しかし白龍王廟は四朝（宋元明清朝）五〇〇年間を経歴し、廟宇はすでに崩壊しかかっており、神を安座するには不利となり、また神の崇敬に妨げがでてきた。そこで康熙二十二年（一六八三）に工匠に要請し材料を準備し、元来の規模にてらし、修繕一新し、同時に十八畝の田を廟脚田に供出し、毎年の祭祀と後日の修繕の費用に供することを開始した。祭祀を行ってから豊盛になり、また清くなり、廟宇中の各々の設備は長持ちし損なわれることなく、十分に満ち足りた人・財・物力で神霊に報答した。ここに白龍王廟建造の沿革と神霊が天にかわって七郷に福をなし、また当地民衆の神霊に対する敬虔な誠実さ等の状況を一一列挙し、敬神供祭の定義に符号し、一個の石碑をたて、後世に伝え不朽のものとした。進士出身二甲伝盧翰林院庶吉士范光陽《はんこうよう》撰、康熙二十九年（一六九〇）秋月吉日。

范光陽の資格、官階について、おそらくは明朝兵部侍郎范欽の後代で、材料を備え碑文を立て、前後七年を経歴したのであろう。碑は一六九〇年のものである。

……一九九七年任孝鴻。……二〇〇八年十二月三十日

以上の史料及び拙稿(25)をまとめると以下のようになる。望春山では斉・梁時代（四七九〜五五七）から五代後唐時期（九一五〜九六〇）に白玉信仰があり、祈雨が行われ、白龍王の神であった。唐代に霊龍の額を賜り、宋代熙寧七年（一〇七四）に霊波の額を賜り、同時期に霊波廟がたてられた。政和七年（一一一七）四月に楼异が広徳湖（罵脰湖）を湖田にしたために旱害にあうようになり、霊波廟では地方官主催で祈雨がしばしば行われていた。しかし、鄞県城より遠く離れて不便なために県城より十里離れたところに霊波廟の別廟として白龍王廟が建設され、地方官主催で祈雨が行われた。創建年代は不明であるが再建されたのは嘉定十五年（一二二二）以前のことであろう。宋元明清四朝五〇〇年にわたって祈雨が行われていたが、廟が傷んできたので康熙二十二年（一六八三）に修繕され、廟脚田十八畝を設置し、廟祭に用いられた。

二〇一一年五月五日に筆者は白龍王廟を訪問し、同廟におられた老人に楼异について尋ねた。我々は楼异を尊崇している。何故なら広徳湖を廃湖して水田を作ってくれたから。また白玉を尊敬している。白玉が白龍王である。現在、廟会はない。しかし、旧暦二月二日、八月八日〜十三日まで演戯台で越劇を催していると答えて戴いた(26)。

もう一ヶ所の鄞県城東南二里にある民間建設の白龍王廟を考察しよう。

嘉靖『寧波府志』巻一五、壇廟、白龍王廟に、

白龍王廟、県東南二里許。宋建炎間旱暵為災、里人祈於山陰王氏兄弟、遂雨。因建生祠祀之、景定中奏封為神、久廟圮、国朝永楽十一年夏旱、浙江参議岳福按部寓延慶寺、夜夢神告、曰、吾寺左龍王也、岳寤諗之、覓其祠而修飭之、明日大雨、郷人徳之、乃大新其廟云。

とある。即ち、白龍王廟は県の東南二里程にある。宋建炎年間（一一二七〜三〇）に旱害となり、里人が山陰王氏兄弟に祈禱し、遂に雨が降った。従って生祠（功徳がある人が慕われて生存中に神として祭られた社）を建ててこれを祭った。景定年間（一二六〇〜六四）に神として封ぜられた。年久しくして廟がこわれてきた。明代永楽十一年（一四一一）夏に旱害となり、浙江布政司参議岳福が延慶寺に宿泊していたところ、夜、夢に神が現れて、「わが寺の左は龍王である」と告げた。岳福はこれを思い、その祠堂を探し、修理したところ、翌日大雨となった。郷人はこれを徳としてその廟を一新したという。

同史料で明らかになったことは鄞県東南二里の広徳湖近辺でも広徳湖廃湖後、旱害が発生し、住民が山陰王氏兄弟に祈雨したところ霊験あらたかで、同兄弟を生祠として祭っていた。明代永楽十一年（一四一一）夏の旱害で浙江参議が同地の延慶寺に泊まっていた際、夜に「寺の左傍には龍王がいる」との神のお告げを夢見、同白龍王廟が修理されたことである。

この白龍王廟は民間信仰、民間建設のものとして出発したが、広徳湖廃湖後のもので、しかも白龍信仰であった。

（3）恵民祠・徳恵祠・崇徳祠

恵民祠《けいみんし》は明朝の吏部尚書の聞淵《ぶんえん》を祭った祠堂で嘉靖三十九年（一五六〇）時にはすでに建設されており、[27] 徳恵祠《とくけいし》は明朝の寧波知府林富[28]及び邑儒士楊欽[29]を祭った祠堂で正徳八年（一五一三）に建設され、[30] 崇徳祠《すうとくし》は明朝の陳槐《ちんかい》[31]と林富を

写真６　旧恵民祠　聞氏家廟と見える。

出典）2011年12月31日筆者撮影

祭った祠堂で、嘉靖二十三年（一五四四）に陳槐が亡くなってから建設された祠堂である。[32]

以上三祠堂で祭られている聞淵、林富、楊欽、陳槐は官田化された広徳湖田の租税軽減、銀納化に尽力した官僚、民間人であった。

広徳湖官田の減額銀納化の経緯について嘉靖『寧波府志』巻一五、壇廟、徳恵祠、崇徳祠、恵民祠の記事等から見てみよう。[33]

宋の政和七・八年（一一一七・一一一八）楼异が朝廷に上奏して広徳湖を湖田化することになり、田が七〇〇余頃、租が四万六〇〇〇余石となる予定であった。[34] 広徳湖田は初め「直」（田に価値）がなかったが、民に田が受給された。租税を納入することになったが、民は苦を言わず競ってこれを利とした。[35] 湖田を耕作する者は租税を納入するだけで差役はなかった。[36] しかし、広徳湖には望春・白鶴の二山、河、渠、墩《とん》（平地の小高い積土）・塹《ざん》（穴）があり、田にできないものもその計算額に入っていた。従って租税は田より重かった。また田に上中下の三則があり、上則田毎畝の租税は八斗、下則田毎畝も五・六斗を下らなかったので佃田者はみなこれを病んでいた。[37]

明初、広徳湖官田の佃田者（耕作者）は故例により租税が課せられたが「庸」（差役）はなかった。[38]

正徳『大明会典』巻一九、事例によると明代、洪武初年（一三六八）、官田の「起科」（課税）は毎畝五升三合五勺、民田は毎畝三升五合五勺、重租田（普通の官田より重い租を納めていた官田）[39] は毎畝八升五合五勺であった。従って、広徳湖官田の租税は一般の官田、さらに重租田よりも重い額であった。

表3　広徳湖田

隅	等則	課税正米額（毎畝、斗）
44隅	上等田	3.609991
	中等田	2.988315
	下等田	2.918901
	抄没上等田	4.322950
45隅	上等田	3.605250
	中等田	2.991625
	下等田	2.918910
	兪得余上等没官田	4.490028
	陳子淵上等没官田	4.420202
	馬善観為事中等没官田	3.806690
47隅	上等田	3.612077
	中等田	3.006170
	下等田	2.919366
	上等翁没官田	4.427144
	上等広恵院田	4.312440
		1.000000
	上等為事没官湖田	4.418500
	上等県学倉田	4.044078
	中等没官田	3.821804
	官湖山斜地	1.100000
	下等府学田	1.164382
	下等僧続田	1.388540
49隅	上等田	3.612116
	中等田	3.001635
	下等田	2.973321
	上等広恵院田	4.612116
	中等広恵院田	1.000000
		4.001635
	下等広恵院田	3.973321
	下等府学田	1.155250
		4.128571
	中等宝陀田	3.532760
	下等僧続田	1.008900
50隅	上等田	3.612112
	中等田	2.991597
	下等田	2.931457
	上等没官田	4.427179
	中等没官田	3.806664
	下等没官田	3.746524
	郷由義荘田	4.534869
	上等宝陀田	3.612112
	中等宝陸国	3.612112

出典）嘉靖『寧波府志』巻11

永楽初年（一四〇三）、広徳湖官田は一時、軍人の屯田に奪われ、多くの民は失業したが、耆民の任朝善、陳于朝が請求して民の耕作権が復活した[40]。

年月がたち徐々に（耕作者が）転々と移り変わり、「直」（田の価値）が生じ、「現在」（明代正徳年間）にいたっても増加していた。広徳湖官田は民田と「直」が等しくなったが、租税の苦しみは民田の比ではなく、大いに不公平であった。役人は調停しようとしたが、民田の租税である（収穫物の）十分の一にすることはできなかった[41]。また宣徳・正統年間（一四二六〜四九）より湖田の民に租調が課税されるようになり、民は困苦を告げるようになったと言われる[42]。

宣徳年間（一四二六〜三五）、巡撫周忱《しゅうしん》が天下の官租の三分の一を減税するように奏上したので、湖田の租額は概して率を減ずることができた(43)。これは『明史』巻九、宣宗本紀によると宣徳七年（一四三二）三月のことであった(44)。

正統年間（一四三六～四九）に「民又以軽差均役告病矣(45)」、即ち、民は差役の軽減均等化について苦しみを告げるようになった。

天順年間（一四五七～六三）「全折京庫銀例」にならうことになり(46)、明州太守張瓚《ちょうさん》(47)が湖田四十畝を民田十畝の丁と換算することにし、これが常法となり、また徐々に銀納化に改められていった(48)。

正徳初年（一五〇六）に「徴歛倍起、民困日亟(49)」、即ち、租税の徴収額が倍増し、民の困窮が極まった。時に胡福という人物がはじめて朝廷に租税徴収額の倍増をやめることを冀ったが成功しなかった(50)。そこで儒士の楊欽が財産を売って京師に赴き、再度上奏したが、災害があったために減税されなかった(51)。しかし、楊欽はさらに上奏して全折例の回復を願った。時に湖中の陳槐が郎司寇となり、彼は湖の生まれであり、湖の賦の害を知悉していたので、天子近御の臣に「首尾開設」（湖田租の銀納化）の可否を陳説しこれを慫慂したので、はじめて諭旨を得た。さらに明州太守林富及び当事者（聞淵・陳槐(52)）と画策し調整した。林富はこの議を支持し、その事を調査し上奏したので、楊允恭（楊欽）の説がついに実施された。湖米一石ごとに銀二銭五分を折納することが常例となり、湖民は更生することができた(53)。これには「慈谿花嶼湖田全折之例」が援用されたと言われる(54)。

この花嶼《かしょこ》湖は慈谿県の東南十里にある。古代から小塘があり貯水していた。唐貞元十年（七九四）、刺史任侗は民に薦めて修築させ、田疇を灌漑した。大徳初年（一二九七）より湖田化がすすみ、明永楽七年（一四〇九）に原定の畝数で、民に耕作させ、起科輸糧（税の割り付け納入）を行わせた湖田である(55)。その後の記録は不詳であるが、嘉靖『寧波府志』巻一五、徳恵祠の記事から慈谿花嶼湖田全折の例が広徳湖田に適用されたことがわかる。

しかし、広徳湖官田では竈民《そうみん》の桑錦・朱銘らによって湖米の銀納化に反対する画策が起ったが、動揺はしなかった(56)。

以上の経緯をたどって広徳湖官田はすべて銀納化となり、官田糧と民田糧の格差は是正された。広徳湖官田の銀は京帑に輸せられ、貨物の納入はなくなった。さらに被災民は銀を「存用」すること（留めおいて用いること）ができ、災害時に貸し出されるようになった。嘉靖二十八年（一五五〇）の災害時、聞淵は災害時貸付制度を開設し、官と民が折半して融通できる法を定めた[57]。

以上の史料から広徳湖官田の経緯が明らかである。即ち、楼异が広徳湖を湖田化した時、民に受給されたが、「直」（田の価値）がなく、また、租税は徴収されたが、差役がなく、民は競って耕作権を得た。租税は上中下の三等に分けられた。明初に広徳湖田は官田とされたが他の官田より租税が重かった。やがて耕作者が転々と変わり、「直」も生ずるようになり、租税も重かった。宣徳年間（一四二六〜三五）に巡撫周忱が官租の三分の一を減税するように上奏し、宣徳七年（一四三二）三月に裁下された。宣徳・正統年間（一四二六〜四九）に租税だけでなく庸（差役）、調も課税されるようになり、民は差役の軽減均等化を願うようになった。天順年間（一四五七〜六三）に明州太守張瓚が「全折京庫銀例」にならって湖田四十畝を民田十畝の丁と換算し、銀納化するようにした。しかし、正徳初年（一五〇六）に租税が倍増し、民が困窮したために、儒士の楊欽が明州太守林富、江西兵備副使陳槐、吏部尚書聞淵等の協力を受け、朝廷に申請し、「慈渓花嶼湖田全折之例」に従って、租税の湖米一石を銀二銭五分に換算する減税銀納化ができ、民が甦った。人々は楊欽、林富、陳槐、聞淵を尊崇し、徳恵祠、崇徳祠、恵民祠を建て祭ったのである。

二〇一一年十二月三十一日（土）、筆者は楊建華先生、廖彩霞女士（寧波大学外語学院三年生）と旧広徳湖の集仕港を訪問した。ここには恵民祠（明の聞淵を祭る）、崇徳祠（明の陳槐・林富を祭る）、徳慶祠（明の林富と楊欽を祭る）があったが、『鄞県通志』（中華民国二十二年〈一九三三〉修、張伝保修）の地図には恵民祠しか記されていないので、集仕橋の東にある恵民祠を訪れた。ここは現在家屋になっており、祠堂は残っていない。同所の林興初氏（一九二九年生、何十代も前の祖先は福建省出身である）に尋ねると、恵民祠は聞氏家廟となっていたが（写真6参照）、文化大革命時期に燃やされて今はない。元々は聞天官菩薩を祭っていた（この菩薩は聞淵のことと思われる）。聞淵については何も知らないとのことであった(58)。

五　広徳湖南部の水利と宗族

本節では特に明清から民国時期の広徳湖田地域の水利情況と翁宗族・聞宗族の事例を検討したい。

（1）　集士港鎮青塾の翁一族

二〇〇九年十二月二十八日、三十日。二〇一一年五月三日に筆者は寧波市鄞州区集士港鎮清塾《せいてん》の曹根良氏（曹氏の族長、二〇〇九年当時、八十五歳）より民国時期の状況について聞き取り調査を行った。

清塾の人々は霊波廟（望春山廟）で祈雨を行った(59)。この廟は龍王廟であり、龍潭という池がある。この廟の管轄範囲を神轎がまわり、祈雨をし、大供、小供が行われた。

旧広徳湖地域には湖田と民田があり、湖田はあまり灌漑する必要のない田で、価格が高く、民田は灌漑する必要のある田で価格は低い。この地域は它山堰からの水を入れているが、水がない時は十三洞橋から水を入れる。牛水車を用いて自由に取水灌漑する。水利規約はない。二十〜三十畝の土地を持っている農民はこの牛水車を持っており、十畝以下の農民は牛水車を持っていない。二十〜三十畝の土地を持っている農民は十畝以下の農民に牛水車を貸して取水灌漑させる。取水灌漑を受ける農民は牛水車使用料として一畝について五十斤の米を支払った。或いは兄弟何人かで牛を一頭もち、兄弟輪番で牛を使用して灌漑した。河の浚渫は淤塞によって影響のある農民が自分で行った。河堤の修理は影響のある農民が保長の指揮のもとで行った。旱害時は湖白・但肚《たんと》で取水した。或いは、望春山廟で祈雨を行った。

青墊は四二三戸あった。大姓宗族は翁・呉・曹の三姓である。翁は七十～八十戸、祠堂があり、祠堂田二十畝あった。呉は二十～三十戸、祠堂はないが、冠婚葬祭用の建物はある。しかし、祠堂田はなかった。曹は二十～三十戸、祠堂があったが、祠堂田はなかった。翁氏の祠堂田は三〇％が湖田で、七〇％は民田であった。祠堂田は族人が輪流耕作した。耕作する族人を決めるのは族長であり、排行字の高い族人を耕作させた。佃租は取らなかった。清明節の

写真７　翁氏宗祠　出典）2009年12月28日筆者撮影

写真８　夾塘にある湖田〈左手、元々の広徳湖〉と民田〈右手〉　湖田の方が民田より高い位置にある。曹根良さんの目の前が牛車設置箇所である。
出典）2009年12月30日筆者撮影

際に族長が新しい耕作者を決定した。祠堂田の耕作をできた族人は自分で耕作してもよいし、他人にまた貸ししてもよかった。他人に貸した場合、一五〇～二〇〇元の収入があった。祠堂田の耕作権を得た族人は金持ちになれた。一生で二回耕作権を得るものもいたが、全然耕作を得られない族人もいた。耕作権を得た族人は嫁を貰うことができた。

曹根良氏に依頼し翁氏より家譜を借りてきていただいた。『翁氏宗譜』は二種類あり、清光緒三十二年（一九〇六）のものと、民国十一年（一九二二）のものであった。民国十一年の『翁氏宗譜』の「翁氏重修宗譜序」に次のように記されている。

其先本出甫田、査二世元佶公及其子淮淇二公隠於鄞西林塘清墪、遂為居籍、迄已十余世、源遠流長、世称望族、其子孫又能以読書、相砥礪以耕鑿、相敦厚不失古陶唐氏之遺風、是何祖徳宗功之遺沢遠也。

とあり、翁氏は福建省甫田から寧波の清墪に移住し、十数世代経っていると述べられている。

民国十一年『翁氏宗譜』巻一、創譜序には以下のように述べられている。

翁氏之先、出於周昭王庶子、食采翁山、因以為氏焉、厥後諱承賛字文饒、唐昭宗乾寧中登進士第、擢宏詞為福建塩鉄使、過建陽、……天祐初為右拾遺拝相、厥後諱升、至我神宗元豊五年登黄裳榜進士、諱彦国、宣和間、召除戸侍御史中丞、遷徽猷学士、諱逢龍登嘉定十年呉潜榜進士、諱帰仁登淳祐七年張淵徴榜進士、而族於莆田、寔為世系有開先焉。其得名之始、又有異於余族、支派蕃延、殆非譜牒之所能収矣。吾推姓氏之始、合於翁氏、終其説焉。旹在嘉熙四年春王正月上澣穀旦。賜進士金紫光禄大夫衛国公左丞相鄭清之徳源書於西湖之養魚荘。(7)

また、民国十一年『翁氏宗譜』巻一、譜系序には次のように述べられている。

翁氏譜系、出於周之姫姓昭王、封庶子於翁山、自以命氏、而子孫家於四明、有自来矣、其前簪纓官籍已而、標表至継宗公、為宋翰林学士、生公正任広東徳慶府経歴、後族次宦、氏之茂散、及四方者多、君家先世移族於四明之鄞西清墊居焉、去県二十五里、俗朴而土肥、逮今子姓繇遠、久而益盛……。旹在元延祐三年歳次丙辰冬十月望日。賜進士衛国公主編修撰経書、取博士擢居、内閣沈奇文、以謁翁氏之族、於是為序。

さらに、光緒三十二年『翁氏宗譜』巻一、序、再修宗譜序には、以下のように記されている。

自承賛公、由唐進士、為福建塩鉄使、随族於莆田、実為世系所開先、厥後顗公、由賢才挙仕、授明州観察推官、因家於鄞、其子元佶公、孫淮・淇二公、隠於鄞西林塘清墊、遂居籍焉。寔為兆基之始、冠冕相仍、簪纓奕世、義難概載、伝至逢銘・逢鉞諸公、後蕃衍散乱、莫可端緒、不得不為之闕疑、君子曰、疑以伝疑、著以伝著、夫譜固伝、其所可知者耳、其所不可知者、不敢以誣吾祖、謾吾孫也。逓衍至十七府君生継宗公、為宋翰林学士、逮於椿公昆季、子孫蟄蟄、其麗不億。自嘉靖元年、既輯是譜、迄今又将百余年矣。天徳生百世之後、念親睦之誼、斎祓将之寘力、数年而後畢事、夫叙服姓五世、祖免叙嗣続、百代本支、吾非創作之者、上世幸有可憑、庶幾縄武、莫敢愆也、云爾独是吾族之子孫、環住於茲、其他遷徙、若姚江、若慈水、若奉象、定有譜与否、皆不可知、俟他日裹糧、遠渉悉心、採訪彙集一編、是則予之志也。夫後之作者、又将有継於斯譜。旹在大明天啓五年歳次乙丑天中節。裔孫国懐天徳拝叙。

以上の三記録より翁氏の世系を整理してみよう。

翁氏の先世は周の昭王姫瑕《きか》の庶子から出て、翁山（広東省翁源県）に食采し氏をなした。その後、翁承賛（字、文饒）は唐昭宗乾寧中（八九四～八九八）に、進士に登第し、宏詞に抜擢され、福建塩鉄使となり、建陽（福建省）で過ごした。天祐初年（九〇四）、右拾遺となった。[60] 翁承賛は族を莆田にひきつれきて、これが世系の始まりとなった。その後、翁《おう》顗《ぎ》（建隆元年〈九六〇〉三月十六日～天禧五年〈一〇二一〉十二月十日）[61]は賢才で明州観察推官となり、鄞に居住したことにより、その子元佶《げんきつ》（端拱二年〈九八九〉一月三日～皇祐元年〈一〇四九〉三月十日、国子監丞、擢監察御史、起居舎人）[62]、孫の淮（大中祥符元年〈一〇〇八〉一月三日～嘉祐二年〈一〇五七〉十月五日）(63)・淇《き》（大中祥符五年〈一〇一二〉四月二日～元豊元年〈一〇七八〉八月十三日、浙江省処州景安県事、兵部主事）(64)は鄞西林塘清塾に隠居し、戸籍を置き、氏の基礎をおいた。その後、翁升は宋代神宗元豊五年（一〇八二）に黄裳《こうしょう》榜《ぼう》進士となる。(65)翁彦国（元豊八年〈一〇八五〉一月六日～紹興二十八年〈一一五八〉十一月二十日）(66)は宣和年間（一一一九～二五）に戸部侍御史中丞遷徽猷学士となる。(67)翁逢龍は嘉定十年（一二一七）に呉潜榜進士となり、(68)翁帰仁は淳祐七年（一二四七）に張淵徽榜進士となる。(69)そして莆田（福建省）に族が居住するようになった。

そして、十七府君生（翁佶《おうきつ》）にいたり、翁継宗は宋の翰林学士となった。翁生（公正）(70)は広東省徳慶府経歴に任じられ、翁椿《おうちん》（嘉靖二十六年（一五四七）三月三十日～万暦三十六年（一六〇八）五月二十五日）(71)にいたり、昆季（兄弟）子孫が多くなり、後族次宦、氏族が茂散して四方に及ぶ者が多くなった。君家先世、族が四明の鄞西清塾に移り居住した。県より二十五里離れ、俗は僕実で土地は肥え、今に至り、氏姓が綿々と続き盛んである。

以上の光緒三十二年『翁氏宗譜』、民国十一年『翁氏宗譜』の記事によると翁氏は福建省莆田より宋代初期（十世紀）に鄞県清塾に移住しはじめ、官僚を輩出し、族が増え、広徳湖廃湖（一一一七～一八）後に清塾の湖田を占有し、地主化し、清塾有数の宗族になっていったことがわかる。

筆者は　曹根良氏に土地改革時の階級成分について質問した。

①地主は二戸（全農家の一〇％）

翁瑞定　六十畝の土地。

大田（大業のこと。湖田が多く、民田は少ない。八〇～八五％）生産力が高い。毎畝一期米一七〇～二八〇斤の収穫（両期で三四〇～五六〇斤）。

長工二人（内一人は把頭）、短工三人（長工・短工は本地人）、把頭の工資は毎月一〇〇斤、長工は毎月九十二～九十五斤、三月～十二月まで労働。短工の工資は毎日五斤。

小田（小業のこと。寧波では田脚とも呼ぶ。湖田が少なく、民田が多い。一五～二〇％）

生産力が低い。一畝一期、米二〇〇～二六〇斤の収穫（両期で四〇〇～五二〇斤）。中農に貸す。佃租は一期で米五十斤（両期で一〇〇斤）。早稲は七月前に収穫、その後、晩稲を植える。

翁月朝（二〇〇九年現在も健在）五十畝の土地

大田（八〇～八五％）長工二人、工資毎月九十二～九十五斤。短工三人（内一人は牧牛）工資毎日五斤。

小田（一五～二〇％）

地主は長工・短工とは一緒に食事をしない。地主の食事は定期市で購入した野菜や肉を用い、長工たちは地主の家の土地で栽培した野菜や芋を食べた。

また、大小業とは大業と小業の入り混じった田のことである。

②富農二戸　二十五～三十五畝の土地を所有。（富農・大佃農は全農家の二〇％）

大田（七五％）長工一人、短工を雇う。短工の人数は不明。工資も地主と同じ内容。

小田（二五％）中農等に貸し出す。佃租は地主と同じ内容。

③大佃農四戸

祖先伝来の土地をもって自耕する。忙しい時に短工を雇った。家族も一緒に農耕を行った。

④中農：大佃農と同じ内容で、十数畝の土地を所有した。大中小の区別はなかった。（全農家の三〇％）

⑤貧農（全農家の四〇％）

⑥雇農：長工・短工。何日間かある地主の下で働き、また何日間から別の地主のもとで働いた。閑なときは農耕をするか、賭博をしていた。

筆者は二〇〇九年十二月三十日に曹根良氏に夾塘《きょうとう》にある湖田と民田の違いを見せて戴いた（写真8参照）。夾塘の北側に湖田（旧広徳湖）があり、南側に民田があった。湖田は高く、民田は少し低かった。湖田も民田も夾塘から灌漑している。この夾塘には它山堰からの水が流れ、它山堰からの水が渇水した時には十三洞橋から水を入れた。また、湖里陳という村があり、夾塘で漁業、真珠の養殖をしている村であった。夾塘には何本かの古洞橋・大分水橋・分水橋等の橋が架かっており、これらは三〇〇余年の歴史がある。牛水車を設置する取水箇所も見学した（写真8参照）。

（2）石馬塘の聞一族

筆者は二〇一二年一月六日（金）に寧波大学外語学院三年生の呉程穂女士、張金晶女士と一緒に鄞州区古林鎮上王村及び石馬塘の聞氏宗祠を訪問した。

同宗祠の聞恒甫《ぶんこうほ》（二〇一二年当時八十二歳）氏から説明を受けた。同宗祠には追遠堂があり、立派な祠堂であった。聞氏は山東省青州から同地の上王村に移ってきた。筆者は『鄞西石馬塘聞氏家乗』（共和十一年〈一九二二〉陰暦十月）の一部を写真にとった。

康熙『鄞県志』巻一八、聞子徳の条には以下のように記されている。

聞子徳、字克新、弟子聡、字克譲、其先青州益都人、宣和末叔父寔、以宣和進士、通判明州。寔兄政与之偕来、子徳子聡其子也。因金人梗道、卜居鄞之響巖、寔無嗣、以子聡継焉。兄弟皆天性孝友仁厚篤学徳、嘗刲股以療父疾、与聡創祠曰思遠、構東西二堂、曰積善・積慶、造橋以利渉、咸称曰聞郎橋、開弾烏堰以置碶、通潮蓄水漑田、郷民沾利、咸称曰聞郎磜、飢者資粥、病者資薬、死者資棺、闔郷以善人長者相重、一日議分荆未決、焚香祝天、忽風雨大作、霹靂一声、于住居東西間分而成溝、即時日霽、曰天命来分也、遂為東西二宅以居、鄭求斎先生覚民為譜、引備載其事伝焉。四世孫時政、字宗徳、開慶間、自響巌移居石馬塘、性嗜学博綜今古、修造石馬塘橋、首建楧櫨孝子廟、韜身以文、居郷以徳、済衆以義、元孫徳初以字行、名青、号若愚、為人端毅、好学精于書法、屢擧賢良不就、隠居教授以徳義、信重于郷、足不軽出郡、大夫歳延郷飲一入城郭見者咸矜瑞鳳云。

聞子徳（字、克新）、弟の聞子聡（字、克譲）等の聞氏の先祖は山東省青州益都の人であった。宣和末年（一一二五）叔父の聞寔《しょく》は進士で明州通判となった。寔の兄の政とともに明州にやってきた。子徳・子聡はその子である。金人が「道」（明州鄞県から山東省青州益都への帰路）を塞いだために鄞の響巌《きょうがん》に卜居した。寔には後継ぎがなく、子聡を後継ぎにした。兄弟はみな天性孝友仁厚である。かつて聞子徳は股の肉を切って父の疾病を治療し、子聡とともに祠堂をつくり思遠（写真9に見える聞氏宗祠追遠堂？）と呼んだ。東西二堂を構え、積善・積慶といった。橋を造り渡るに便利となり、皆が聞郎橋とよんだ。弾烏堰《だんうえん》を開き磜を置いた。海潮と通じ水を蓄え田に灌漑した。郷民は利に潤い、皆、聞郎磜と称した。飢えた者には粥をあたえ、病者には薬を与え、死者には棺を与えた。全郷の人々は善人長者として尊敬した。その後、兄弟は東西二宅にわかれて居住するようになった。鄭求斎先生が民を覚醒するために譜をつくりその伝を引用し伝えた。四世孫の聞時政（字、宗徳）は開慶年間（一二五九年）、響巌より石馬塘へ移住した。その性質は学を嗜み古今を博覧した。石馬塘橋をつく

写真9　聞氏宗祠　出典）2012年1月6日筆者撮影

り、初めて榠樝《べいさ》孝子廟を造った。身を謹んで文をつくり、郷居して徳をなし、民衆を救って義をなした。玄孫の聞徳初の人となりは実直で毅然としており、学を好み書法に精を出していた。屢々賢良としてあげられたが就かず、隠居して徳義を教授し、信は郷里に重く、軽々しく出なかった、郡大夫歳延郷飲で一旦城郭に入り人々より衿瑞鳳《きんずいほう》とよばれたという。

即ち、聞氏は宣和末年（一一二五）に山東省青州益都より明州に移住し、最初は響巖に居住したが、開慶年間（一二五九年）に石馬塘に居住するようになった。聞宗族は同地で水利、慈善事業、廟の建設を行っていた。

康熙『鄞県志』巻九、壇、榠樝廟には以下のように記されている。

榠樝廟、県西南四十里、宋開慶間、里人聞時政修建、相伝神事、寡母至孝、母愛食榠樝、手植以供。郷鄰有親病者乞其果、食之皆愈、後人思其孝徳、立廟樹所、祀之因名。今分東西二廟。

榠樝廟は鄞県の南西十里にある。宋開慶年間（一二五九年）、里人の聞時政が建設した。相伝された神事は、息子（人名不詳）が寡母に孝行をつくしたことであった。母が榠樝を食するのを好んでいたので榠樝を手植して供した。郷里で親が病気の者がその果物を請い来れば、これを与え食させると皆治癒した。後の人々はその孝徳を追慕して廟をたて、これを祭って榠樝廟と名づけた。今（清代康熙年間）は東西二廟に分かれている。この榠樝とは「くわりん、からなし、からぼけ」と呼ばれる林檎のことである。

『鄞西石馬塘聞氏家乘』（共和十一年〈一九二二〉陰暦十月）原序、原序十〈煒按此亦第五修所作原刻題曰、四明〉石馬塘聞氏家乘第修序〉には以下のように記されている。

……吾宗系出青州、自宋宣和間、始祖諱吉、字慶世公、因子諱寔、字彦誠公、為明州通判、就養官邸、纔歳余、彦誠公卒、未幾而慶世公亦逝、時罹金人之難、車駕南渡、帰葬恒艱、不得已卜宅於鄞之光溪嚮巖山而居焉。蓋世

図3　石馬塘聞氏系図

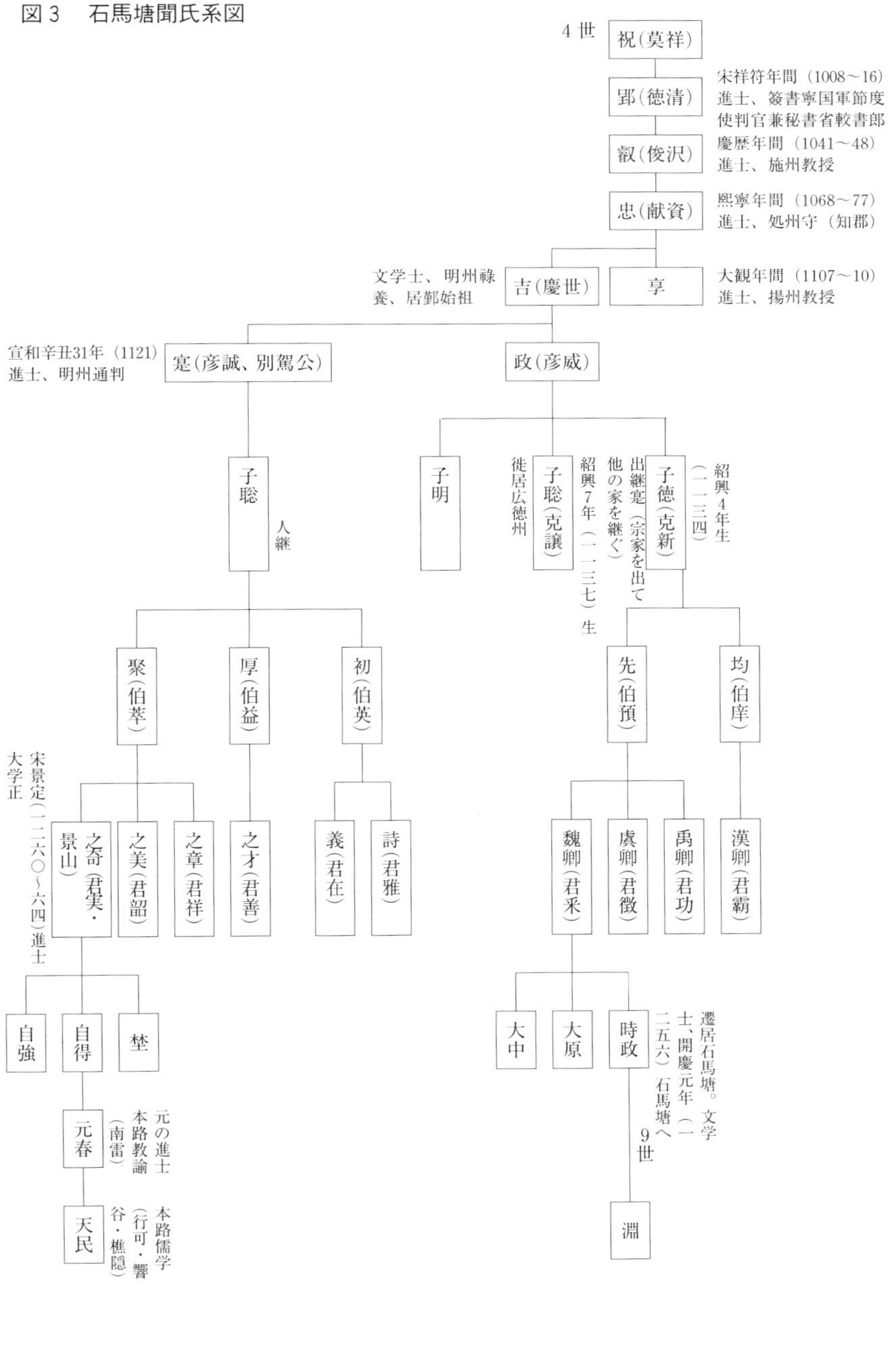
4世
祝(莫祥)
郢(徳清)
宋祥符年間（1008～16）進士、簽書寧国軍節度使判官兼秘書省較書郎
叡(俊沢)
慶歴年間（1041～48）進士、施州教授
忠(献資)
熙寧年間（1068～77）進士、処州守（知郡）
吉(慶世)
文学士、明州祿養、居鄞始祖
享
大観年間（1107～10）進士、揚州教授
寔(彦誠、別駕公)
宣和辛丑31年（1121）進士、明州通判
政(彦威)
子聡
入継
子明
子聡(克譲)
徙居広徳州
紹興7年（一一三七）生
子徳(克新)
出継寔（宗家を出て他の家を継ぐ）
紹興4年生（一一三四）
聚(伯萃)
厚(伯益)
初(伯英)
先(伯預)
均(伯庠)
之奇(君実・景山)
宋景定（一二六〇～六四）進士
大学正
之美(君韶)
之章(君祥)
之才(君善)
義(君在)
詩(君雅)
魏卿(君采)
虞卿(君徴)
禹卿(君功)
漢卿(君霸)
自強
自得
埜
元春
元の進士
本路教諭（南雷）
天民
本路儒学（行可・嚮谷・樵隠）
大中
大原
時政
遷居石馬塘。文学士、開慶元年（一二五六）石馬塘へ
9世
淵

為鄞人矣。逓伝之六世、而諱時政公者、当宋開慶元年時、復析居於石馬塘、頓成鉅族。……嘉慶戊辰歳　月。十七世孫詩学謹述。

聞氏の故郷は山東省青州であり、宋宣和年間（一一二五年）、聞吉（字、慶世公）は子の聞寔（字、彦誠公）が明州通判となったので、官邸で就養された。一年余の後、聞寔が死去し、まもなく聞吉も死去した。当時、金人の侵攻があり、都を杭州に移したので、山東省青州にもどり葬儀するのは困難となり、やむをえず鄞県光渓響巖山に住居し、代々、鄞県人となった。六世孫の聞時政が宋開慶元年（一二五九年）に石馬塘に移住し、巨族となった。即ち、聞氏は歴代、官僚を輩出する巨族であった。

さらに『鄞西石馬塘聞氏家乗』原序、原序十三〈煒按此第四修〉には、以下のように記されている。

吾宗系出青州、開祖別駕公、宋宣和末年、通判明州、纔歳余卒於官、適金虜陥汴京、中原鼎沸、車駕且南渡、帰葬無期、父兄在官邸者、相与卜居鄞之光渓響巖山南占籍焉、止攜行祠内、四世視、号莫詳、遠冑、諱師仁者、別駕公、五世祖也、生郢、登大宋祥符間進士、官簽書寧国軍節度使判官兼秘書省較書郎、郢生叡、登慶暦間進士、官施州教授、叡生忠、登熙寧間進士、官処州守、忠生二子、長子亨、登大観間進士、官揚州教授、次子吉、字世慶、即別駕公父、就明州禄養、別駕公、無子、其兄政、随父同之、弟任挙三子、皆鄞産也、以仲子子聡為別駕公後、子徳嘗割股以療父疾、与弟子聡並以孝友、長厚詩書礼楽、丕承先緒聡子聚、聚子之奇、登景定科進士、官太学正、子徳曾孫、諱時政者、文学士也、宋開慶元年、徙居石馬塘、為淵本支、開基之祖、至淵又九世矣。譜牒之作、先是五世之奇、学正、見族属蕃衍、思無譜、以繋其渙散、将世遠而昧、其所自、乃述別駕公所遺青州系略、及居鄞之繇、撰成宗譜、以昭後人。至八世樵隠・斎長、曾補輯之、迨十三世淵伯父学諭公、亦嘗続修、而罹於鬱攸、淵幼而孤、二十有五歳、叨進士第、立朝四十五載、鞅掌王事、未遑為修譜計、向届轅車之辰、蒙聖恩優老、引年致政、悠遊林泉間、経営族譜、倐幾十載、淵且耄矣、属従弟秋官尚書郎源、錦衣鎮撫泮、偕南原黄居士、捜訪響巌之系、而集成石馬塘聞氏宗譜、凡十巻、統宗続系、昭穆尊卑之有序、即百世子孫可按譜而稽也、然淵意有進於是者、不難於成譜、而難於重是譜、凡我子孫世世修徳、将令名之、無斁、於是以譜、祝諸廟、曰我祖在天、無俾世迷、聿修厥徳、以迓天禧、旹在明嘉靖辛酉歳春三月穀旦。

九世孫淵謹述。

聞氏は山東省青州の出身であり、開祖別駕公（聞寔）は宋代宣和末年（一一二五）、明州通判となり、同地で官僚のまま死去した。金が汴京（開封）を陥落し、中原地域は動乱となり、皇帝も南に逃避したので、故郷に帰って葬儀を行うことが無期延期となった。父兄が官邸にあったので鄞県の光溪響巌山南にトし戸籍をもった。四世の聞祝は別駕公五世の祖先である。郢《えい》を生む。聞郢は宋祥符年間（一〇〇八～一六）の進士で、官は簽書寧国軍節度使判官兼秘書省較書郎である。聞郢は叡を生む。聞叡は慶暦年間（一〇四一～四八）に進士に登り、官は施州教授である。聞叡は忠を生む。聞忠は熙寧年間（一〇六八～七七）に進士に登り、官は処州守である。聞忠は二子を生む。長子が亨《こう》、大観年間（一一〇七～一〇）に進士に登り、官は楊州教授。次子は吉、別駕公の父で、明州で禄養された。別駕公には子がなく、その兄の聞政は父に同行した。弟に責任をもって聞任は三子を推挙させ、皆、鄞の生まれである。仲子の聞子聡が別駕公の後継となった。聞子徳は股を割き父の病を治療し、弟の聞子聡とともに孝友とされた。詩書・礼楽に長け、子聡の子が聚、聚の子の之奇は景定（一二六〇～六四）の進士で、官は太学正。子徳の曾孫、諱、時政は文学士である。宋開慶元年（一二五六）、石馬塘に移住した。これが聞淵の本支で、開基の祖である。淵にいたるに九世。譜牒の製作は、まず五世の之奇学正（国子監学正）が行った。族属の繁栄が見られたが、譜牒がないので族の渙散《かんさん》につながり、世が遠くなると蒙昧になると思う。別駕公が遺した青州の系累、鄞県居住の理由を述べ、宗譜を撰成し、後人に明らかにした。八世の樵隠《しょういん》・斎長《さいちょう》はかつてこれを補修し、十三世の淵の伯父諭公が続修しようとしたが鬱病にかかった。聞淵が幼いころであった。聞淵は二十五歳で進士に登り、朝廷に四十五年勤め、王事を掌っていたために、修譜計画の遑がなかった。……引退して、（鄞の）林泉に居住し、族譜（編纂を）経営し、……石馬塘聞氏宗譜、凡そ十巻を集成した。……嘉靖四十年（一五六一）三月吉日（図3参照）。

さて、聞氏で広徳湖と関係をもつのは前述した聞淵である。『明史』巻二〇二、聞淵伝には、以下のように述べられている。

聞淵、字静中、鄞人。弘治十八年進士。初授礼部主事、已改刑部。楊一清為吏部、調淵稽勲員外郎。歴考功郎中、改掌文選、遷南京通政。嘉靖初、擢応天府尹、改尹順天。累遷南京兵部右侍郎、摂部事。薦馬永等十余人。召為刑部右侍郎、遷左。進南京刑部尚書、就移吏部。召為刑部尚書。周用卒、代為吏部尚書。侍郎徐階得帝眷、前尚書率推讓之。淵自以前輩、事取独断。大学士夏言柄政、淵老臣、不能委曲徇。及後議言獄、淵謂言事祗任意、跡渉要君、請帝自裁決。帝大怒、切責淵。厳嵩既殺言、勢益横、部権無不侵、数以小故奪淵俸。淵年七十矣、遂乞骸骨帰。家居十四年卒。先累加太子太保、卒贈少保、謚荘簡。淵居官始終一節。晩扼権相、功名頗損。在南刑部時、張聡先為曹属、嘗題詩於壁、属淵勒石後堂。淵曰、「此尚書堂也、吾敢以相君故、為郎官勒石耶」。

聞淵は弘治十八年（一五〇五）の進士で、礼部主事、刑部主事、南京通政と累進した。嘉靖初年（一五二二）に応天府尹になり、その後順天府尹に改められた。後に南京兵部右侍郎、刑部右侍郎、同左侍郎、南京刑部尚書、吏部尚書に累進した。やがて刑部尚書に召され、周用の死去にともない吏部尚書に交代した。内閣大学士夏言の獄、厳嵩《げんすう》の獄に関わって七十歳で退官帰郷した。

嘉靖『寧波府志』序によると、

嘉靖庚申秋八月之吉、賜進士出身、栄祿大夫太子太保、吏部尚書致仕、郡人聞淵書。

嘉靖『寧波府志』は嘉靖三十九年（一五六〇）八月に聞淵が編集したものである。

さらに嘉靖『寧波府志』巻一五によると、

恵民祠、県西南十五里、祀国朝吏部尚書聞淵、淵見郷人利害、毎言於官司、多所恵済、如湖田官租折銀事、亦有力焉、郷人徳而祠之。

聞淵は郷人の利害を官僚に申し述べ多くの救済を行い、広徳湖田官租の折銀について尽力したために、人々は恵民祠を造って聞淵を祀ったと言われる(72)。

そして、康熙『鄞県志』巻一六、聞淵には、次のように述べられている。

聞淵、字静中、号石塘、……弘治甲子挙于郷、明年成進士。……初授礼部主客司、改刑曹治獄文無害、為大司寇劉璟所奇。時逆瑾放悖、以失囚召諸郎吏辱之、衆皆蒲伏謁瑾、淵独挺然不屈。及瑾敗、廷訊猶抗詞不服、廷臣莫敢決、淵独操筆厲色折数、瑾語塞遂伏辜、其略曰、劉瑾本以憸邪、謬当重託、盗窃政柄、播弄威権、擯斥忠良、援引姦党、官爵視苞苴、為進退刑罰、因喜怒為重軽、黷貨積于丘山、人命等于草芥、専権乱政。於茲五年蠹国害民、非止一事、毒流中外、悪貫古今、祖宗百余年之元気、斲喪無遺、国家億万載之紀綱、変乱殆尽、歴観既往之罪、已負滔天尚昧、無将之戒湊懐不軌、偽造宝印、而反状已形、私蓄甲兵、而逆謀益著、似此不法、宜速殛誅、満朝為之痛快、皆曰真老法吏也。楊文襄一清嘉其才品、改吏部考功会計吏、有墨吏二人、重賄銭寧、欲逃其罰、尚書陸完懼寧威、不敢抗、淵執不可卒議斥之。累官応天府尹、故事中官守備受民詞下府幕治、淵曰、中官安得受詞、幕吏安得為、中官議獄悉禁絶焉。嘉靖初張璁桂萼以南部郎献大礼議、欲借淵名為疏、首却之、改尹順天、遷太常卿、上斎宿南郊、従官有譁者、命太常察奏衆大恐欲執一二人応詔、淵入奏曰、夜湊人衆、莫可主名、幸寛之事得已、晉南京兵部侍郎、上修省五事署部、篆挙馬永輩十余人、後皆為名将、已改刑部、歴三品九載、始陞南刑部尚書、南中訟最繁、淵素知中貴侵権、諭郎吏曰、官有法紀、無論中貴、不得侵部、即部亦不得侵有司、自今大事不由通政司達者、直不理、小者悉付有司、民自是無妄投訟牒者。初張璁為南刑曹、嘗題詩郎署、至是嘱淵勒碑于堂、淵曰、此部尚書堂也。法紀在焉。吾安敢以相君、今日故為郎官、勒石卒不許。改南冢宰、召入為北司寇、率僚属厲精勤、事廷無留、獄出入一準情法、人咸称平、閲五載、丁未晉掌天曹加太子太保、廷推大拝、前後凡八次、皆力辞且歎曰、使我先十年居位、尤可自効、今何時哉。会厳嵩当国時、事益不可、為淵数与牴牾、遂乞身去位、居家復十有五年而卒、年八十四、賜祭葬贈少保、謚荘簡、淵器度恢廓、強毅不撓、雅性節倹、不尚華靡、始南御史馮恩疏劾汪鋐・方献夫、因歴数廷臣優劣於淵独曰、侍郎淵存心正大、処事精詳公明、久著于銓曹、質直允孚乎、士論及九廟災省咸賢等、疏挙賢才首薦淵、憂君忠国可寄股肱、而温旨一曰公正、一曰忠直、其為公論及睿眷、所推重如此、淵与張文定邦奇同挙、同志王文成守仁、嘗謂崔銑曰、聖雖学作允頼于資如明山二子其希聖也、何有孫忠烈燧、亦謂其子陞曰、聞公遠大之器、国之宝臣也、小子識之、嘉靖実録称、淵凝重溌沈端毅、有守歴四十年、始終一節、夷険不渝、有古大臣風、誠得其実立朝、居郷両主広徳官湖田米折貸災事、隅湖民徳之、立祠以永祀。

従弟沢、字美中、号充斎、正徳甲戌進士、授職方主事、適宗藩宸濠倡変、江右賛大司馬区画功多、武宗欲南巡、偕同舎郎黄鞏陸震等疏、諫下詔獄、罰跪門五日杖三十、奪俸六月、世宗即位、録前諫南巡者、陞俸一級裁正。往歳閹宦私収軍匠月銭、不為勢貴所撓、改武庫、歴遷車駕郎中、守直軍士、歳冬有給衣例、然給発後期、多瀕于死、輒疏請及時給散、軍士感徳、考選畿内武職、謝絶請託、而姦憸斂迹、声望益隆、調職方値武挙、綜理周密、取士皆得人、遷江西布政参議、便道過家、祭掃遘疾而卒、沢沈静寡言、恬澹無欲、事親孝処兄弟友、接宗族郷党各有恩義、居官惟知尽、職有干以私者、竟払然去之、故縉紳皆器重焉。

源、字立中、号它泉、挙嘉靖壬午郷薦、令建安、注心撫字、理政敏而剖決捷、陞刑部主事、転員外郎中、按罪出冤、不抑于権勢、遷衛輝府同知致仕、隆慶改元（一五六七）進階朝列大夫、源林居三十載、営月湖中碧沚書屋、日与名流詩酒相娯、卒年九十有一。

概略は以下のとおりである。聞淵は弘治十七年（一五〇四）の挙人、同十八年（一五〇五）の進士である。礼部主客司となり、刑曹治獄文を改め害がなくなり、劉璟《りゆうけい》が奇（並みの人物ではない）とした。時に逆臣劉瑾《りゆうきん》が放悖《ほうばい》（ほしいままで道理にもとり）、罪囚をとりにがしたことを理由に諸郎吏を召して侮辱し、皆蒲伏して（四つんばいになって）劉瑾に謁していた。しかし聞淵は独り屈しなかった。劉瑾が敗北するに及んでも、劉瑾は朝廷における訊問にも抵抗して服さなかった。朝廷はあえて決定しなかったが、聞淵は独り筆を振るい血相を変えて批判したために、劉瑾は言葉につまり、ついに罪に服した。楊一清(73)は聞淵の才能品格を嘉とし、吏部考功会計吏とした。二人の貪欲な官吏が銭寧(74)に賄賂を贈り、その罪を免れようとした。尚書の陸官は銭寧の権力に懼れてあえて抵抗しなかった。聞淵は不可と扱い、ついにこれを排斥すると決定した。応天府尹に昇進し、故事では中官（京師にある官、南京）守備が民の訴えを受け府の幕治にくだした。聞淵は中官の獄の議論はことごとく禁絶すると述べた。嘉靖初年（一五二二）、張璁《ちようそう》(75)・桂萼《けいがく》(76)は南部郎が大礼を献ずる議をもって聞淵の名にかりて上疏したいと考えたが、聞淵は退けた。順天府尹に移り、また太常卿に移った。南京兵部侍郎に昇進し、修省五部署部を奏上し、馬永(77)など十余人を挙げ、後に皆、名将とされた。刑部に改められ、三品九載をへて、はじめて南京刑部尚書にすすんだ。南京の訴訟は煩雑であり、聞淵はもとより中央貴族が権力で侵害していることを知っており、小事でも有司に付すようにしたために、南家宰に改められ、また北司寇に召され、属僚を率いて精勤した。朝廷につかえて漏れがなく、獄の出入は一に法に準拠したので、人々は皆公平であると称した。五年をへて嘉靖二十六年（一五四七）太子太保に昇進させようとし、朝廷が前後八回推薦したが聞淵は努めて辞退した。厳嵩[78]が国政の権柄を握っていた時、事態はますます良くなく、聞淵はしばしば抵抗し依願退官した。家に居して十五年後に死去し、年八十四歳であった。……嘉靖実録によると、聞淵は正しく重々しく沈着冷静毅然としていた。官僚として四十年を経て終始一節、順境と逆境にもかかわらず、古代の大臣の風格があり、まことにその実を得て朝廷に立っていた。郷里に居住して広徳湖官田米の折納、災害時の貸米を二度つかさどり、隅湖の民はこれを徳とし、祠堂を立てて永久に祭祀したと記している。

従弟の聞沢（字、美中）は正徳九年（一五一四）の進士で、職方主事を授かった。宗藩（一族子弟の封国）の宸濠《しんごう》[79]が変を倡し、江右賛大司馬区画に功労が多く、武宗（正徳皇帝〈在位一五〇五～二一年〉）が南巡しようとし、同舎郎黄鞏《こうきょう》等と上奏し、罪人吟味法を諫め下し、罪として五日間、門に跪かしめ、杖三十、減給六ヶ月とした。世宗（嘉靖〈一五二一～六六〉）が即位し、前諫南巡と記録された者に俸給一級昇進させた。往歳（前年）閹宦《えんかん》（宦官）が軍匠月銭を私収していた。勢家貴族によってかき乱されず、武庫に改めた。車駕郎中に移り、守直の軍士には毎年冬に軍衣を支給する規定があるが、後期に発給されるので多くは瀕死の状態であったので、適宜支給することを上奏したために、軍士は徳を感じた。そして、畿内武職の選考では依頼を謝絶し、奸悪なことがあとをひそめ、声望がますます高まり、人事は方正であり、武挙の総理が周密で、軍士の採用は人を得た。江西布政参議に転勤し、帰郷し、墓参りをしたところ、病を得て死亡した。聞沢は冷静寡黙で、恬淡無欲であり、親孝行、兄弟友人と仲良くし、宗族郷党と親しみ、各々恩義を感じていた。官僚時代は良くわきまえ、職業上、私事に関わるものはこれを去った。故に縉紳はみなその才能を重んじた。

聞源（字、立中）は嘉靖元年（一五二二）の郷薦にあげられ、建安県令となる。人々を撫で愛しむことに心を注ぎ、政治は敏捷で裁決も速かった。刑部主事に昇進し、員外郎中に転じ、実罪に照らして冤罪を避け、権勢に抑えられることはなかった。衛輝府同知に転勤して辞職した。隆慶元年（一五六七）に朝列大夫に昇進した。聞源が野に下って閑居すること三十年、月湖中に碧沚書屋をいとなみ、日々名流とともに詩歌、酒宴を楽しみ、九十一歳で死去した。即ち、聞淵、聞沢、聞源の三氏は清廉な官僚であったと記されている。

『鄞西石馬塘聞氏家乗』巻一六、遺著、掲帖に、聞淵について次のように記されている。

　両京吏部尚書、謚荘簡、聞淵……公歴官四十五載、四掌両京八座、玉音屢錫、一曰公正、再曰忠直、諸如事業文章、炳之史冊、洎引年帰里、力議湖田税課、得以貸減折輸、隅湖之民、建祠広徳、至全戸祝不諼。

両京吏部尚書、謚荘簡、聞淵は、官僚を四十五年勤め、四度両京の八座の職を掌り、天子のお言葉を度々賜った。一に公正であり、二に忠直である。事業の文章の如きは史冊から明らかにした。年老いて帰郷してから、（広徳）湖田課税について大いに議論し、「貸減折輸」（広徳湖官田税の銀納と飢饉時貸出制度）を実現し、隅湖の民は祠堂を旧広徳湖に建て、聞淵を崇拝し決してその恩を忘れなかった。

石馬塘の聞氏の先祖は山東省青州出身であったが、宋宣和末年（一一二五）、進士の聞寔が明州通判であった時、金の南下、北宋の滅亡で故郷の青州に帰ることができず明州に留まることになった。その後、聞氏は官僚を輩出し、聞時政（開慶元年〈一二五六〉文学士）の時に石馬塘に移った。明弘治十八年（一五〇五）の進士で刑部尚書にまでなった聞淵は広徳湖官田税の銀納化、飢饉時貸出制度を作った。後に人々は聞淵を追慕して聞家祠を作った。聞淵の後も官僚を輩出し、聞氏は官僚輩出の大族であり、地域住民を救済する慈善事業を行っていた。

（3）古林鎮上王村の水利

筆者は二〇一二年一月六日（金）に古林鎮上王村の戚浦廟《せきほびょう》、虞氏祠堂《ぐししどう》、羊府廟に赴き、同地の古老から水利、土地改革時の階級成分等を聞き取り調査した。

1　戚浦廟

嘉靖『寧波府志』巻一五、壇廟によると、

豊恵廟、県西十八里、宋政和間、楼异守郷郡、廃広徳湖為田、人為立祠。嘉定二年、賜廟額、別廟、一在県西南桃浦橋、先是積瀆碶西南港塞、异大加浚治、灌漑七郷。郷人徳之、立祠奉祀、名戚浦廟、又名秋浦。国朝正統間、里人天花居士虞徳全、捨址重建。

豊恵廟は鄞県西十八里にある。宋政和年間、楼异が郷郡の太守となり、広徳湖を廃して湖田とし、人々は祠堂をたてた。嘉定二年（一二〇九）に廟額を賜った。別廟は西南桃浦橋にある。これに先んじて積瀆碶の西南港が淤塞し、楼异は大いに浚治を加え、七郷を灌漑した。郷人はこれを徳として祠堂を立てて奉祀した。戚浦廟、あるいは秋浦（廟）と名付けられた。明正統年間（一四三六〜四九）に里人天花居士の虞徳全が土地を喜捨し戚浦廟を再建した。

戚浦廟の管理人によると戚浦廟の祭神は楼异である。楼异はいろいろな良い事をした。水災の時、河を作りその水をとって作物を作った。楼异は楼家村付近に住んでいた。彼の廟もあると言われた。

また、虞根華氏（二〇一二年当時七十七歳）及び双玉英女士（同八十一歳）、陳華利女士（同五十八歳）から聞き取り調査を行った。特に虞根華氏より話を伺った。

以上の三氏の口述によると、この付近には迎春碶、風堋碶、上水碶（烏金碶）、下水碶（積濆碶）の四個の碶がある。「宋朝後期（今から一〇〇〇年程前）、宋と高麗との間で戦争があった。楼弁は広徳湖の湖水を少なくして湖田を作った」といわれた。しかし、宋と高麗の戦争は事実ではなく、高麗使節の宋朝への往来のことを述べたものと思われる。

また、口述によると、洞橋村、小王村の楼弁の子孫が秋浦廟をたて、前虞村、小王村の子孫が稲浦廟を作り、それがその後、戚浦廟になった。合計五つの村が戚浦廟を作った。この辺りの人々の中には楼弁を悪い人であったと思うものもいる。しかし、楼弁はいい人か悪い人かわからない。戚浦廟には廟田はあったが、廟会は無かった。解放前、このあたりは前虞村と呼ばれ、六〇〇余人住んでいた。虞が四〇〇～五〇〇人、蔡、その他雑姓であったという。

2　虞氏祠堂

虞氏祠堂関係者の口述は以下の通りである。

虞氏には虞氏祠堂がある。文革でもあまり破壊されなかった。位牌はあったが、解放後無くなった。民国時期の族長は虞斌洋で輩份の一番高い者がなった。族規があったがどうかわからない。正月一日に族人が集まり、餅を食べた。清明節においては十六歳で結婚したものは十個餅を食べられた。祠田は四〇〇畝あった。同族の貧困な人が耕作した。佃租は毎畝穀二十五斤であった。一般的に両期作で毎畝一年穀四〇〇斤の収穫があった。地脚、租脚、糧谷の区別があり、糧谷は国民党政府に収める税のことで一〇〇斤であった。地脚は佃租が毎畝十～二十斤の田、租脚は佃租が毎畝四十斤の田であったと言われた。地脚が小業（小田）、租脚が大業（大田）を指すものと思われる。

土地改革時の階級成分は以下の通りである。

地主　十四～十五戸　長工、短工、工資は五ヶ月、八ヶ月、十ヶ月で各々異なった。

虞安娣

富農　自分の土地が少ない。

大佃農　自分の土地が無く人から借りて長工、短工に耕作させた。

上中農

下中農

貧農

雇工

農民は牛車或は木頭車を用いて河川から自由に取水した。挖河はなかった。堤防の修理は専門の業者が行った。農作業は一家ごとに行い、村民の共同作業は無く、水争いも無かった。

3　羊府廟

康熙『鄞県志』巻九、壇、羊府廟には以下のように記されている。

羊府廟、県北和義門外、祀唐刺史羊僎、僖宗中和間、僎権明州刺史、会台寇劉文犯境、率部将黄晟討平之、時州城尚草創、僎授方畧於晟、俾完築之、遂屹然成重鎮。昭宗時、実援刺史、廟屢燬屢建。別廟多有、一在県西南四十里、石馬塘。明崇禎間建。

羊府廟は鄞県北の和義門外にあり、唐刺史羊僎《ようせん》を祭っている。僖宗の中和年間（八八一～八八四年）に羊僎は明州刺史となり、台寇の劉文の侵入を受け、部将の黄晟《こうせい》を率いてこれを平定した。時に明州城は草創期であり、羊僎は黄晟に方略を授け、明州城を完成させ、遂に屹然とした重鎮となった。昭宗の時（八八八～九〇四）刺史を援助した。廟はしばしば焼け、その度に再建された。（羊府廟の）別廟は多くある。一は鄞県西南四十里（約二三キロメートル）の石馬塘にある。明の崇禎年間（一六二八～四四）に建設された。

筆者は馬文表氏（二〇一二年当時八十九歳）、馬文徳氏（同八十一歳）、聞小定氏（同七十四歳）、楊阿珠女士（同八十歳）より聞き取り調査を行った。

羊大人（羊茂公、凡そ八〇〇年程前の人、府代老爺、羊撰を指しているものと思われる）を祭っている。民国三十年（一九四一）に「開光」（開眼供養）を行った。羊大人は盗賊を捕まえるのに功績があった。船をもち、漁業を行って商売をした。河川・海洋を管理し、漁師の漁業を管理した。病気になった時に羊大人に祈念すれば霊験があった。また、同廟にある井戸から霊魂が戻ってきた時、礼拝した。また、荷花缸《かかこう》に観音を祭った。人船、鬼船があった。羊大人の誕生日は八月二十五日であり、その日から三日間廟会を行い、戯台で劇を催した。神輿の巡行もした。五十余畝の廟田があった。廟田の収入を廟に納め、戯劇等を行った。この廟には龍王があり、祈雨を行い、神輿で村を巡行した。楼昪については知らない

当地には大田、小田の区別があり、大田は金持ちの人の田で、他人に貸す、小田（地脚）は貧乏な農民の田である。

地主は六戸、富農が三～四戸、大佃農が二戸、他に中農、貧農がいた。

農民は自由に取水し、水利規約は無かった。地主が命令して浚渫を行った。金持ちや地主が金を出して堤防の修理を行った。村民の共同労働はなく、個人が各々農業を行った。解放後には共同労働はあった。

六　広徳湖東部の廟信仰：孚石塘廟

二〇一一年五月五日、筆者は寧波大学院生の銭雅倩女士と孚石塘廟を訪問した。孚石塘廟はもともと浮石廟と言われていた。

嘉靖『寧波府志』巻一五、壇廟には以下のように記されている。

　浮石廟、県西南十五里新荘碶、宋衡州知府薛朋亀帰休、林泉有四明五老会、置別業、名新荘、時適有石浮水来止廟所、因肖像立祠、故名浮石、為薛氏香火院、屢顕霊異、水旱蝗疫禱之輒応。元泰定間、裔孫薛観挙進士、知丹陽、更新祠宇、贍田一十三畝。撰文刻石于廟、至今里社尊薛氏、見四明寰宇歌。

浮石廟は鄞県西南十五里の新荘碶にある。宋衡州知府薛朋亀《せつほうき》(80)が帰休した際、林泉（隠遁所）には四明五老会(81)があり、別業を置き、新荘と名付けられた。時に石が水に浮かんで来て廟所に止まり、「肖像」（記念）して祠堂をたて、浮石と名付けられた。薛氏の香火院とし、しばしば霊験があった。水害・旱害・蝗害・疫病時に祈禱すれば霊応があった。元・泰定年間（一三二四～二八）裔孫の薛観が進士に挙げられ丹陽知府となる。廟宇を更新し、田十三畝を寄付した。廟に碑文を刻み、今に至っても里社は薛氏を尊崇している。

また、康熙『鄞県志』巻九、壇、「浮石廟」には「今薛氏衰、郷人立祀它山善政王侯」とあり、即ち、今（清・康熙年間）薛氏は衰退し、郷里の人々は它山善政公王元暐を祀っていると言われている。乾隆『鄞県志』巻七、壇廟、浮石廟には「周応浙記略曰、吾里浮石廟、不伝其所自始廟、本善政侯王公行祠、後又以協佑侯沙公附焉。相伝、有石自它山浮至、故名。石至今存廟中、質黝黒有光奇物也。旧志不載、張大司馬修郡志始列之、又誤以為薛氏私廟。蓋時有薛晨与校讎欲私之、以自栄因易其額、不足信也。」とあり、浮石廟はいつから始まったかは伝わっていない。もともと善政侯王元暐の行祠である。後に協佑侯沙公（宋・沙誠）(82)を附祀した。相伝によると、石は它山から浮かんで流れてきたものであり、浮石廟と名づけられた。石は乾隆年間にも廟に存在し、黒色で光り輝く珍しい物である（写真11参照）。同廟旧志（嘉靖『寧波府志』、康熙『鄞県志』）にはこのことは記されていない。「張大司馬」（張時徹）が編修した「郡志」（嘉靖『寧波府志』）は誤って薛氏の私廟としているがこれは信ずるに足らないものであると述べている。

即ち、宋の薛朋亀（政和八年〈一一一八〉進士）退官後の記事として、浮石廟には它山から石が流れてきて浮石廟と名付けられていること、王元暐を祀っていることから考えると、広徳湖廃湖（一一一八）後、它山堰から旧広徳湖内部の中塘河を辿って水が浮石廟まで流れていることがわかる。

写真10　孚石塘廟　出典）2011年5月5日筆者撮影

民国『鄞県通志』第一、輿地志、卯編、廟社には以下のように記されている。

浮石廟、清道郷新荘東南。祀它山堰善政侯王元暐。周・朱・銭・韓・方・汪・楊・鄭・陳・薄・薛・曹・張十三姓、分為七堡（旧八堡、一作分五堡半）。建時未詳。明周応浙有記略。歳於八月十五日出巡。廿二夜帰殿。是夕灯火輝煌、鼓楽喧闐、各堡相為迎送。……嘉靖志謂、宋知衡州薛朋亀帰休。林泉有五老会、置別業、名新荘。時適有石浮水来止廟所、因肖像立祠、故名浮石。元泰定間、薛観更新祠宇、瞻田十三畝、調査冊謂、明時颶打廟廃、改建亦名浮石塘廟。

浮石廟は清道郷新荘東南にある。它山堰善政侯王元暐を祭っている。周・

朱・銭・韓・方・汪・楊・鄭・陳・薄・薛・曹・張の十三姓で七堡（旧は八堡、一説には五堡半に分かれていた）に分かれ、祭られている。建設年は不詳である。

明・周応浙に記略がある。毎年八月十五日に神輿の巡行が開始し、二十二日夜に廟に戻る。夕べには灯火が輝き、鼓楽が喧噪であり、各堡で神輿を送迎した。調査冊（一九三三年以前の民国時期？）では明代、風で廟が破壊されたために、再建して浮石塘廟と名付けられたとある。

写真11　周氏宗祠　出典）2011年5月5日筆者撮影

筆者は孚石塘廟に隣接する周氏宗祠を参観し、管理人等周氏の人々から聞き取り調査を行った。彼等の口述によると、孚石塘廟は孚恵王菩薩（鄞江橋十兄弟の最年少、它山堰建設）を祭っている。廟会は解放前にはあったが、今は無い。しかし、六月八日誕生日、十月十日忌日に祭祀が行われているとのことであった。この祭日は前述の『鄞県通志』とは異なっている。周氏宗祠関係者が口述している祭日は『鄞県通志』（一九三三年編纂）以後に行われていた祭日のことであろう。また、彼等は浮石廟（孚石塘廟）の祭神を它山堰建設時に犠牲になった十兄弟の最年少者としており、康熙『鄞県志』巻九、壇、「浮石廟」の記事では「王元暐」を祭神としているのとは食い違っている。しかし、これは民間ではよくある誤解であり、它山堰関係の王元暐、童義、十兄弟を混同して尊崇・祭祀している例の一つであろう。(83)

周氏宗祠の管理人は以下の説明をしてくださった。

村名は新荘村、戸数は不明。周姓が大姓、他は雑姓。

写真11　孚石塘廟内に安置されている它山から流れついたと伝承される石　出典）2011年5月筆者撮影

地主七戸　平均毎戸四十～五十畝、長工一～二人（毎年薪水一五〇〇斤）牧童一人（毎年薪水五〇〇斤）短工数人。

周文英
周四海（保長）
周寿英
周薛昌（銃殺）
周象霊
周文林

周一族は北宋時代、北方におり、南宋時代、杭州に移住し、南宋滅亡後、蕭山から寧波月湖、樟村、鄞江橋を経て新荘村に移住した。族規は以前あったが、今はない。宗祠の前の獅子像は厳嵩の宅の門前にあったもので、南京から月湖、そして七十余年前に新荘村に移ってきた。宗祠における祖先祭祀は一月一日と清明節である。結婚式、葬儀は行われない。堂前で結婚式、葬式が行われた。

楼异に対する評判はよい。湖田が出来たお蔭で米を生産できるようになったからであると述べられた。

以上の周氏宗祠関係者からの聞き取り調査で明らかになってことは、新荘村は広徳湖岸の東部であり、広徳湖廃湖後（一一一八年）、灌漑用水が不足して被害を受ける地域と考えられたが、同地の人々も楼异を米作ができるようにしてくれたと尊崇していることである。これは楼异が広徳湖廃湖前に它山堰水利を調査し、広徳湖廃湖によっても它山堰からの水が中塘河等を通じて、旧広徳湖内、湖岸東部地域へも行き渡ることを確かめており、実際に灌漑が行われていた。它山からの石が中塘河を通じて浮石廟（孚石塘廟）にまで流れてきており、廟名にもなった。它山の石、即ち它山堰からの石を祭ることと它山堰設置者である王元暐を祀ることは一体化していたことが確認できる。

おわりに

広徳湖は斉・梁時期（四七九～五五七）に作られたと言われ、当初、罌脰湖《おうとうこ》とよばれていた。唐大暦年間（七六六～七七九）に溉田面積は四〇〇頃、大中年間（八四七～八六〇）には溉田面積八〇〇頃、宋元豊年間（一〇七八～八五）には溉田面積二〇〇〇頃になったという。しかし、政和七・八年（一一一七・一一八）に知州楼异《ろうい》が高麗使節の供応費等捻出のために広徳湖の湖田化を徽宗に申請して許可され、湖田となった。

楼异はあらかじめ鄞県西部の水利を調査し、唐代八三三年に王元暐によって作られた它山堰水利によって、広徳湖廃湖後も鄞県西部地域の水利に大きな問題はないとして広徳湖を廃湖した。廃湖後、多くの知識人達は楼异を批判し、鄞西は典型的な旱澇多発区になったと述べている。

白鶴山廟は唐代貞元九年に広徳湖を改修した任侗《じんどう》を祭っており、これは広徳湖水利に関する賢吏を祭祀するものであり、直接、楼异とは関係しない。

霊波廟（望春山廟）はもともと、白龍が祭られ、祈雨が行われていた。広徳後廃湖後には、確かに祈雨の回数は増えたが、祈雨後は降雨があり、あまり大きな旱害はなかったと言うのが現地の人々の証言である。さらに蓬莱観は楼异の生祠を祭っていた。それだけ現地の人々は楼异に感謝していたことがわかる。

宋政和七・八年（一一一七・一一一八）に広徳湖を廃湖し湖田にした楼异は湖田の租米を高麗等の使節供応の費用、定海中途鄞諸軍の経費、学宮の経費にあてた。民は湖田を耕作できるようになったので霊波廟付近に紹興年間（一一三一～四三）に蓬莱観を建てて楼异を祀り、旱・蝗・雨・雹の際に祈れば霊験があったと言われる。嘉定元年（一二〇八）に孫の楼鑰《ろうやく》が同知枢密院事となり、太師に楚国公を贈り、二年（一二〇九）に朝廷より豊恵の額を賜り、正式に豊恵廟と称された。現代の豊恵廟付近の古老は広徳湖田ができ米の生産が可能となり、楼异に感謝している。

広徳湖には地方官設置の白龍王廟と民間設置の白龍王廟の二種類があった。官設の白龍王廟の起源は斉・梁時代（四七九～五五七）から五代後唐時期（九一五～九六〇）における望春山の白玉信仰である。唐代に霊龍の額を賜り、宋代熙寧七年（一〇七四）に霊波の額を賜り、同時期に望春山に霊波廟（別名、望春山廟）がたてられた。政和七年（一一一七）四月に楼异が広徳湖を湖田にしたために旱害が頻発し、霊波廟では地方官主催で祈雨がしばしば行われていた。しかし、鄞県城より遠く離れて不便なために県城より十里離れたところに霊波廟の別廟として白龍王廟が建設され、地方官主催で祈雨が行われた。同白龍王廟は嘉定十五年（一二二二）以前に創建されたと考えられる。現代の古老も楼异を尊崇している。何故なら広徳湖を廃湖して水田を作ってくれたからであり、また白玉（白龍）を尊敬している。

一方、民設の白龍王廟は鄞県東南二里の広徳湖近辺にある。同地域でも広徳湖廃湖後の建炎年間（一一二七～三〇）に旱害が発生し、住民が山陰王氏兄弟に祈雨したところ霊験あらたかであったために、同兄弟を生祠として祭るようになった。明代永楽十一年（一四一一）夏に浙江参議岳福が同地の延慶寺に泊まっていた際に「神のお告げ」があり、白龍王廟を修理した。この白龍王廟も広徳湖廃湖後のもので、しかも白龍信仰であった。

楼异が広徳湖を湖田化し、民に田が受給された時、租税が徴収されたが、差役がなく、民は競って耕作権を得た。明初に広徳湖田は官田とされたが他の地域の官田より租税が重かった。明代正徳・正統年間（一四二六〜四九）より租税だけでなく庸（差役）、調も課税されるようになり、民は差役の軽減均等化を願うようになった。天順年間（一四五七〜六三）に明州太守張瓚《ちようさん》が「全折京庫銀例」にならって湖田四十畝を民田十畝の丁と換算し、銀納化するようにした。正徳初年（一五〇六）に租税が倍増し、民が困窮したために、儒士の楊欽が明州太守林富、江西兵備副使陳槐、吏部尚書聞淵等の協力を得て、朝廷に申請し、「慈溪花嶼湖田全折之例」に従って、租税の湖米一石を銀二銭五分に換算する減税銀納化ができ、民が甦った。人々は楊欽、林富、陳槐、聞淵を尊崇し、徳恵祠、崇徳祠、恵民祠を建て祭った。現代、徳恵祠、崇徳祠、恵民祠はほとんど残存せず、楊欽、林富、陳槐、聞淵四名の伝承も残っていないようであるが、人々はこの四名の広徳湖官田の税・役の軽減銀納化への尽力に対して尊崇の念があったのである。

以上から広徳湖内部の豊恵廟では広徳湖田造成による米の生産が可能となったことに対する感謝として楼异を祭っており、また、白龍王廟では広徳湖廃湖後の旱害等災害の頻発に対して風雨順調を祈って白玉（白龍）を祀っており、さらに恵民祠では湖田の租税・差役の減免銀納化に尽力した官僚の聞淵を祭っていたのであった。

広徳湖内部の廟信仰は広徳湖廃湖・湖田化後の「明」（米の生産）・「暗」（旱害・官田租の重さ）に対して、人々の「明」に対する感謝心であり、「暗」が改善されたことに対する報謝心であった。

広徳湖田の造成によって歴代、知識人は西郷地域の水利機能が低下し、旱害が多発したとして楼异を批判してきた。しかし、筆者が現地調査をすると楼异を批判する声はほとんど聞かれず、湖田化によって米生産ができるようになったことに対する感謝を述べるものがほとんどであり、広徳湖南部地域の清墊、石馬塘地域でも同じであった。

清塹《せいてん》の翁氏と石馬塘の聞氏を考察すると、翁氏は福建省莆田より宋代初期（十世紀）に鄞県清塹に移住しはじめ、官僚を輩出し、族が増え、広徳湖廃湖後に清塹の湖田を占有し、地主化し、清塹有数の宗族になっていった。新中国における土地改革時の階級成分調査でも翁氏が地主として認定されていたが、五十～六十畝の土地を所有する中小地主であったことがわかる。一方、石馬塘の聞氏は山東省青州から宋宣和年間（一一二五年）時、鄞県光溪響巖山に居住するようになり開慶元年（一二五九年）に石馬塘（広徳湖の南）に移住し、巨族となった。即ち、聞氏は歴代、官僚を輩出する巨族であった。聞時政は石馬塘で水利事業、慈善事業を行い、聞淵は清廉な官僚で広徳湖田租税の銀納化、災害時貸付制度をはじめた人物でもあり、地域の人々より、尊崇を受けていた。新中国時期の土地改革で聞氏はどのような階級成分に認定されたか定かではないが、聞氏宗祠の荘厳さから言って地主階級に認定されていたと推測される。

中華民国時期、清塹、石馬塘両地域の水利、農業をみると、米の二期作で、農民の自由取水が行われ、特に水利規約はなかった。ただ、湖田化以後、旱害が多く、清塹では望春山廟で祈雨が行われ、石馬塘では羊府廟で祈雨が行われていた。

楼异による広徳湖田化は清塹、石馬塘の人々にとっては批判の対象ではなく、むしろ米作生産の向上をもたらしたものと認識されている。旱害時の廟神への祈雨で解決しており、水不足はそれほど深刻なものではなかったと言えよう。

旧広徳湖東岸の新荘村は広徳湖廃湖後（一一一八年）、灌漑用水が不足して被害を受ける地域と考えられたが、同地の人々も楼异を米作ができるようにしてくれたと尊崇している。これは楼异が広徳湖廃湖前に它山堰水利を調査し、広徳湖廃湖によっても它山堰からの水が中塘河等を通じて、旧広徳湖内、湖岸東部地域へも行き渡ることを確かめており、実際に灌漑が行われていたこと、它山からの石が中塘河を通じて浮石廟（孚石塘廟）にまで流れてきており、廟名にもなったこと、它山の石、即ち它山堰からの石を祭ることと它山堰設置者である王元暐を祭ることは一体化していたことが確認できる。

註

（1）西岡弘晃「明州広徳湖の水利問題」同著『中国近世の都市と水利』（中国書店、二〇〇四年五月）。

（2）小野泰「宋代明州における湖田問題――廃湖をめぐる対立と水利――」『中国水利史研究』第一七号（一九八七年十二月、後に同著『宋代の水利政策と地域社会』汲古書院、二〇一一年三月）所収。

（3）嘉靖『寧波府志』巻二三、河渠書、鄞に「楼异……言広徳湖可田、儲所入待高麗使者用、以啗上、异果得明州、湖遂廃、凡為田八百頃、募民佃輸米四万石、而佃者甚病、自後十郷沃野、無歳不以旱告、厥害稔矣。事在政和七年、嗣後靖康初、検正王庭秀嘗著水利説、欲上章復之、会虜変起不果」とあり、靖康初年（一一二六）に王庭秀が「水利説」を著わし、広徳湖の廃湖により、旱害が頻発したことに対して、湖の復活を要請しようとしたが、金の侵入により果たせなかったことを述べている。

（4）松田吉郎「現地調査の記録」『寧波地域の水利開発と環境（課題番号　一七〇八三〇一五）平成十七年度～平成二十一年度文部科学省科学研究費補助金『特定領域研究』「東アジアの海域交流と日本伝統文化の形成――寧波を焦点とする学際的創生――」研究成果報告書』二〇一〇年三月一日、研究代表者　松田吉郎）。

（5）曾鞏「広徳湖記」『元豊類藁』巻一九。

（6）宝慶『四明志』巻一二、広徳湖。

（7）註（5）と同じ。

（8）註（6）と同じ。

(9)　註(5)と同じ。

(10)　註(5)と同じ。

(11)　『宋史』巻三五四、楼异伝。

(12)　康熙『鄞県志』巻九、壇には「昭恵廟、県西南三十五里、旧名黄柏廟、在聖女山之巓、後移林村市上、按神姓黄名伯玉、東漢瑯琊人、流寓於此、以医薬済人、能救旱潦、歿後、郷人祠之、祠前甃井、植黄柏二章、宋慶暦間、境中大疫、神見夢于人、令汲井採柏烹而飲之、如言果効、柏葉為尽、経宿復茂、病頼以安、紹定間、又施薬戎陣揚旗、敵奔主将、詢其姓名曰、吾四明黄伯玉也、移勘奏覆、賜廟額曰昭恵、淳祐十二年、又準申奏、節次救旱禦災陰功、封霊祐侯、其勅曰惟神存歿宅、彼鄞江自従慶暦以来夙著済民之効、霜皮黛色、蓋亦有年香葉、苦心無非良剤、既漸消于癘疫、又克順于雨暘、増錫徽章、以昭霊跡、朕命不易、尚其欽哉、可特封為霊祐侯」とあり、昭恵廟は後漢時代山東省瑯琊から鄞県に移住した黄伯玉を祭っている廟であり、黄伯玉は薬学の知識で疫病から人々を救済し、旱害・大水害も救ったと言われる。

(13)　筆者は二〇一一年十二月三十一日、霊波廟(望春山廟)を再訪し、同廟管理人の柳信根氏より『望春山霊波廟廟史匯調録』(柳信根、二〇一一年農暦五月十三日立)の内容について尋ねた。同『望春山霊波廟廟史匯調録』によると、霊波廟は永明元年(四八三)に同地に「白龍祠」があり、白玉という人物が廟の神とされ、常に白龍に乗り「顕神顕霊」し、鄞西の百姓は尊敬していた。北宋の政和七年(一一一七)四月に楼异が明州太守となり、広徳湖を廃して湖田にした。その後旱害、澇害が発生したので百姓はこの望春山廟で祈禱を行ったとあるが、龍王への祈禱の頻度は高くなったかどうかと尋ねたら、そうである。旱魃が増え、祭祀の回数が増加した。楼异は広徳湖を湖田化したので、広徳湖周辺の土地では水不足になったが同地域の人々は楼异をどのように思っているのか。楼异は土地を作ってくれたので感謝している。確かに広徳湖が無くなり、水量は減ったが農業生産に差支えなかった。楼异は湖田化する前に它山堰水利を視察し、它山堰からの水が旧広徳湖にも灌漑できると踏査した。王元暐を祭る它山廟については知っているが、王元暐については知らないと言われた。

(14)　宝慶『四明志』巻一三、鄞県志に「白龍王廟、県西二十里、霊波之別廟也。」とあり、白龍王廟は県の西二十里にあり、霊波廟の別廟である。

(15)『宋史』巻二四～巻三二によると、康王は趙構、宋の高宗で、徽宗の第九子である。字は徳基。始め建康に即位。年号は二あり、建炎、紹興とある。

(16)筆者は柳信根氏に、『望春山霊波廟廟史匯調録』によると、北宋の小康王（趙構）が金との戦いで敗れ、望春山廟に駐屯していた時、白髪の老翁があらわれ、彼の示唆によって意気消沈している兵士たちに龍井内の水を飲ませると効果が現れ、力が張り、金兵と戦い勝利したとの伝説があると記されているが、現在この龍井はあるのかどうか問うた。柳信根氏は現在は住宅になっており、もうないと説明された。

(17)柳信根『望春山霊波廟廟史匯調録』。

(18)『四明談助』（清、徐兆鵬、道光八年〈一八二八〉刊）巻三四、蓬莱観には「淳煕間（一一七四～八九）、道士童思定・胡志清同邑人厲斌、増益前功、鋭意興造。自是殿宇廊廡、儼若琳宮。復建輪蔵於観西。法輪一転、幽霊旁達。経始於戊戌（一一七八）、而落成於辛丑（一一八一）、縻金銭一万緡。」とあり、道士の道思定と胡志清と邑人厲斌が共同して蓬莱観に蔵経楼を作ったと記されている。

(19)乾道『四明図経』巻一、総叙、水利に「正元（貞元）九年、刺史任侗修治広徳湖、漑田四百頃」とある。

(20)『鄞県通志』第一、輿地志、卯編、廟社、白鶴山廟。

(21)延祐『四明志』巻一八、釈道攷下、蓬莱観。

(22)嘉靖『寧波府志』（明嘉靖三十九年〈一五六〇〉周希哲等修）巻五、山川、広徳湖に、「楼异為郷守、卒廃為田、使七郷之田無歳不旱、異時膏腴、今為下地、害可勝言哉。殿中侍御史王廷秀作水利説、以示有志興復者、紹興三年、李荘簡亦欲復湖、卒不果、其後异之壻王正已著廃湖辯、反以為利民之図、而湖終不可復矣。」とあるように、紹興三年（一一三三）等に復湖の動きがあったが、結局は実現しなかった。

(23)宝慶『四明志』巻一三、蓬莱観によると「蓬莱観、県西広徳湖之望春山、先是白龍祠之側有道堂、立郡守楼异生祠、有道士奉香火、紹興十三年、請象山廃観為額」とあり、霊波廟（望春山廟、白龍を祀る）の傍に蓬莱観を建て楼异を祀ったが、これが至正『四明続志』巻九、祠祀にある霊波道院に立てた楼异の生祠であろう。詳細は註（6）前掲、松田吉郎「寧波広徳湖水利と廟——霊波廟（望春山廟）・蓬莱観・白鶴山廟を中心に——」を参照されたい。

(24) 徐徳夫氏が居住している豊成村徐家について土地改革時の状況について以下のように説明された。

徐氏は一〇〇余戸。

周氏は十余戸。

土地改革時の階級成分は以下の通りである（●は不明文字）。毎畝一年米五〇〇〜六〇〇斤の収穫があった。

①地主一戸　周●章　四十畝　長工一人（工資一年一人一五〇〇〜一六〇〇斤）。
短工十余人（工資一日二斤）。
牛一頭、牛車一台。

地主と長工、短工とは毎日三度三度一緒に同じ内容の食事をした。
周●章は銃殺された。これは母の評判が悪かったからである。人柄が悪かった。

②富農　〇戸
③大佃農　〇戸
④上中農　自分の水田を持ち自耕していたが他人より土地を借りて人を雇って耕作した。
⑤中中農　（中農は多数）
⑥下中農
⑦貧農　十余戸
⑧佃農　少数
大田：自分の土地
小田：人から借りた土地

水利灌漑は中塘河より自由に取水し、規約はなかった。中塘河には碶はなかった。浚渫は農民が自発的に行い、保長の指示はなかった。徐氏には家譜はあったが文革でなくなった。徐氏は元来、雲龍の甲村に住んでいたが、その内の二人は広徳湖が湖田になってから当地に移住してきた。族規は不明で、族長は以前いたが、今はいない。祠堂もないという。

(25) 松田吉郎「寧波広徳湖水利と廟――霊波廟（望春山廟）・蓬萊観・白鶴山廟を中心に――」『中国二一』第三七号、二〇一二年を参照。

(26) 白龍王廟付近の老人が同廟所在地の呂家潭、干家の土地改革時の状況について以下のように説明された。

〈一〉呂家潭

①地主　一戸　王慶裕　五十余畝　長工二人（一二〇〇斤／年）短工？　牧童？

（銃殺されなかった）

②富農　一戸　呂根如　？畝　長工一～二人（五ヶ月）牧童一人

③大佃農　〇戸

④中農　多数

⑤貧農　多数

家譜は無い。祠堂は昔あったが今はない。中塘河から自由に牛車で取水灌漑した。堤防の修理は行われなかった。浚渫もなかった。

〈二〉干家　十一戸（干華棠〈二〇一一年当時八十二歳〉さんの口述）

一畝一年早稲米二四〇～二五〇斤、晩稲米三〇〇余斤（合計五四〇～五五〇斤）

①地主　一戸　干阿文　四十畝（悪いことをしなかったから殺されなかった）

長工一人（工資米一八〇〇～二〇〇〇斤）

短工一人（上半年五ヶ月工資米五〇〇斤、下半年三ヶ月工資米三〇〇斤）

牧童一人（小さい子供には食事の提供、大きい子供は短工と同じ）

(27) 嘉靖『寧波府志』巻一五、壇廟、恵民祠。聞淵については、康熙『鄞県志』巻一六に「聞淵、字静中、号石塘……弘治甲子挙于郷、明年成進士。……居郷、両主広徳官湖田米折貸災事、隅湖民徳之、立祠以永祀。」とある。

(28) 林富については、嘉靖『寧波府志』巻二五、名宦によると、「林富、字守仁、号省吾、莆人。以進士拝南京大理評事。正徳七年、擢守寧波治事……時広徳湖田、科額繁重、民不堪命。儒士楊欽累奏、湖田五隅定減額賦二万八千余碩、乞如花嶼湖全折之例、未有成命富至、力主斯議、卒得所請。五隅之民、為立祠祀焉。」とある。林富は正徳七年（一五一二）に寧波府事となった。広徳湖田は税額が重く、民は命令に堪えられなかった。儒士楊欽がたびたび湖田五隅の額賦の二万八〇〇〇余石の減額、慈谿県花嶼湖全折の規定に倣うように上奏していた。しかし決定の命令が発せられなかったので林富はその議をつとめて主張し、ついに請求通りになった。五隅の民は祠堂を立てて祭った。

(29) 楊允恭（楊欽）については嘉靖『寧波府志』巻三五、義行に以下のようにある。「楊允恭、名欽、以字行、鄞人。先治挙子業、累試不第、憫郷人湖田重税之苦、鬻産走京師、累疏闕下、瀕死者数、迄不為止、卒得請、行省勘覆、郡守林富力主其議、得従慈谿花嶼湖全折之例、民困用舒、為祠祀之、事詳徳恵祠・崇徳祠碑中」。即ち、楊允恭、名は欽、字で通し、鄞の人である。先に官吏登用試験の学業を治めていたが、科挙には合格しなかった。郷人の湖田重税の苦を憐み、田土家屋家財を売り、京師（北京）に赴き、朝廷に瀕死者の数が止まらないと何度も上奏したので、ついに申請が許可され、行省が実地調査した。郡主の林富もその議を主張したので、慈谿花嶼湖全折の例に従うことが許可された。民の困難はようやく甦った。祠堂をつくり楊允恭・林富を祭った。事情は徳恵祠・崇徳祠の碑文に詳細に記されている。

(30) 嘉靖『寧波府志』巻一五、壇廟、徳恵祠。

(31) 康熙『鄞県志』巻一六、品行攷、列伝に、「陳槐、字公輔、号半湖、弱冠魁郷薦、登弘治乙丑進士……擢江西兵備副使……楊欽奏広徳湖田官賦率得軽折、尤著功恵、湖民為立崇徳祠、祀之。」とある。即ち、陳槐は弘治十八年（一五〇五）の進士で、江西兵備副使となった官僚であるが、広徳湖田官賦の軽減・銀納化を上奏し、功績があった。

(32) 嘉靖『寧波府志』巻一五、崇徳祠。なお、嘉靖『寧波府志』巻三に「弘治……十八年乙丑科、聞淵、吏部尚書……陳槐、副使」とある。弘治十八年（一五〇五）の進士に聞淵（後に吏部尚書）、陳槐（後に江西按察司副使）とある。

(33) 崇徳祠、徳恵祠、恵民祠関係の史料は以下の通りである。
嘉靖『寧波府志』巻一五、崇徳祠には以下のように記されている。

崇徳祠、県西南十五里、十字港。祀国朝致仕副使陳槐、槐嘗力主湖民奏減租議、周旋以済、有徳於郷、嘉靖甲辰、槐卒、郷人思之、請於郡太守魏良貴、立祠祀焉。兵部尚書張時徹為之記曰、崇徳祠者、祠江西按察司副使半湖陳公也。公故広徳湖人、云広徳湖廃而田之者、宋楼异、异守郷郡、会時多故詔、有司能増租万石者、進階二級、异上廃湖議、量湖広袤、週而度之、計田七百余頃、租四万六百余石。湖中有望春・白鶴二山、河渠墩塹不可田者、概在算中、故租浮於田、田又以上中下三則則之、上田畝租八斗、下田畝亦不下五六斗。故佃田者胥病焉。官責之弗得輒逋去、時雖有議復湖者、竟不果、逮明興、名其田曰官田、佃田者如故例、然租而不庸、至宣徳間、巡撫周文襄公忱奏減天下官租三分之一、湖田租額概得減率、而正統間、民又以軽差均役告病矣。至天順中、得従全折京庫銀例、而太守張公瓚以湖田四十畝、准民田十畝為丁、湖民始蘇。嗣後常法、浸改折銀、稍稍均之他田、至正徳初、徴斂倍起、民困日亟、老稚縄縄委溝壑流亡者、十且八九、野突白昼不烟、行者指湖為阱、而居者視田為獄、時有胡福、首嘗疏籲于朝、輒報聞罷、乃儒士楊欽者、起而破産走京師、凡三上書、丐乞復全折例、時半湖陳公為郎司寇、適又湖産也、知湖賦害為悉、乃与天子近御之臣陳説、首尾開設其可否、而慫恿之、始得俞旨、而外又与太守林公富、曁諸当事者策画剤之、林乃力主斯議、核上其事、罔所遜避、而楊之説竟行、毎湖米石折輪銀二銭五分、歳以為常、湖民乃獲更生、如躓者起而骨者肉也、継而竈民桑錦等人、継而朱銘等、各奏告陳説、欲毀初議、陳公則又備述民瘼、力為抗持、乃巡按謝公蘭、始以奏上、下藩臬会議、卒如欽請、勅官司妄有紛更、若姦民詭訴者、聴司道按治之、其事始定、夫欽以一布衣踉蹌走万里、上于天子闕庭、使無有力者居左右関説、乃草沢閭閻之隠痛、詎遽得収郵哉、今徒以只尺之書、使上下同心、中外弗異、持而卒活、疲瘵之命、将孰為之耶、及錦銘以偏、詞揺上聴緝緝、不寧非公為之先後抵排、又何以寝群譁而流王沢乎、乃湖民為祠、祀林与楊、以報称功徳、欲併祀陳公者数矣、而公力謝不可比、公既没、郡父老則匍匐抵郡庭頓首請曰、微楊生不白群甿之情微陳公不成楊生之志、某等得以長子孫而康粒食疇之賜乎、此而不報非人也、惟明府財憐之、于時郡守魏公良貴退、而諏之其信、輒允其請、即故申明旌善二亭廃址堂而肖像其中、歳正月十有九日、醵金而祭之、公子良言、又復以己地償焉、余嘗慨纓緌之士、率秦越里中人瘠肥不相恤也、甚者鷹攫豺噬把其膏脂而啖之快矣、庸有仁心惻怛視萌黎患苦若已溝壑之哉、不憚引掖之労、以剪千百年之害、古称郷先生没而可祭於社、如陳公者、非其人邪、公勛業行誼昭播、士林与諸父老請祀之詞、茲不復詳而独詳湖事、公名槐字公輔、半湖、其別号云、諸父老謂余、蓋雅知公者而請、為之碑系之詩曰、維茲罌脰・甬江上游、明山東麓与海並浮、鄞西七郷以灌以漑、豬清鬲鹵、民命攸頼、歴禩千百隄防弗改、有宋末造国計日虧、守臣倖利廃湖為資、山沢胥賦、荒茀弗除、惟爵之崇、民同罔知、百千斯年、黔白帖危、誰其疏之矯、矯以恭誰其成之陳侯之功、課有常額、民有常供、昔也逋播、今斯聚処、昔也溝瀆、今斯乳哺、維此陳侯、是鞠是撫、何以報之、我稷我黍、何以楽之、我鐘我鼓、有堂巍巍、有門翼翼、蒸斯嘗斯、世世斯無斁。

嘉靖『寧波府志』巻一五、壇廟、徳恵祠には以下のように記載されている。

徳恵祠、県西十六里。祀国朝知府林富及邑儒士楊欽。正徳八年建。副使陳槐為之記。其略曰、寧波府治西、僅舎許有湖一区、名曰広徳。会凰嶴・桃源諸水豬而為湖。西郷稲稌穄秫之田攸頼、実隷於鄞。宋政和間、楼异典郷郡、会高麗使宋、以北道梗於金人、由海趨明入貢。异以伝餼弗充、廼請于朝、得決隄去壖、墾而成田、凡八百余頃。課租四万石、以資国用。民之芸湖田者、惟納租而差発不与。永楽初、田為軍人奪屯、民多失業。時耆民任朝善、陳于朝、得請復民。宣徳・正統間、官多匪政法改常度、而租調興焉。民始告病矣。時周文襄公忱奏、減天下官田賦三分之一。適孝感張公瓚来守郡、首詢民瘼、量寛征役、而佃湖之民始甦、自茲以後、差発日急、湖之民病科征而逃亡者日衆。浸淫至正徳初益甚。允恭憫郷人之困、鬻貲為費、走京師、具陳湖民重困逃亡之由。援慈谿花嶼湖田全折之例、以上天子、允其奏、戸部移案於浙之藩臬、有司咸覈得実、乃如所奏、与民全折。時董糧儲馬桼政牽制其事、既行而中止、允恭三上其情、并論牽制之弊、姦胥狡吏、雖寘於法、而時方多事、有司内懐疑懼、莫敢先発、頼郡守莆陽林公、独断於已敷言於衆曰、上不失朝廷惟正之供、下可以紓湖民偏重之困、上下帖然、無或異議、竟得全折、如花与朝列、民困治紓、權（歓）若更生、端自正徳八年也、湖之民感林公之徳、食允恭之、恵頌之於官、立祠樹碑、以表里居林公名富字守仁允恭名欽。

嘉靖『寧波府志』巻一五、恵民祠

恵民祠、県西南十五里。祀国朝吏部尚書聞淵、淵見郷人利害、毎言於官司、多所恵済。如湖田官租折銀事、亦有力焉、郷人徳而祠之。

康熙『鄞県志』巻九、壇、恵民祠

恵民祠、県西二十里、十字港。祀明冢宰聞荘簡公淵。正徳間、儒士楊欽奏湖田折銀事、聞公在朝、実与有力。後遇□(歳)災、湖田例不得減税。公復請于当事而減之、定為永例。故郷人徳而祠之、毎歳三月十九諱日、湖民醵祭、至今不諼。中丞周相記曰、恵民祠、祠太保石塘聞公也。太保恵郷民、民恵之湲、及太保生祠之云。按鄞清道郷有官田七百九頃。宋楼异典郷郡、請于朝廃広徳湖、田之三等入租、以備応奉及迎送高麗使臣之費。初民無直、受田輸租、不言病且競利之。日久稍稍流転、即稍稍有直、及於今増至。或有与民田等直者、即病租不与民田等、税大不平矣。雖有司稍調停之、卒未得等民田税什之一。正徳初、湖民胡福奏乞折銀、報罷。儒士楊欽再疏再寝三疏、而太保以天官大夫在朝、乃首尾力陳、当議処覆允之。詳于関筦大僚、大僚重大夫、才行穎脱、素不妄言、言必関天下休戚、矧其郷隠重以為然。時莆陽林省吾公富守郡、聞而是之、被牒覈実力主之、定議租一石折輸銀二銭五分、列于観風、要以必信、如議上請、卒得兪旨、行且為例。故後雖有竈民桑錦・朱銘等往往各持議撓奪、得卒不揺。民追恵之為建祠、歳時報祭、祔以楊欽、太保柄用、民不敢挙、即心則拳拳也。官田得全折銀、民方幸更生故事、官折銀輸京帑不貨、災民折銀存用得貸災、官用得折銀後、若干年間、毎遇災、民復惶惶三紀於茲矣。歳己酉、太保蒙恩、聖天子重優大老、暫許懸車。其明年適遇災放貸、当故事無関、官以愬太保、太保為開設、其故於有司用得与民折通融、定一切之法。又近海上多、故兵不継費。督府定議、暫取盈于丁糧・徒糧、以石計、科銀即不及計、民糧与官糧異額也。此民之隠、即有司亦不易悉、太保復為陳之、卒得与民田糧上下。其議而損益之、雖不尽同、不至如前大懸絶也。夫官田得全折銀軽矣。拘于故事、不得貸災、猶大折也。得貸災不負于軽矣。拘于重則科費猶大折与貸也。太保言之太守、能聴之曲為計、度減官之半、増民之半、官本重半減、雖未尽等於民、得之望外、自足為恩、民素軽半増、雖不尽甘于官、加之毫末、未為大害。況今之官田流転、概県之民、莫不官田、莫不民田、其増之減之、固民増之、而民減之、猶人失之而人得之也。神化使宜可由不知之道乎。所以上従下悦、裕国安民、事有終而恵有成、雖百世可知矣。嗟乎。政和迄今、四百有余歳、事不謀始善終其難、乃爾廃湖、是不是成事、不必論租、而不税試可、失之遠哉。微太保百世其如租何、百世之恵、自当百世感之報之、非祠之不可、百世之下且然。況於身親其恵者哉。非生祠之不可、雖太保固辞之、断知其不可、乃不日郷民胡欽輩以祠成来告、且乞言為記事之顚末。祠擬大守同祠格于見任太守西蜀周迪斎公希哲、太保名淵字静中、石塘、其別号立朝、事業列之、旂常掌于太史不復詳。祠在県治西二十里十字港、坐所称清道郷云。

(34) 嘉靖『寧波府志』巻一五、崇徳祠。同史料では広徳湖田は七〇〇余頃とし、同志巻一五徳恵祠では八〇〇余頃としている。

(35) 康熙『鄞県志』巻九、壇、恵民祠。

(36) 嘉靖『寧波府志』巻一五、徳恵祠。

(37) 嘉靖『寧波府志』巻一五、崇徳祠。

(38) 嘉靖『寧波府志』巻一五、崇徳祠。

(39) 和田清『明史食貨志訳註』東洋文庫、昭和三十二年、一五二頁。

(40) 嘉靖『寧波府志』巻一五、徳恵祠。

(41) 康熙『鄞県志』巻九、壇、恵民祠。

(42) 嘉靖『寧波府志』巻一五、徳恵祠。

(43) 嘉靖『寧波府志』巻一五、徳恵祠。濱島敦俊氏は同著『明代江南農村社会の研究』（東京大学出版会、一九八二年二月）第二部「明代江南の均田均役法」で周忱には均田実施の意図があったことを述べられている（二五〇頁）。

(44) 『明史』巻九、宣宗本紀に「(宣徳) 七年（一四三二）三月……辛酉、諭礼部曰、朕以官田賦重、十減其三。乃聞異時蠲租詔下、戸部皆不行、甚者戒約有司、不得以詔書為辞。是廃格詔令、使沢不下究也。自今令在必行、毋有所遏。」とある。

(45) 嘉靖『寧波府志』巻一五、崇徳祠。

(46) 嘉靖『寧波府志』巻一五、崇徳祠。

(47) 嘉靖『寧波府志』巻二五に「張瓚、字宗器、孝感人、由進士、天順四年、以工部郎中、出守太原、改任寧波、劾奏市舶少監福住、仮以進奉尅剥害民幷不法諸事、彼此相訐、瓚在官無私、乃竟得直、人以是多其風」、また『明史』巻一七二に「張瓚、字宗器、孝感人。正統十三年（一四四八）進士。授工部主事、遷郎中、歴知太原・寧波二府、有善政。」とあり、張瓚は正統十三年（一四四八）に進士となり、天順四年（一四六〇）に寧波知府になった。

(48) 嘉靖『寧波府志』巻一五、崇徳祠。

(49) 嘉靖『寧波府志』巻一五、崇徳祠。

(50) 康熙『鄞県志』巻九、壇、恵民祠。

(51) 康熙『鄞県志』巻九、壇、恵民祠。

(52) 康熙『鄞県志』巻一八、品行攷、列伝、楊欽によると「楊欽、字允恭、後以字行、治挙子業、累試不利、正徳間、憫郷人広徳湖田重税之苦、鬻産走京師、屢疏闕下、備嘗艱険瀕死者、数迄不為止、時同邑聞淵、陳槐在朝、槐固湖隅人、而淵之外家何氏亦居湖隅、痛晳湖民之苦、力言于所司、始得請、遂下勘覆、郡守林富力主其議、従慈谿花嶼湖全折之例、民困用甦、立祠曰徳恵、以祀郡守暨欽、事詳本祠及恵民崇徳二祠碑記。」とあり、楊欽が都で相談した相手は聞淵、陳槐であった。

(53) 嘉靖『寧波府志』巻一五、崇徳祠。

(54) 嘉靖『寧波府志』巻一五、徳恵祠。

(55) 宝慶『四明志』（宋・羅濬等纂集、宋宝慶年間刊行）巻一六、慈谿県志には、「花墅湖、県東南一十里、古有小塘潴水。唐貞元十年、刺史任侗勧民修築、灌漑田疇、中有小墅、春花明媚、多于衆山、故名。湖多魚及蓴菱、並湖之人、資以為利。」とあり、また、嘉靖『寧波府志』（明・張時徹等纂集、明嘉靖三十九年刊本）巻六、山川下には以下のようにある。「花嶼湖。県東南十里、古有小塘潴水。唐貞元十年（七九四）、刺史任侗勧田修築、計一十七頃四十余畝、漑田六千余畝。中有小嶼、春花明媚、多於衆山、故名。中築塘以通往来、湖遂分為東西、多魚及蓴菱、並湖之民、資以為利。宋嘉祐間（一〇五六～六三）、邑簿成立増堤、以捍水、仍置碶。至元間（一二六四～九四）東皐寺僧首取十余畝以種蒲蓮。大徳初（一二九七）、都省左丞家奴周寿等築為田、計畝輸糧、凡二百余石、官為収科、七年（一三〇三）沾利之民、訴于省台、八年（一三〇四）会都水使者馮尹、輒分隷悉復為湖。天暦間（一三二八～三〇）、姦人又結道士李至善、従道教所申於部、事下州県、復占為田、里民訴於官、湖得不廃。至元六年（一三四六）、両浙官田失寔、分遣温州路同知楊清孫覈之、李至善等乗時復挙、邑尹程郇力争、卒罷其議。郇自為之記。具載延祐志中。国朝洪武三十一年（一三九八）、邑人邵功奏以為田、官為踏量、除積水池塘河溝為田一十三頃九十畝八分九釐、既而民人合詞于官、議又寝。永楽五年（一四〇七）、定海衛軍人陳詳奏復為田。七年（一四〇九）以原定畝数、俾民佃之、起科輸糧」。

(56) 康熙『鄞県志』巻九、壇、恵民祠。
(57) 康熙『鄞県志』巻九、壇、恵民祠。
(58) 林興初氏は集士港村の土地改革時に階級成分について以下のように説明された。
①地主　九戸　二十五畝以上
林雨梅　牛車一、長工二人、短工〇人、佃農〇人、工資は毎年穀十八坦
陳耕木　同上
②富農　一戸　二十五畝以上
③大佃農　一戸
④中農　多数
⑤貧農　少数
大田と小田の区別はあった。土地を十級に分けると大田六級、小田（地脚）四級。単位面積当たりの収穫量の多少ではない。大田は自耕、小田は出租田であった。祠田はあり、族人が耕作した。自由に取水灌漑した。浚渫は専門の工夫が行った。その費用は祠堂から出た。
(59) 松田吉郎「寧波広徳湖水利と廟――霊波廟（望春山廟）・蓬莱観・白鶴山廟を中心に――」『中国二一』第三七号（二〇一二年十二月）を参照されたい。
(60) 翁承賛字文饒は五代、閩莆田の人。字文饒。一説に福清の人。巨隅の子。字、文饒。唐の乾寧の進士。天佑の初（九〇四）、右拾遺を以て命をうけ王審知を冊して王とした。梁の時（九〇七～九二三）、閩王の冊礼副使・福建塩鉄使・左散騎常侍御史大夫を歴、閩の相となった。著に昼錦弘詞集がある（『唐才子伝』巻一〇、『全唐詩』巻二六、『福建通志』巻一七一）。
(61) 民国十一年『翁氏宗譜』巻二、前九世紀略、一世、始遷祖頊公。
(62) 民国十一年『翁氏宗譜』巻二、前九世紀略、二世、元佶。
(63) 民国十一年『翁氏宗譜』巻二、前九世紀略、三世、淮。

(64) 民国十一年『翁氏宗譜』巻二、前九世紀略、三世、淇。

(65) 翁升は宋、慈谿の人。字は南仲、元豊五年（一〇八二）の進士。胡瑗（『宋史』巻四三二、『宋元学案』巻一・三）に易を学ぶ。元符中（一〇九八～一一〇〇）、上書して時弊をいう。平素、質素を守り能く人を恵む。『宋元学案』巻一、安定学案、庶官翁南仲先生升に「翁升、字南仲、慈渓人。従安定受易。第元豊（一〇七八～八五）進士、出仕以廉謹称。元符中（一〇九八～一一〇〇）、上書言事、切中時病。用事者方以党禁錮賢士大夫、籍先生于初等、自是沈于選調。謝山淳熙（一一七四～八九）四先生祠堂碑文曰、「吾郷遠在海隅、唐以前、儒林闕略。有宋奎婁告瑞、大儒之教偏天下、吾郷翁南仲始従胡安定遊、高抑崇・趙庇民・童持之従楊文靖遊、沈公権従焦公路遊。四明之得登学録者、自此日多」。

乾道『四明図経』巻一二、進士題名記に「元豊五年（一〇八二）黄裳牓……翁升」、宝慶『四明志』巻八、叙人上に「翁升、字南仲、慈谿人、力学有志気少従安定胡先生受易旨入太学中。元豊五年（一〇八二）進士第、出仕恪守官箴済以廉謹当路才之。元符上書言、事切中時病用事者二主党禁錮、賢士大夫籍升名於初等、自是沈於選調。建炎初、党禁鮮、将召用之、而山林之志、已不可奪矣。升自奉簡薄、而勇於急人睦親卹孤平糶振乏、郷人敬之、至今猶諱升斗之字曰方斗云。見監察御史顧文所撰墓志。」とある。

(66) 民国十一年『翁氏宗譜』巻二、前九世紀略、六世、彦国。

(67) 翁彦国は宋の人。彦深の弟。字は端朝。紹聖（一〇九四～九八）の進士。御史中丞を歴、靖康の変（一一二六～二七）に江淮荊浙制置転運使として文を撰して衆に誓った。張邦昌は、金の命を受けると、書を送って之を責めた。後、官は江南西路経制使に至った。（『宋元学案』巻一）

『宋元学案』巻一、安定学案、中丞翁先生彦国に「翁彦国、字端朝、行簡季弟。官至御史中丞。靖康之変（一一二六～二七）、充経制使、撰文誓衆。張邦昌為金所立、移書責之。参姓譜。祖望謹案、先生自郷郡提兵勤王、道中得邦昌書、有「忍死権就大事」之詞。中丞密視、答書大称邦昌以「太宰閣下」、其略曰、「愕視封題、不敢拆視、幸先為道路所発。今相公謂有其迹而無其事、不可也、謂有其事而無其志、不可也。且迎延福宮之文、雖微示人以意、安知不為新都之漸。伏望即去大号、早迎康王。不然、勤王兵十万見公端闈、不得施東閣之敬矣。」邦昌懼、遂決迎高宗。先生以李忠定公姻亜被斥、汪藻行制、謂「汝本茶山駔儈之徒」、論者非之。先生六世科第、父為安定弟子。藻以恨忠定、並先生誚之耳。水心進巻、罪先生竭金陵之民力。葉紹翁曰、「建炎（一一二七～三〇）兵事空惚、石林留守金陵、已創経総制額。公適承其後、未免調度、未可以深罪之也。」とある。

(68) 宝慶『四明志』巻一〇、叙人下、進士に「嘉定十年（一二一七）呉潜牓……翁逢龍」とある。

(69) 宝慶『四明志』巻一〇、叙人下、進士に「淳祐七年（一二四七）張淵微牓……翁帰仁」とある。

(70) 翁生は民国十一年『翁氏宗譜』世系図、後世系図によると「（一世）佶公―（二世）継宗、宋翰林学士―（三世）公正、広東徳慶府経歴」となっており、翁公正のことと考えられる。

(71) 民国十一年『翁氏宗譜』巻三、二房東柱季房紀略、椿。

(72) 松田吉郎「広徳湖南部の水利と廟――豊恵廟・小龍王廟・恵民祠を中心に――」兵庫教育大学史朋会編『河村昭一先生退職記念史学論集』兵庫教育大学史朋会、二〇一三年三月一日を参照されたい。

(73) 楊一清は明、安寧の人。巴陵に徙居した。字は応寧。号は石淙・邃菴。謚は文襄。成化の進士。山西按察僉事に遷り、副使を以て陝西に督学となり、陝に在ること八年。暇を以て辺事を究めた。張永と謀って劉瑾を誅し、三度、陝西三辺総制となり、累陞して太子太師・特進左柱国・華蓋殿大学士に至った。後、張聡等に譏せられて免官された（『明史』巻一九八、『万斯同明史』巻二六五、『明史稿』巻一七六）。

(74) 銭寧は明の人。幼時、太監銭能の家に買われて奴となり、嬖（気に入られ）せられ銭姓を冒した。正徳の初（一五〇六年）、劉瑾に阿事して帝に幸せられ、瑾敗れると、計を以て免れた。嘗て請うて禁内に豹房新寺を建て、声妓を集めて楽をなし、帝を誘って微行した。後、江淋に、寧の宸濠に通じたことを告せられ、その家を籍没された。世宗（嘉靖皇帝一五二一～六六年）の即位後、市に磔せられ、妻妾は奴とされた（『明史』巻三〇七、『万斯同明史』巻四〇四、『明史稿』巻二八五）。

(75) 張璁は明、永嘉の人。字は秉用。後、名を孚敬、字を茂恭と賜る。謚は文忠。正徳の進士。官は華蓋大学士、著に諭対録・奏対録・保和冠服図・張文忠集がある（『明史』巻一九六）。

(76) 桂萼は明、安仁の人。字は子実。謚は文襄。正徳の進士。官は礼部尚書・兼武英殿大学士。機務に参与した。性は猜狼。

言官に論劾せられて致仕した。著に桂文襄奏議・輿図記叙・経世民事録がある（『明史』巻一九六、『万斯同明史』巻二七六、『明史稿』巻一八二）。

(77) 馬永は明、遷安の人。字は天錫。兵法を習い、左氏春秋を好んだ。官は武宗（正徳年間〈一五〇五～二一〉）の時、薊州及び遼東総兵官、後、左都督に至った。善く兵を用い、厚く間諜を撫し、其の恵沢州人に及んだ。没後、両鎮並に祠を立てた（『明史』巻二一一、『万斯同明史』巻二九九、『明史稿』巻一九五）。

(78) 厳嵩：明、分宜県の人。字は惟中。弘治の進士。世宗（嘉靖〈一五二一～六六年〉）の時、官は太子太師。寵を恃んで権力を擅にし、賄賂を貪ったので、楊継盛がその十大罪五奸を弾劾し、鄒応龍も亦其の不法を極論し、遂に致仕せしめられた。書室を鈐山堂という。著に鈐山堂集がある（『明史』巻三〇八、『万斯同明史』巻四〇一、『明史稿』巻二九八）。

(79) 宸濠は明太祖の子。寧王権の子孫。武帝に世継なく、遊幸時ならざるにより、遂に異志を懐いて南昌に反し、九江から東下して安慶を攻め、南京に拠らんとして王守仁に捕らえられ、通州にて誅せられた（『明史』巻一一六）。

(80) 乾道『四明図経』巻一二　進士題名記には、「政和八年……薛朋亀」と記され、薛朋亀は宋・政和八年（一一一八）の進士である。また、宝慶『四明志』巻八、叙人上には以下のように記されている。

薛朋亀、字彦益、登政和八年進士第、歴官監登聞検院兼権工部郎、又兼権吏部知興国軍奉祠、除知衡州未上而卒。

(81) 乾隆『鄞県志』巻二七、雑識三、文献には、

吾郷旧有五老会、宗正少卿王公珩・朝議蔣公璿・郎中顧公文・衡州薛公朋亀・太府少卿汪公思温、皆太学旧人、宦游略相上下帰老於郷、倶年七十余、最為盛事、礼部侍郎高公閌起居舎人呉公秉信皆自以後輩不敢預、王薛二公下世、参政王公次翁致仕寓居、嘉慕義風、始議為八老会、朝議徐公彦、老布衣陳公先而後、至顧蔣汪公参政、洎高呉二公継之、然已不及、前日之純全矣、銭大参詩中所謂八仙人者此也、攻媿集。

とあり、また、乾隆『鄞県志』巻二九、土風には

四明五老、衡州有名退耕浮石、善俗以成靖康旧徳少師斉称汪少師思温薛衡州朋亀、為五老会首、浮石在城西衡州別業也。

とあり、鄞県の五老会は太学時代の旧友の王公珩・蔣公璿・顧公文・薛朋亀・汪思温の五人で作られた会のことであり、浮

石に五老会の別業があったと述べられている。

(82)　康熙『鄞県志』巻九、壇、敬仰攷、「忠祐分祀沙使協祐侯廟」には「県治西北東上橋祀宋沙誠神」とあり、鄞県の協祐侯廟では宋代の沙誠を祀っているとあり、また、乾隆『鄞県志』巻七、壇廟には「協佑侯廟、県治西北東上橋、祀宋沙誠。旧在武烈侯劉公廟右、里人迎祀於此、聞志。」或は「協佑侯行祠在西門外慶豊橋北、乾隆二十九年里人范懋嶓捐建、采訪冊。」とある。

(83)　註（4）前掲、松田吉郎「現地調査の記録」三三〜三四、七六〜七七頁によると「⑥鄞州区龍観郷（4）村廟の四ヶ所の童君廟（雪嶴・李嶴・金陸・状元嶴）」は現地の人々は十兄弟として祭っているが、陳思光先生（元、它山堰管理所所長、同著『它山堰』鄞県鄞江鎮人民政府、二〇〇〇年十二月）は王元暐の部下の童義であると説明された。

東銭湖水利と廟

松田吉郎

はじめに

寧波の東郷水田地帯では少なくとも唐代以来、東銭湖を中心に灌漑が行われていた。

すでに、長瀬守及び筆者によって東銭湖水利の機能が明らかにされ、また、元代~清代まで廃湖と守湖の対立があったが基本的に守湖されてきたことが明らかにされている。(1)

本章ではこれらの研究を継承するとともに、東銭湖水利と嘉沢廟《かたくびょう》・新馬嶺龍宮《しんばれいりゅうぐう》に対する民衆信仰を中心に考察したい。嘉沢廟は東銭湖西北岸の永平郷青山嶴《せいざんおう》外にあり、宋代の一〇六四年に建てられた廟で、東銭湖水利に貢献した唐代天宝年間（七四二〜七五五）の鄞県令陸南金と宋代天禧年間（一〇一七〜一〇二一）の明州太守李夷庚《りいこう》を祀った廟である。新馬嶺龍宮は東銭湖南部の克強郷鄞県・奉化県の辺界にあり、清の乾隆年間に祠を建設され、咸豊七年（一八五七）に朝廷より普沢龍神《ふたくりゅうじん》の号を賜り、邑人の周光麟が寄付金をあつめて重建し、また廊廡《ろうぶ》を建てましされた廟であり（光緒『鄞県志』）龍神信仰に基づくものである。

嘉沢廟と新馬嶺龍宮の祭神は一方は治水官僚、一方は龍神で異なるが、いずれも東銭湖水利灌漑地域住民にとって祈雨信仰の対象となっている。本章では東銭湖水利と嘉沢廟と新馬嶺龍宮信仰との関係を考察したい。

一　東銭湖水利

東銭湖は唐代天宝年間（七四二〜七五五）鄞県令陸南金によって開築された[2]。東銭湖は田一二万一一一三畝を廃して開築され、毎畝米三合七勺三抄を徴収して八塘四堰設置され、五十余万頃（大凡三〇〇万ヘクタール）灌漑できるようになった[3]。宋代天禧元年（一〇一七）に郡守李夷庚が重修し[4]、慶暦八年（一〇四八）に県令王安石が重修し[5]、各々堤防の重修や浚渫を行った。嘉祐年間（一〇五六〜六三）にはじめて碶閘が設置され[6]、湖水の蓄排水機能が増大した。しかし、既に先学が指摘しているように[7]、この時期、茭《こう》・葑《ほう》・菱《りょう》・芡《けん》といった水生植物の繁茂による湖の淤塞が深刻化しており[8]、淳熙二年（一一七五）魏《ぎ》趙愷《ちょうがい》が浚渫し[9]、嘉定七年（一二一四）提刑摂守程覃《ていたん》が置田策・売葑策によって浚渫[10]し、宝慶年間（一二二五〜二七）に郡守胡榘《こく》が置田策によって浚渫し[11]、淳祐二年（一二四二）郡守陳塏《ちんがい》が売葑策によっ

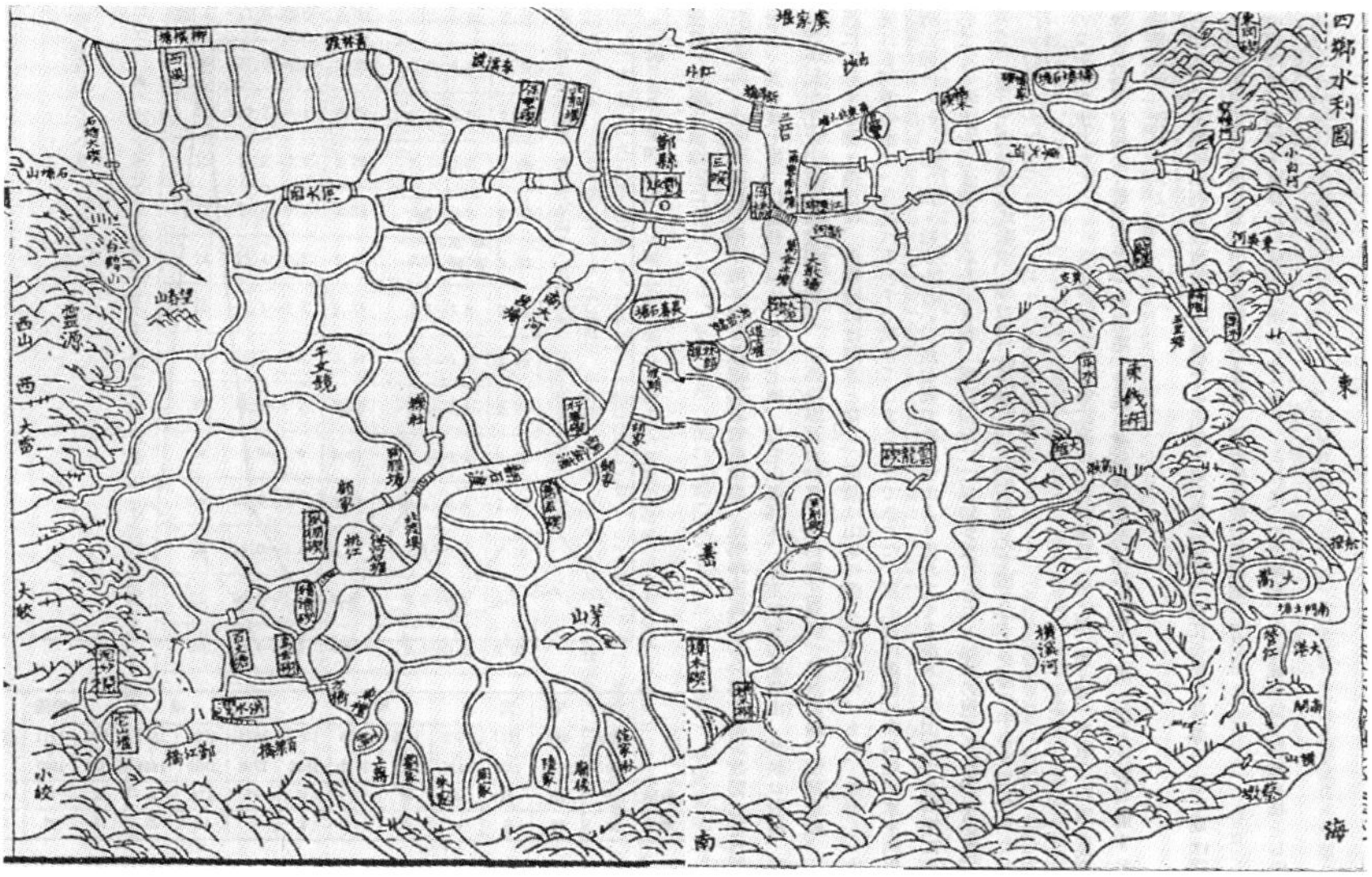

図１　鄞県図　奉化江・余姚江・甬江の合流する三江口の西に鄞県があり、三江口の東南に東銭湖がある。　出典）光緒『鄞県志』清・戴枚修、光緒３年〈1874〉稿本。

て浚渫を行った(12)。

元代（一二七一～一三六八）には湖の淤塞問題に加えて、湖周辺の「勢家」（大土地所有者、廃湖派）が廃湖して開墾しようと動きだしたために、一般の水利用益戸との対立が顕在化した(13)。

至正『四明続志』巻四、山川には以下のように記されている（□□は判読不明文字）。

東銭湖、在県東二十五里。一名万金湖、以其為利重也。唐天宝三年、県令陸南金開広之。屢経浚治、周回八十里、受七十二渓之流、四岸堰凡七、曰銭堰・大堰・莫支堰・高湫堰・栗木堰・平水堰・梅湖堰。水入則蓄、雨不時則啓閘而放。鄞県・定海七郷之田資其灌漑。茭葑蕁蘆荷茨滋蔓不除、湖輙堙。宋淳熙間請於朝、大浚之。嘉定間、提刑程覃摂守、揖緡銭置田収租、歳絡濬治之費。宝慶間、尚書胡矩守郡請於朝、得度楪百道・米一万五千石、又濬之。猶懼其無以継也。奏以嬴銭増置田畝、令翔鳳郷長主之、分漁戸五百人為四隅、人歳給穀六石、随茭葑之生則絶其種。自此凡十六年、不挙淘湖之政。淳祐壬寅、郡守陳塏、歳稔農隙、行売葑之策、不差兵不調夫、随舟大小・葑之多寡、聴其求售、交葑給銭、各有攸司。入国朝大徳間、勢家有以湖為浅淀、請以捺田若干畝入官租者。時都水営田分司追断、復為湖。延祐新志所謂欲塞銭湖、此其漸也。至□□間、因郷民告有司、挙行淘湖、拘七郷有田食利之家、分畝歩高下、標撥湖葑、随田多寡闊狭、俾浚之、積葑於塘岸。然宿葑春泛冬沈、次年復生、則有司所行為具文爾。近年重修嘉沢廟、有濯霊之異。茭葑向春不泛、荷茨蕁蘆生之者鮮、然未足恃也。毎遇大旱之年、放水湖下、一挙而涸、固知其積淤年久、蓄水至浅、東郷河道又皆浅渋。旧称一湖之水、可満三河半。近僅及一河而竭、是可憂也。又況職守者不謹啓閉、碶閘傍湖、土霸通同、漁戸毎於水溢之時、乗時射利、私自開閘網魚、洩水無度。沿江堰壩又失修理、日夜傾注於江、防旱之策、果安在哉。此農事正官所宜究心者、観於右今之得失、盍致意焉。

東銭湖は鄞県東二十五里にあり、一名は万金湖といい、その利益が大きいから名付けられたものである。唐天宝三年（七四四）、鄞県令陸南金が東銭湖を拡大した。たびたび浚渫を行い、周囲が八十里、七十二渓の水を受け、四方の岸に堰がおよそ七ヶ所ある。銭堰・大堰・莫枝堰・高湫堰・栗木堰・平水堰・梅湖堰である。水が入れば蓄え、雨が降らないときは閘門をひらき開放し、鄞県・定海県七郷の田の灌漑に資した。茭葑《こうほう》蒓《じゅん》蘆《ろ》荷茨《かけん》が茂り除かなければ、湖は塞がった。宋淳熙年間（一一七四〜八九）朝廷に要請し、大規模に浚渫を行った。嘉定年間（一二〇八〜一二一四）、提刑程覃《ていたん》摂守が緡銭を寄付して田を置いて租を徴収し、毎年の浚治の費用とした。宝慶年間（一二二五〜二七）、尚書胡《こ》榘《く》守郡が朝廷に要請し、度牒(14)百道・米一万五千石を得て、また浚渫した。ただ継続されないことを危惧し、贏銭《えいせん》で田を増置したいと奏請し、翔鳳《しょうほう》郷長に主担させ、漁戸五〇〇人を五隅にわけ、人々に毎年穀六石を給付し、茭葑が生えるにしたがいその種を絶えさせた。ここにいたって凡そ十六年間、湖の浚渫が行われなかった。淳祐壬寅（一二四二）、郡主陳塏が毎年農閑期に買葑の策を行い、兵隊を派遣せず、人夫を徴発しなかった。舟の大小、葑の量にしたがいその販売を許し、葑を渡せば金を給付し、各々管理をした。元朝大徳年間（一二九七～一三〇六）になり、勢家が湖が浅く淀んでいるので田若干畝をおさえて官租にいれたいと申請した。時に都水営田分司が追断（裁定）し、湖に復活した。延祐新志によれば、これより東銭湖を塞ごうとするのが次第におこったということである。□□年間（□□は原文通り）にいたり、郷民が役人に湖の浚渫の実施を告げ、七郷で田地を所有し、水利を享受する家が畝歩の高下に分け、湖の葑に印をつけて刈り取り、田の面積広狭に応じて浚渫させ、葑を塘岸に積んだ。しかし宿葑は春に蔓《はび》延《こ》り冬に沈む。翌年再び生え、役員は文書を作成した。近年、嘉沢廟を重修したので、濯霊《たくれい》の異（大いなる霊験）がある。茭葑は晩春蔓延らず、荷《か》茨《し》蓴《しゅん》蘆《ろ》の蔓延も少なかったが、頼むに足らない。大旱害の年にあえば湖下まで放水し、一挙に涸れるが、長年の淤塞のため、蓄水量は少なく、また東郷の河道は淤塞している。古くは一湖の水が三河半に流れた。近年はわずかに一河に流れるだけで尽きるが、これは憂えなければならないことである。また職守者は閘門の開閉をまじめに行わず、碶閘は湖岸にあり、土壩も同じであり、漁戸は増水時に利益を得るために私に閘門を開いて魚を捕り、節度なく排水している。江沿いの堰壩はまだ修理されないままであるのに、日々、江に排水しており、これでは防旱の策はどうしてあろうか、まったくない。農事の正官で理を究めようとする者は得失を鑑みて意を尽くすべきであると述べている。

明初になっても、湖の淤塞、居住民の不法開墾が依然として起こり、[15]特に廃湖派の有力層は、正徳年間（一五〇六～一二）[16]と嘉靖九年（一五三〇）に寧波衛屯軍を通じて東銭湖の屯田化を申請してきた。水利用益戸と対立が深刻化したために、鄞県知県が解決にのりだし、結局、水利用益戸の利益を守るためにたちあがった郷紳や父老の働きによって事無きを得た。[17]

明代後期の万暦年間（一五七三～一六一九）[18]と天啓元年（一六二一）に葑税徴収の禁止令が出て、勢家を中心とする廃湖派と郷紳・父老を指導層とする水利用益戸の守湖派の対立がまた高まったが、[19]東銭湖は廃湖されなかった。

清代嘉慶年間（一七九六～一八二〇）にはまた茭葑によって淤塞したので、湖界を正し、「市葑之策」（葑を売買する策）で浚渫した。[20]道光二十三年（一八四三）八月に台風で塘堰決壊したために、道光二十八年（一八四八）に地方官・郷紳が寄付金を出して修理した。[21]

同治五年（一八六六）、鎮海の人、胡枢《こすう》等が剣河漕で山を鑿《うが》って河を開き、湖水を引いて鎮海県に灌漑したいと要請してきた。巡道の史致諤《しちがく》、知府の辺葆諴《へんほかん》が玉環同知黄維誥《こういこう》に委任して実地調査させ、鄞県・鎮海県の地勢の高低、工事の巨大さを認識し、また鄞県民が極力反対したので、この議は白紙撤回となった。後に総督左宗棠《さそうとう》が出した引水の永久禁止批示文が石碑に刻まれた。[22]

中華民国時期の水利については民国『鄞県通志』第一、輿地志に以下のように記されている。

民国五年（一九一六）東銭湖測量隊の善後意見書八則の六則は以下の通りである。一、湖界を整理すべきである。沿湖の居民があちらこちらで侵占し、これが常習となっており、地方官の視察が十分ではなく、常に不調査におわり、湖面が日々狭窄している。地段を調査し一律に測量すべきである。凡そ田を開墾するものは或いは土地にし、或いは住居にした。湖面を埋め立てて田地を造成するものはその主管人に責任をとらせ湖田の価値に応じて田価を納入させ、善後経費にあて、（湖界を）公認する。一、湖の占領建設は禁止すべきである。湖界整理後、湖面を占領し建築するような事は許さない。村外に囲まれた堤垣は風波を阻止するためのみにし、一定の様式と長さ幅の制限を頒布する。もし故意に違えば重罰に科し、厳禁を示す。一、水則は定めるべきである。湖水は塘河に放出すると一回の排水で全く余水が無くなってしまう。放水を知る者は下水の不便を知らず、流水量を考えない。用水を知る者は水の有益を知っているが、無水時の備えがない。これが大きな原因である。各碶門付近に湖底より石標を或いはコンクリートをたて、固定標とし、尺度を刻み付ける。天候の如何をみていかほど放水するかを決定する。用水に規約があり、極小の水も無駄にしない。一、碶門を守衛することである。碶板は修築して完全なものにした後、厳密に封鎖し私放の弊害を防止し、開閉は専門の責任者を定め、旱害にあえば主事者の命令に従い、水則に準じて碶板若干塊を酌量して開き、放水に節度をもたせ、その後は厳重に封鎖を行って慎重さを明らかにする。一、広範囲に植樹すべきである。湖の周辺の山嶺で伐木すれば、禿山となって洪水が暴発し、土砂を挟み流し、湖底に直下し淤塞させ、蓄水量が日々少なくなる。広範囲に樹木を植え、森林を造成すべきである。一に地力を尽くし、一に山の斜面を固め、水勢を殺し、人民を奨励し植樹を広範囲に行い、農会の指示を受けて完全なものにする。一、漁業税は酌量して徴収すべきである。湖中の漁業は一部の者にかかわり、権利を得ているからには義務を果たさなければならない。税を納入し工作の代わりとし、荷重負担とならず船隻に照らして定数を酌量し、月費を徴収し領収書を給付し漁業を許し善後経費補助の一部とする(23)。

民国十一年（一九二二）、鄞県議会で東銭湖・湖塘の侵占を禁止する案件を議決した。一、先年、浙江省署派遣員が東銭湖を測量し、その測量図には精密な地図があり、旧県自治公処に置かれている。この地図は三県に分存し、地図には湖面の丈尺が掲載され、石碑が壩頭に樹立され調査に備えられ、侵占が防止された。二、沿湖の居民は原有の老堤を境界とし、今回鄞県公署が厳禁を掲示した後、もし再度侵占の事が発生すれば、何人にかかわらず、最寄の湖工善後局及び自治人員が官庁に申請し処罰してもらう。三、ゴミを湖塘に投棄すれば侵占を助長するので一律に禁止する。四、湖濱で土地を占領し家屋を建てているものは税契・税串をもって湖工善後局より証明されなければならない。

もし税契があり税糧が無いものは県公署に向かって課税を申請しなければならない。湖工善後局は前項の税契及び糧串を検査するとき、戳記《たくき》を捺印し簿冊に登記し調査に備える。五、湖工善後局の責任は重く、精神を刷新し、情実を除去し、誠実に監督し、付近の自治人員とともに随時、随地、整理しなければならない(24)。

中華民国、新中国になっても東銭湖は廃湖されず、灌漑用水の重要な施設として維持された。

二　嘉沢廟

宝慶『四明志』巻一三、鄞県志、叙祠には嘉沢廟について以下のように記されている。

嘉沢廟、東銭湖青山下。唐天宝中令陸南金、皇朝天禧中守李夷庚、皆濬湖興利、民徳之。故合祠焉。水潦旱蝗有禱必応。嘉定二年有旨、賜廟額。李侯又有祠堂、在天童山景徳禅寺千仏閣之東。

嘉沢廟は東銭湖青山下にある。唐天宝年間（七四二～七五六）に県令陸南金、宋天禧年間（一〇一七～二一）に明州太守李夷庚は東銭湖を浚渫し利を興した。民はこれを徳とし、合祀した。水害・旱害・蝗害時に祈禱すれば霊験があった。嘉定二年（一二〇九）に詔があり、廟額を賜わった。李夷庚にはまた別の祠堂があり、天童山景徳禅寺千仏閣の東にある。

さらに、至正『四明続志』巻九、祠祀には嘉沢廟について、以下のように記されている。

嘉沢廟。見前志。李陸二公祠堂。宋治平元年鄞主簿呂献之建。関杞為記、見某古類。嘉定二年賜額、歳久廟毀。皇朝至順二年重建。編修程端学為記、古之有功於民者、廟食厥土、載諸祀典。世世勿絶昭其報也。後世淫祀既興、民昧所趨、有司莫或正之、正祀有時而廃。若嘉沢廟是已。嘉沢廟者、恵応李侯孚祐陸侯之祠也。明郡地濱江海、溝澮敷浅、善洩難瀦。十日不雨、民以旱告。陸侯唐大麻間宰鄞。即城東三十里、因山環会、築其断闕為湖三百頃、以灌以漑七郷之田余百万畝。久而湮廃。宋天禧間李侯守明、循其遺迹、大築隄防、為永遠計。雖値旱而有年。官民徳之。為建祠宇青山之湖濱。嘉定間錫廟額、及二侯封謚以褒之、誥勅具蔵恵安浮屠。遇旱蝗水潦、有禱必応。蓋有功徳者、精神不散而民心聚焉。以霊是謂正祀。近歳有司弗葺祠宇像設、腐爛澌尽、荒基蔓草、過者惛焉。予自史院帰田甬東、念建、言於守令、而難其人、適遇淛東道宣慰司都元帥太平資善公来莅於明、仁治化行、上下敉寧日可矣。往白之公、慨然増感、即命経営俾郡邑典史王君世英領其事、首捐俸以倡、余力出於沾水利之家衆相告日是吾心也。富者効財、貧者効力、若子之趨父命也。蓋上以義使下、故民不知労而事集、始事於至順二年十月、明年三月訖工。前門後殿、繚以石垣、規模宋敞、有加其度、端冕儼然赫赫、若臨設守者、復役供灑、掃復侵地三畝、又将理旧業鳩財置田為買葑計。多王君之規也。於是方伯率其属、祭於祠下、乃属予記本末。予既肇其端、遂不得辞伝日、凡祭有其廃之莫敢挙也。有其挙之莫敢廃也。惟東湖作於人、非若洞庭彭蠡、具区鉅野、設於有天地之初也。自湖之作而民頼以穀、可忘所自乎。此廟之所以作也。錫号加封紀之郡志。蓋有挙而莫廃也。雖暫圮於一時、乃人事不継、非当廃而莫挙也。今其遇資善公之明、豈天之報徳報功者無已、而仮手於人邪使。凡莅兹郡邑者、皆能以資善公之心、補其敝漏、不使澌尽、而復将易為力、而廟之存当与湖悠久、湖之沢物当与天地悠久、若夫継二侯、碶閘徹積葑、戒侵奪之法、則有前賢。碑刻在兹、不復論。

至正二年郡守王元恭、按行水利、詣廟所致祭、因命増修且建、言佐耕以水、鍾洩以時、鄞壊鹵瘠尤藉其利、銭湖為鄞水利至大者、而李陸二侯、皆有功於湖、功大爵軽、未足報称、請加封爵以示勧民致力之意。

嘉沢廟は前志（延祐『四明志』）に見える。李（夷庚）・陸（南金）二公の祠堂である。宋治平元年（一〇六四）、鄞県主簿呂献之が建設した。関杞《かんき》の記録が某古類に見える。嘉定二年（一二〇九）に額を賜ったが、年月がたって廟が壊れてきたので、元至順二年（一三三一）に再建された。編修の程端学に記録があり、古、民に功労があるものはその土地の廟に祭られ、諸々の祀典（祭祀の典礼）が記載されている。世々代々その報恩を絶やすことはない。後世、淫祀（いかがわしいものを神として祭ること）がおこり、蒙昧な民がなびき、役人はこれを正さなければ正祀が廃れてしまう。嘉沢廟もそうである。嘉沢廟とは嘉応李公（夷庚）・孚祐陸侯（南金）の祠堂である。明州郡は土地が江・海に面し、溝澮《こうかい》（田間の溝）は浅く、排水によく蓄水に悪い。十日雨が降らなければ、民は旱害を告げる。陸侯は唐大暦年間（七六六〜七七九）に鄞県知県となった。城東三十里においては、山に囲まれ、その間に断闕《だんけつ》（閘門）を築いて湖三百頃をつくり、七郷の田百万畝を灌漑した。年月がたち埋もれ破れた。宋天禧年間（一〇一七〜二一）、李夷庚が、明州知事となり、その遺跡をたどって、堤防を大いに築き、永遠の計にした。旱害の年でも収穫があった。官民ともに李夷庚を徳とした。祠宇を青山の湖濱に築いた。嘉定年間（一二〇八〜二四）に廟額を賜り、二侯に封諡《ほうし》（封は在世中に爵祿をうけること、諡は没後に褒贈を賜ること）を授け、「具蔵恵安浮渡」の誥勅《こうちょく》（封を授ける時の辞令）をうけた。旱害・蝗害・水害にあっても祈禱すれば霊験があった。蓋し功徳がある者は精神が散漫ではなく民心もあつまった。霊をもって正祀とよんだ。近年、有司が祠宇像設を修理しないので、腐乱がはげしく、廟基を荒れたままにし、草も生い茂り、過ぎるものは苦しんだ。私（王元恭）が史院より郷里の甬東に帰り、建設を考え、守令に申し上げたがその人を得ることは難しかった。たまたま「淛東道」（浙東道）宣慰司都元帥太平資善公が明州に赴任され、仁政を施されたので上下撫で安んじた。私が資善公に申し上げたところ、公は慨然として感じ、郡邑典史王世英にその事を経営・処理させ、自ら俸給を寄付して募金を唱導し、余力で水利用益の家にわが心を告げた。富者は財をだし、貧者は力をだし、子供が父の命令に従うような状態であった。蓋し上は義でもって下を使ったので、民は苦労知らずに事は集まった。至順二年（一三三一）十月より事業が開始し、翌年（一三三二）三月に竣工した。前門後殿は石垣で囲み、規模は壮大でその程度を高めた。高貴の冠をつけ正しい装束をつけたものが厳かに気高く威名がかがやき、臨接の守衛を掃除に使役し、侵地三畝を掃き清めさせた。また旧財産を整理して財を集め、田を置いて買葑の計画をたてた。王（世英）君の苦労を多としなければならない。そこで方伯は部下を率い、祠堂の下で祭祀を行い、私に記録の作成を委嘱した。私はその端緒を始めたにすぎず、遂に伝の作成を辞退できなくなった日に、凡そ祭祀は廃止して再挙できないものがあり、また、挙行してあえて廃止しないものもある。東銭湖は人によってつくられ、洞庭湖の彭蠡《ほうぼう》のようではないが、鉅野を具に区画し、天地の最初を定めた。湖の製作によって民は穀物生産ができ、その由来を忘れることはできず、この廟の造成にいたった。号を賜い封を加えられ、これを郡志に記載した。蓋し挙行されて廃止されないものである。一時、崩れることがあり、人事が継承されないことがあっても、廃止され再挙されないことはない。今、資善公の明にあい、天の徳を報じ、功を報じるものがやむことがない。手を人に借りて使役される。凡そこの郡邑に赴任する者は資善公の心を体現し、廟の崩れを補修し、徐々に行うのではなく力をだせば、廟の存在は湖とともに悠久であり、湖の恩沢も天地とともに悠久である。もし二侯の功労を受け継ぎ、碶閘に積載された葑を除去し、侵奪を戒める法をさだめた前賢があり、ここに碑刻し、再びは論じない。

至正二年（一三四二）、郡主王元恭は水利を踏査し、廟にいたり祭祀を行い、造修と再建を命じた。耕作は水のたすけがあり、集水・排水は適宜行い、鄞県の土地は塩水で壊れているのでとりわけ東銭湖の水を利としている。東銭湖は鄞の水利にとって絶大なものがある。そして李夷庚・陸南金の二侯はみなこの湖に功労があるがまだ報恩していない、爵位を加え民のために苦労し力を尽くした意をしめしたい。

康熙『鄞県志』巻九　敬仰攷には以下のようにある。

　嘉沢廟、県東南四十里、旧在東銭湖北之青山。祀唐鄮令陸南金・宋太守李夷庚二公、有功于湖、故合祠焉。宋治平元年、鄞簿呂献之建、観察推官関杞為記。嘉定間、賜廟額及加侯封。元至順二年、宣慰都元帥資善公重建。

編修程端学有記。至正改元、総管王元恭重修。編修葉恒為記。三記倶載後、入明廟圮無有復之者、国朝康熙丁卯毀、県東南三十五里下塔山五通淫祠妖像、改祀陸李二公、備詳在後。……

郡侯李公諱煦通詳改正四廟始末……

東銭湖莫枝堰下塔山有岳忠武王行祠、其傍有五通妖廟、屢摂人家閨女。凡婦女舟過其廟、必入廟輸情、許愿少免風波之患。今査湖濱青山、向有嘉沢廟、祀唐鄮令陸南金・宋郡守李夷庚二公、有功于湖。陸追封孚佑侯、李追封恵応侯、賜廟額曰嘉沢、歴有碑記載諸祀典、廟久廃圮、鞠為茂草、弔古者毎心恫神凄、不能一旦重建、合将五通廟宇、祛其妖像、飭改為嘉沢正祠、与岳鄂王並祀、亦千秋不朽之盛挙、所亟当駆邪改正者、此也。……

最初の五行は至正『四明続志』巻九、祠祀の記事にほぼ同じである。注目すべきは「郡侯李公諱煦通詳改正四廟始末」の寧波府事李煦《りく》の記事である。東銭湖莫枝堰《ばくしえん》下塔山には岳忠武王行祠、即ち、岳飛の廟があり、その傍に五通妖廟があった。この五通妖廟の五通は淫邪の神の名とされ、五聖、五顕霊公、五郎神ともいわれた。明代、呉の地方（江南一帯）では多くこれを奉じ、能く婦女を魅惑したと伝えられている。(25) この東銭湖の五通妖廟もしばしば婦女を魅惑した。婦女がその廟を過ぎると必ず廟に入り真心をいたすと風波の被害が少なかったと言われる。嘉沢廟は宋治平元年（一二〇九）に建設されたがその後、荒廃したので前述したように元の至順二年（一三三一）十月から翌年（一三三二）三月に修理され、再建された。五通妖廟とその妖像を撤去し、嘉沢正祠とし、岳鄂王《がくがくおう》（岳飛）とともに祭られた。この五通妖廟についてはこれ以上の詳しい史料はなく、具体的な内容は不明であるが、一時、婦女が五通妖廟を祭祀し、東銭湖の風波の安寧が祈られていた。しかし、元至順三年に嘉沢廟を再建し、五通妖廟を撤去して、東銭湖水利に功績のあった陸南金・李夷庚及び金との主戦論をとった岳飛がともに祭られるようになったのである。

この嘉沢廟の信仰対象は陸南金・李夷庚の遺徳を追慕することと旱害・蝗害・水害時に天候が平穏なることを祈禱

することであり、祈禱すれば霊験があったと言われる。

水利施設の建設及び水利に功績のあった官僚を祀る廟は、它山堰を作った王元暐を祀る廟など多数あり[26]、水利と廟が深く結びつき、農業生産と信仰とが一体化していた。

三　後百丈碶・小碶門

二〇一一年五月二日（月）に筆者は周春萍女士（寧波大学外語学院学生）、銭雅倩女士（寧波大学外語学院修士課程院生）と後百丈碶を参観した。碶は後百丈橋として橋のみ残っているだけで、漁民が舟で往来していた（写真1参照）。

写真1　後百丈碶　出典）2011年5月筆者撮影

宝慶『四明志』（宋・胡榘修、宝慶三年〈一二二七〉修）巻一二によると、

> 長塘堰。県南二十五里、江河夾岸為塘。袤百余丈、俗呼為百丈堰。当風潮之衝、禦河流之洄、以故累敗、役戸坐是蕩産者什七八。里士黄堂相地勢、謂河洄本為漑塘下之田、然不可与水争地、乃以田易鄞橋広福院田、鑿為渠環之、以接旧河之洄、使仍可漑塘下之田、於河洄鄰江之地、各捐半里許、於其外為堰二、以殺水勢。旧塘遂堅壮、民病始蘇、至今頼之。

とあり、概要は以下のとおりである。長塘堰は鄞県の南二十五里（一三・八キロメートル強）にある。奉化江と河が岸を挟んで塘となり、長さ百余丈（三〇〇メートル強）であり、俗に百丈堰とよばれた。風、潮の衝撃にあたり、河流の遡上を防いだ。それ故しばしば崩れた。使役された民戸の七〇～八〇％は破産した。里士の黄堂は地勢をみて、逆流する河流はもともと塘下の田を灌漑している、また、水と地を争えず、この地の田と鄧橋広福院の田とを交換して渠を開鑿し環流させ、逆流する旧河と接し、塘下の田を灌漑させた。逆流する河の江に近いところでは、各々半里ばかり寄付させ、そとの堰を二ヶ所つくり水勢を殺いだ。これが前百丈堰、後百丈堰と思われる。旧塘は堅固になり、民の苦しみはなくなり、現在（宝慶年間）にいたるまでこれに頼っている。この鄧橋広福院は同史料巻一三に、「鄧橋広福院、県東南二十里、皇朝天聖四年建。賜名寿聖、紹興三十二年改賜今額。田一百二畝、山無。」とあり、県の東南二十里にある。宋代天聖四年（一〇二六）に寿聖という名を賜った。紹興三十二年（一一六二）に鄧橋広福院の額を賜わり、田一〇二畝（五・五八ヘクタール弱）、山はないと言われる。

即ち、長塘堰（前百丈堰、後百丈堰）は宋代の天聖四年時には既に存在していた。

また、乾隆『鄞志稿』（清・蔣学鏞纂、乾隆間〈一七三六～九五〉纂）巻二〇には、

長塘堰、在県南二十六里……元時直合二塘而総名百丈耳。予去歳舟頻過其旁見隄石亦有頽圮者、或石已闕、而土隄為水所齕陥入尺許者、官与民皆安於目前之無恙、而莫加之意、恐積久蟻穴偶穿牽連崩壊、工費不将数十百倍於此耶。凡此皆前人已設之規制、特宜増築之使固。

とあり、長塘堰は県の南二十五里にある。元代二塘をあわせて百丈となづけた。予（蔣学鏞《しょうがくよう》）[27]は昨年（乾隆年間）、船でその付近を通過したところ、堤防の石が崩れているものや、石が無い土堤があり、一尺程（三〇数センチメートル）浸水しているものが見られたが、官民ともに現在の無事に甘んじて特に注意していない。長年の蟻の穴でも偶然に穴があけば、崩壊につながり、工費も現在よりも数十、百倍でおさまらなくなる危険性がある。従って、前人がすでに設けた規制によって増築堅固にすべきであるといわれた。

後百丈碶付近に張氏宗祠があった（写真2参照）。管理人の張小平氏（鄞州区姜山鎮井亭村后百丈三七号）に中を見せてもらった。

張氏の位牌が祭られていた。仏堂には同治年間の碑文があり、建物を重修したことが書かれていた。族規については張氏行輩の碑文があり、輩行字が刻せられていた。その横に功徳碑（二〇〇二年）があり、建物の重修の記事と寄捐者名、寄捐額が記されていた。

その後、族長の張永芳氏（二〇一一年当時、七十八歳）に来て戴き、説明を受けた。族規を書いた書物は以前あったが、文革で破壊された。そこには祭祀行事、正月、結婚式、清明節の祖先祭祀、葬儀の内容が記されていた。族産（祠田）があり、同族の特定人物に耕作させ、佃租は祭祀、宗祠の修理費に用いた。現在は政府に没収されてない。この祠田を耕作する族人は漁民であり、魚を取ってその収入を佃租として納入した。

写真２　張氏宗祠　出典）2011年５月筆者撮影

この後百丈村は解放前、大凡一〇〇戸あり、張氏が五十戸以上、姚氏が二十戸、他に幾つかの姓氏がいた。

土地改革時の階級成分は以下の通りである。

①地主　二戸

姚信国　田六十～七十畝、長工五人、短工二～三人。長工の給料は年に米一二〇〇斤、短工は二～三ヶ月働いて米四〇〇～五〇〇斤。

姚信良　右に同じ。

②富農　二戸

写真３　小碶門　出典）2011年５月筆者撮影

姚雲宝　十～二十畝、牛一頭、長工二～三人、短工はなく、富農自身及び息子娘が耕作した。

姚（奥さんは●文仙・●は姓不明を指す）：右と同じ内容。

③大佃農はいない。

④中農は多数。

⑤貧農　土地のない漁民。長工となった。

大田と小田の区別があり、大田は河川から離れた排水のよい田で米の収穫量が多い。小田は河川付近の水田であり、洪水で米が損傷する危険性があり、排水しにくく、洪水時、米の収穫量が減る田である。

解放前、米は田一畝で一年に六〇〇～八〇〇斤収穫があった。一九五〇年代は一〇〇〇～一二〇〇斤であった。

大田では一年の収穫は八〇〇～九〇〇斤、小田は三〇〇～五〇〇斤であった。

肥料は牛糞、人糞、堆肥を用い、化学肥料は用いなかった。解放後、化学肥料を用いるようになった。田では米が中心で、西瓜、野菜、藕（蓮）が植えられた。

この付近では後百丈碶・小碶門（一〇〇年前建立、写真３参照）の碶があった。後百丈碶は水路の要衝にあり、比較的大きかったが、小碶門は小水路にあり、遺跡のみ残っている。この後百丈村あたりでは、甬江の海水が逆流してくるので碶を閉めて逆流する海水を遮り、東銭湖の淡水を田地に入れる。海水が逆流しないときには碶を開き排水した。両碶には碶夫がいた。給料はあったが、随時に支給され、固定した給料はなかった。従って、貧農が担当した。水利規約は逆流する海水を遮り、淡水を農田に灌漑することが碶の役割であり、他は特になかった。

農民は自由に取水でき、水利規約はなかった。牛車で取水し田に灌漑した。旱害の際には横溪の新馬嶺龍宮に祈雨した。神輿を巡行して祈雨した。また泥鰌を捕まえて水に入れ、龍宮で祭り、その後、水田に流した。後百丈村では龍宮より神輿をかりて祈雨し、その後返した。祈雨の費用は農民が出した。水争いがあり、械闘も行われた。

洪水になると海水が冠水した。従って河の近くの田は小田であった。洪水の排水は自然に任すしかなかった。碶の修理は大工が行い、費用は村人が出した。浚渫、堤塥《ていは》の修理は河堤に面している農民が自分で行った。農民の共同作業はなかった。祈雨のみ共同で行った。

四　趙君廟

二〇一一年十二月三十日に筆者は杜村を訪問した。ここには趙君廟があった（写真4参照）。

『鄞県通誌』輿地志　卯編　廟社、七区廟社一覧表、趙君廟には、

　趙君廟、民強郷荷花橋東。祀宋趙清献忭。分杜村・童家漕二堡。清光緒二十四年重建。四十戸。旧暦九月十日誕日祭神。……

とある。即ち、趙君廟は民強郷荷花橋の東にある。宋代の趙清献忭《ちょうせいけんべん》を祭っている。清光緒二十四年（一八九八）に重建された。中華民国時期、杜村と童家漕の二堡に分かれ、四十戸あり、旧暦九月十日の趙忭の生誕日に祭祀が行われている。

同廟にあった碑文は以下の通りである。

写真４　趙君廟　出典）2011年12月筆者撮影

趙君廟：解放前、原址（張文岳氏保有資料）在朝迎橋河面、有四十戸人家出資建造、当初有三箇趙君廟。其余二座分別在上横道、小岐山。一九九五年由杜村、童家漕為主数十人家出資、移地現址、占地六百平方、建築面積四百平方。公元二〇一一年春。坐落在鄞州区雲龍鎮荷花橋村東南北三面為田野、西連民宅、趙君廟。公元二〇一一春。

即ち、張文岳氏（二〇一一年当時、杜村村長、七十七歳）保有の資料によると解放前の趙君廟の原址は朝迎橋の河沿いにあり、四十戸の人家が出資して建造したものであり、当初は三ヶ所に趙君廟があった。他の二座は上横道と小岐山にあった。一九九五年に杜村と童家漕が主となって数十家が出資して現址に移して建設した。敷地六〇〇平方メートル、建築面積四〇〇平方メートルである。所在地名は鄞州区雲龍鎮荷花橋村で東南北の三方は田野であり、西は民家に連なる。趙君廟である。二〇一一年春とある。

趙君廟の管理人に同廟の歴史について詳しい人を紹介してほしいとお願いすると、杜村の村長の張文岳氏を紹介して下さった。同氏所有の趙君廟沿革を記した資料によると、

座落在鄞州区雲龍鎮荷花橋村。東南北三面為田野、西連民宅。趙君廟。公元二〇一一年春。

解放前、原址在朝迎橋河面、四十戸人家出資建造、当初有三箇趙君廟、其余二座分別在上横道、小岐山。一九九五年、由杜村、童家漕為主数十人家出資、移地現址、占地六百平方、建築面積四百平方。

とある。創建年代については書かれていないが、趙君廟は元々、朝迎橋の河沿いにあり、四十戸の人家が出資して建

造していた。当初は三ヶ所に趙君廟があり、杜村の他に上横道と小岐山にあった。一九九五年、杜村と童家漕が中心となり数十家が出資して、現在の場所に移動したと言われている。

この張文岳氏より杜村の歴史を尋ねた。解放前杜村は戸数一〇〇戸ほどの小さな自然村であった。大姓は鄭で二十戸あり、他は雑姓であった。土地改革時の階級成分は以下の通りであった。

地主　〇戸

富農　〇戸

大佃農　二戸

鄭利徳　牛二頭、牛車をもち、長工二人雇傭した。工資は毎年穀一〇〇〇～二〇〇〇斤

鄭雲棠　同右

大佃農と長工は毎日三度三度一緒に同じ内容の食事をしていた。大佃農は自分の土地をもたず、他の地主から土地を借りてまた貸したり、自耕したので土地改革時土地の没収は無かった。

中農　二戸　牛車所有。

貧農　二十～三十戸。貧農の中には長工が含まれた。

水利は前頭河から流れてくる東銭湖の水を用いた。碶・堰はない。自由に牛車を用いて取水した。貧農は牛車を持っていないので大佃農か中農から借りた。一回につき、籾一五〇斤を支払った。

大田と小田の区別はあった。例えば大田は収穫量が毎畝一〇〇斤、小田は毎畝五十斤というように生産力の高いのが大田であり、生産力の低いのが小田であった。大佃農は地主から借りた土地を長工に耕作させるか、貧農に又貸しし、貧農からは毎年毎畝一五〇斤の佃租を徴収した。大佃農は大田を長工を用いて耕作させ、貧農に大田・小田を出

租した。

干害は解放前には多かった。解放後は一九七三年にあった。ここでは水争いは無かった。祈雨は新馬嶺龍宮で行った。

滂水・洪水はよくあったが、天命であり、自然に任せるしかなかった。河川の浚渫、堤防の修理は行わなかった。村には規約はなく、族約があったがどうかはわからない。

五　新馬嶺龍宮

光緒『鄞県志』巻一二、壇廟には、

馬嶺龍神廟、県南六十里、採訪。鄞奉二邑接壌之区、嶺下有泉、即龍湫、歳旱応禱、霊績昭著。

とあり、また、光緒『奉化県志』巻一二、壇廟上には、

馬嶺龍神祠。県東四十五里。鄞奉二邑接壌之区。乾隆間建。祠前一泉、即龍湫。災旱疾疫、応禱如響。咸豊七年、奉勅賜号普沢龍神。請封冊、参采訪。

とある。『鄞県志』『奉化県志』も同じ馬嶺龍神廟（祠）、後の新馬嶺龍宮について述べている。この馬嶺龍神廟は鄞県と奉化県の境界に、清代乾隆年間（一七三六～九五）に設置された。龍神が祭られ、特に旱害時に祈雨が行われていた。

『鄞県通誌』第一、輿地志、卯編、廟社、八区廟社一覧表、馬嶺龍神廟には以下のように記されている。

馬嶺龍神廟　克強郷鄞奉辺界。祀普沢龍神。嶺下有泉、即龍湫。歳旱禱雨輒応。清乾隆間建祠。咸豊七年奉勅

賜号普沢龍神、邑人周兆麟募資重建、幷増建廊廡（光緒志）大旱則迎賡。……廟前有潭、中跨石渠、遇旱禱雨、奉在梁之南、鄞在梁之北、而神座亦分南北、南座為奉、北座為鄞。

馬嶺の龍神廟（新馬嶺龍宮）は克強郷の鄞県と奉化県の境界にあり、普沢龍神を祭っている。嶺の下には泉があり、龍がその水を飲んだ。日照りの歳に祈雨すればたちまち応じた。清の乾隆年間に祠を建設した。咸豊七年（一八五七）に朝廷より普沢龍神の号を賜り、邑人の周光麟が寄付金をあつめて重建し、また廊廡を建てた（光緒『鄞県志』）。大旱には「迎賡《げいこう》」（龍神を迎える儀式）を行った。廟の前には沢があり、中に石渠が跨っており、日照りになれば祈雨を行った。奉化県は梁の南にあり、鄞県は梁の北にあり、神が南北に分かれて坐している。南座は奉化県にあり、北座は鄞県にある。

写真５　新馬嶺龍宮　出典）2012年７月筆者撮影

二〇一一年十二月三十日に筆者は銭雅倩女士と東銭湖西南部の横溪鎮の新馬嶺龍宮を訪問した（写真5参照）。新馬嶺龍宮で第二十六代の女主人（負責人）の王《おう》亜《あ》苹《へい》女士（一九五九年生）に会った。王女士は寧波市海曙区出身で保国安楽禅寺住職の夫と結婚して横溪鎮に来られた。同禅寺の境内に新馬嶺龍宮があり、同禅寺は夫の父親の釈印常（舎利子）氏が造った。即ち、新馬嶺龍宮の第二十五代主人は夫の父親、釈印常（舎利子）氏である[28]。龍王が夢の中で夫の父親を死ぬまでお世話をするようにと言ったので女主人となっている[29]。

廟の運営資金は村人ではない一般人の寄付金による。廟会はない。廟会をするには政府の許可が必要で、手続がややこしいので行われていない。

この廟の祭神は龍王であり、さらに千里眼、順風耳、二人の文官、小龍王、

土地公が祭られている。昔、龍王が棲むと伝えられている潭があったが、今は埋められ、家屋が建っている。龍王の祭祀は旧暦六月一日に行う。この廟にはこの地域出身の多くの台湾人がここに参拝し、龍王に祈念している。

水稲は虫害があり、龍王に祭る水を水稲にやると虫害が無くなった。この龍宮は祈雨が一番有名である。三年前（二〇〇九年）に龍王を外に持ち出し巡行したことがあった。また、龍王に祭った水で健康を祈念した。近年は旱魃がなく、祈雨は珍しい。一番近い例が三年前（二〇〇九年）である。龍王の巡行にはお金がかかる。三年前の巡行は廟に対する寄付金だけで行った。王亜苹女士は横溪鎮居民で八十八歳（二〇一二年当時）の老人の王大耿《おうだいこう》氏が民国時期の祈雨について詳しいと述べられ、彼女から王大耿氏に連絡され、筆者帰国後、王大耿氏が王亜苹女士に以下のように伝え、王女士がメールで送って下さった（原文は簡体字であるが、常用漢字に直した）。

貴客考察、歓迎！　要知馬嶺菩薩出殿巡游、我把十余年眼見経歴相告。您所到馬嶺行宮是一九九三年重建、我也是籌委会員之一。別有天王殿、大雄宝殿等是属于保国禅寺同一管理。

過去毎年六月初一請龍王出殿巡游、為風調雨順、国泰民安。由組織先要問過龍王是出東進西吉利、還是出西進東吉利。因宮殿背靠小山、大門朝北、前有小溪、過橋大道横貫東西、風景優美、東北西三面都是村庄。出殿隊伍上午出発、干事領隊先有鞭炮開道為号、通告百姓出外迎龍王、高挙旗牌『勅賜馬嶺行宮普沢龍王出巡』、白布黒字相当威厳（此旗牌尚在）、四面大鑼、敲鑼打鼓、放鞭炮、四人擡轎、多人扶轎、争先恐后、后面相随的男女老少、男的多女的少、挟有穿紅背心、戴手拷的扮犯人、因他面向菩薩求病愈許愿、故在此行列絶罪。各村有地界為限、交接換人擡轎、権利寸歩不譲、沿路両旁男女老少拍手、老年人合手而拝、轎所到之村都要停放幾処、各有供奉。而市街上居多用八仙桌、下擱二根長凳、桌上五盤供品、分別為当地水果桃、李、楊梅、脆瓜、正中大盤糯米制品是馬嶺龍王愛吃的、轎過之処這些供品随轎的都可拿喫、多処備有涼茶。毎逢旱季需雨、有喜雨随轎而来、群衆高喊叫快、不戴雨帽不戴傘、若那天不下雨、也会在三、五天内有雨可下、這様経過三十余村、約三十公里、直到下午進殿、請龍王原位坐正、名曰稲花会、很熱鬧、多家有客来看稲花会。并演戯三天、名曰龍王戯。

大致情況如此、僅供参考。

横溪鎮　居民王大耿八十八歳

貴客の考察を歓迎します。もし馬嶺菩薩の出殿、巡遊をお知りになりたいなら、私が十余年前（二〇〇〇年前後）に見た経歴をお話しします。あなたが来られた馬嶺行宮は一九九三年に重建され、私も籌委会員の一人です。別に天王殿、大雄宝殿等があり、これは保国禅寺と同一の管理下にあります。

過去は毎年六月初一日に龍王に出殿巡遊していただき、風雨順調、国家・民の安泰をお願いしました。組織からまず龍王に東に出て西に進むのが吉か、あるいは西に出て東に進むのが吉かを尋ねなければなりません。宮殿は小山を背景に大門が北に面し、前には小溪があり、橋を越えて大道が東西に走っており、風景は優雅であり、東北西の三方はいずれも村庄であります。出殿の隊伍は午前に出発し、隊伍を領導する幹事は先に爆竹を鳴らし、道を開いて先導すると叫び、百姓に外に出て龍王を出迎えるように告げ、「勅賜馬嶺行宮普沢龍王出巡」の旗を高く掲げ、白布に黒字が威厳をしめし（この旗は今でもある）、四方で銅鑼が鳴り、鑼をたたき太鼓をうち、爆竹を鳴らした。四人が神輿を担ぎ、その傍で多くの者が神輿を支え、先を争い後れることを恐れた。後ろに続く老若男女は男が多く、女が少なく、紅背心の服を着、手錠をはめられた犯人に扮するものがいる。彼等は菩薩に病気平癒のためにお許しを願う。従ってこれは罪の償いの行列である。各村には境界があり、同境界で神輿の担ぎ手が交代し、一寸も越境を許さない権利があり、沿道両側の男女は拍手でおくり、老人は手を合わせて拝む。神輿の巡行する村では数ヶ所で停止しなければならず、各所で供奉がある。そして市街上では多くは八仙卓を用い、下は二本の長凳《ちょうとう》に支えられ、卓上には五つの皿に当地の水蜜桃、李、山桃、脆瓜《ぜいか》、正中大皿には糯米《もちごめ》の製品が供えられ、馬嶺龍王に食された。神輿が通過するところのこれらの供え物は神輿に従うものが残らず食し、多くの所では冷茶が準備された。旱季には雨を祈り、雨が神輿に従って来ることを喜び、群衆は大きく喝采をさけんだ。雨合羽を着ず、雨傘を被らなかった。もしその日に雨が降らなくても三日から五日後には必ず雨が降った。このように三十余個村、約三〇キロメートルを通過し、午後に殿に戻り、龍王に元の位置に座って戴いた。稲花会と名づけられ、非常に情熱的に行われ、多くの人々が稲花会を見にやって来た。三日間演戯が催され、龍王戯と名づけられた。

大凡以上の状況である。ご参考までに。

横溪鎮居民王大耿八十八歳

筆者は二〇一二年七月二日、銭雅倩女士と東銭湖の新馬嶺龍宮付近の王大耿氏（二〇一二年当時、八十八歳）及び奥さんの任小毛女士（二〇一二年当時、八十七歳）を訪問した。お二人は寧波市鄞州区横溪鎮周家弄二一号に住んでおられる。

旧暦六月一日に行われる新馬嶺龍宮の稲花会について尋ねた。任女士によると彼女が物心がついた頃から稲花会は行われていた。新馬嶺龍宮には他に正式な祭祀はなく、正式なものは稲花会だけだそうである。また、毎月一日と十五日には菩薩（龍王）に礼拝が行われる。この地域は米の一年二期作であり、早稲の花が咲く旧暦六月一日に稲花会が行われる。

また、子供が病気になると菩薩にお供えした水で漢方薬を子供に服用させる。

稲花会に参加する村は現在の銭嶴村・横溪村・石橋村など三十余村ある。負責人は新馬嶺龍宮の管理人である。各村には祭祀実施の責任者がおり、信心深く、親切心のあるものがなり、毎年一定していない。費用は仏教信者から五〇〇〇元、三〇〇〇元から一〇〇元までの各々の寄付金による。お供え品には各自が好きなものを出す。お供え品によって特に祈念する内容が決まっていない。また、農民がバケツに水を入れ、その中に泥鰌をいれたものを持ってきて、菩薩の前でお祈りし、それを各村に持ち帰り、水田に入れる。祈雨儀式の一つである。王大耿氏は稲花会は新馬嶺龍宮独特のものであると言われたが、它山廟でも旧暦六月六日に稲花会があり[30]、李広志先生（寧波大学外語学院）によると高橋鎮でも稲花会があるそうである。

稲花会では犯罪人の服を着た人が神輿のあとについて巡行するが、これは犯罪をおかせば病気になり、罪を償って菩薩に許してもらい、病気平癒を願うものである。この犯罪人の服を着た人が神輿の後ろに従って巡行する儀式は它山廟の稲花会（旧暦六月六日）でも行われていた[31]。神輿はA村内ではA村の人々が担ぎ、B村に入る境界でB村の人々と交替し、一歩も境界を踏み越えてはならない。これは菩薩の霊験を各々の村の中に留め、越境してはならないという考えである。境界内でA村民とB村民との間で、神輿の奪い合いが行われる。これはB村民にとっては神輿をできるだけ早く自分の村へ入れたいが、A村民にとってはできるだけ長くA村内に神輿を留めたいという思いから起こるものである。

新馬嶺龍宮では祈雨を中心に行われ、祈雨を行うと雨が降った。また、健康祈願も行えば、病気が治ったと言われる。

この地域には水田には山の溪水を利用している。現在は横溪水庫から灌漑している。大田と小田（地脚）の区別がある。一つの田の大きい部分の面積を大田といい、小さい部分の面積を小田という。例えば田の2／3を大田といい、田の1／3を小田という。

王大耿氏の大田・小田の説明は後百丈碶、趙王廟における聞き取り調査結果とは異なるが、筆者は「大田は生産力の高い水田、小田は生産力の低い水田」との説をとる。(32)

土地改革時、この地域には平野部分では五十畝以上の土地をもつ地主がいた。山野では十畝以上の土地をもつものを地主と呼んだ。

おわりに

東銭湖は唐代天宝年間（七四二～七五五）鄞県令陸南金によって開築された。東銭湖は田一二万一二一三畝を廃して開築され、毎畝米三合七勺三抄を徴収して八塘四堰設置され、五余万頃（大凡三〇〇万ヘクタール）灌漑できるようになった。宋代天禧元年（一〇一七）に郡守李夷庚が重修し、東銭湖水利機能が高まった。宋代、茭・葑・菱・芡といった水生植物の繁茂による湖の淤塞が深刻化しており、淳熙二年（一一七五）に魏趙愷が浚渫し、嘉定七年（一二一四）に提刑摂守程覃が置田策・売葑策によって浚渫し、宝慶年間（一二二五～二七）に郡守胡榘が置田策によって浚渫し、淳祐二年（一二四二）に郡守陳塏が売葑策によって浚渫を行った。

さらに元代（一二七一～一三六八）には湖の淤塞問題に加えて、湖周辺「勢家」（大土地所有者、廃湖派）が廃湖して開墾しようと動きだしたために、一般の水利用益戸との対立が顕在化した。

明代になっても、湖の淤塞、居住民の不法開墾が依然として起こり、特に廃湖派の有力層は、正徳年間（一五〇六～二一）と嘉靖九年（一五三〇）に寧波衛屯軍を通じて東銭湖の屯田化を申請してきた。水利用益戸と対立が深刻化しために、鄞県知県が解決にのりだし、結局、水利用益戸の利益を守るためにたちあがった郷紳や父老の働きによって事無きに済んだ。

明代後期、万暦年間（一五七三～一六一九）と天啓元年（一六二一）に葑税徴収の禁止令が出て、勢家を中心とする廃湖派と郷紳・父老を指導層とする水利用益戸の守湖派の対立がまた高まったが、東銭湖は廃湖されなかった。

清代嘉慶年間（一七九六～一八二〇）にはまた茭葑によって淤塞したので、湖界を正し、「市葑之策」（葑を売買する策）で浚渫した。道光二十三年（一八四三）八月に台風で塘堰が決壊し、道光二十八年（一八四八）に地方官・郷紳が寄付金を出して修理した。同治五年（一八六六）、鎮海の人、胡枢等が剣河漕で山を鑿って河を開き、湖水を引いて鎮海県に灌漑したいと要請してきた。巡道の史致諤、知府の辺葆誠が玉環同知黄維誥に委任して実地調査させ、鄞県・鎮海県の地勢の高低、工事の巨大さを認識し、また鄞県民が極力反対したので、この議は白紙撤回となった。後に総督左宗棠が出した引水の永久禁止批示文が石碑に刻まれた。

民国五年（一九一六）東銭湖測量隊が善後意見書八則をだし、付近住民の東銭湖侵害を禁止し、民国十一年（一九二二）、鄞県県議会で東銭湖湖塘の侵占を禁止する案件を議決した。中華民国、新中国になっても東銭湖は廃湖されず、灌漑用水の重要な施設として維持されている。

以上のように東銭湖は鄞県東部地域にはなくてはならない水利施設であり、廃湖の危機がなんどかあったが、決して廃湖されず、水利灌漑に利用された。これは鄞県西部の広徳湖が宋代政和七年・八年（一一一七・一一八）に楼异によって廃湖されたのとは大きな違いであった。鄞県西部地域で広徳湖を廃棄できたのは八三三年に王元暐によって它山堰が設置され、鄞県西部の水利を基本的にまかなえるようになっていたからであり、鄞県東部では東銭湖を廃棄すればこれにかわる大規模水利施設がなかったから、東銭湖は廃棄されず、現在でも水利灌漑に用いられている。

さて、この東銭湖水利に大きな功績があった陸南金・李夷庚を祭った廟が嘉沢廟であった。宋治平元年（一〇六四）に鄞県主簿呂献之によって建設され、嘉定二年（一二〇九）に額が賜われた。年月がたって廟が壊れてきたので元代至順二年（一三三一）に再建された。その後、嘉沢廟は廃れてきて、五通妖廟が祭祀され、特に婦女が祈ると東銭湖の風波が順調になったという。しかし、至順二年に嘉沢廟が再建された際に、五通妖廟を撤去し、この嘉沢廟に陸南金・李夷庚とともに宋代、金との戦いに主戦論をとった岳飛も祭られた。

東銭湖は唐代の天宝年間（七四二〜七五五）に県令陸南金によって開築されて以来、寧波東郷地域の水源であった。元代〜清代に廃湖の動きがあったが、廃湖されず、同地域農民の灌漑用水として用いられていた。

筆者は後百丈碶のある後百丈村、趙君廟のある杜村の民国時期の水利灌漑の調査を行った。両地域ともに東銭湖の水を利用して灌漑が行われ、水稲生産が行われていた。後百丈村では後百丈碶により海水の逆流を食い止め、東銭湖の淡水を利用されていた。この地域でも寧波地域で一般的に見られる大田・小田の区別があり、大田は河川から少し離れたところにあり、洪水になりにくく、生産力の高い水田であり、小田は河川付近にあり、洪水にあう危険性が高く、生産力の低い水田であった。

後百丈村、杜村の生産形態、水利灌漑形態はほぼ同じものであり、両村ともに旱害時に新馬嶺龍宮で祈雨を行っていた。新馬嶺龍宮では祈雨が行われ、旧暦六月一日の稲花会では後百丈村、杜村など三十数ヶ村を神輿が巡行し、祈雨及び天候の順調、農業生産の安定が祈られていた。村人の共同意識が新馬嶺龍宮の祈雨であった。

註

（1） 長瀬守「宋代江南における水利開発——とくに鄞県とその周域を中心として——」『青山博士古稀記念宋代史論叢』省心書

房、一九七四年九月所収）、松田吉郎「明清時代浙江鄞県の水利事業」『佐藤博士還暦記念中国水利史論集』国書刊行会、一八八一年三月、同「東銭湖水系」『寧波地域の水利開発と環境（課題番号　一七〇八三〇一五）平成十七年度～平成二十一年度　文部科学省科学研究費補助金『特定領域研究』「東アジアの海域交流と日本伝統文化の形成――寧波を焦点とする学際的創生――」研究成果報告書』二〇一〇年三月一日、研究代表者　松田吉郎一〇四～一一六頁。

（2）『新唐書』巻四一、地理志。

（3）雍正『寧波府志』（清・曹秉仁等修、雍正十一年〈一七三三〉刻本）巻一四、河渠、太学生李暾濬東銭湖議。

（4）乾道『四明図経』（宋・張津等纂、乾道五年〈一一六九〉修）巻二、鄞県、東銭湖。

（5）宝慶『四明志』（宋・胡榘修、宝慶三年〈一二二七〉修）巻一二、鄞県志。

（6）註（5）に同じ。

（7）註（1）前掲長瀬守「宋代江南における水利開発――とくに鄞県とその周域を中心として――」。

（8）宝慶『四明志』巻一二、鄞県志、宋制使皇子魏王趙愷箚子。

（9）註（8）に同じ。

（10）宝慶『四明志』巻一二、鄞県志、提刑摂守程覃箚子。

（11）宝慶『四明志』巻一二、鄞県志、郡守胡榘箚子。

（12）至正『四明続志』（元・王元恭修、至正二年〈一三四二〉修）巻四、河渠。

（13）註（12）に同じ。乾隆『鄞県志』（清・銭維喬修、乾隆五十三年〈一七八八〉刻本）巻四、水利、邱緒浚東銭湖議では廃湖説をとるものを「勢家」、「豪貴之家」としている。

（14）度牒：宋代、寺院の弟子達が修業を積んで得度して僧尼になる場合に、中央政府の祠部から支給される免許証。相当な金額の手数料を支払わなければならなかった。宋朝は、国家の歳入を増すために、度牒を俗人にも売り与えることを行い、度牒を持っておれば、実際の僧侶・道士にならなくとも、それだけで力役免除の恩典が与えられた（曾我部静雄『宋代政経史の研究』一九七四年、吉川弘文館、一四三・五一六・五四〇頁）。

(15) 雍正『寧波府志』巻一四、河渠。

(16) 光緒『鄞県志』(清・戴枚修、同治十三年〈一八七四〉修、光緒三年〈一八七七〉刻本)巻七、水利下、東銭湖。

(17) 註(16)に同じ。

(18) 註(16)に同じ。

(19) 註(16)に同じ。

(20) 『甬上水利志』(清・周道遵考述、道光二十八年〈一八四八〉刊本)巻三、東銭湖。

(21) 註(20)に同じ。

(22) 『鄞県志』(浙江省鄞県地方志編纂委員会、一九九六年九月、中華書局)一二七二頁。

(23) 民国『鄞県通志』第一、輿地志に「民国五年銭湖測量隊善後意見書八則。茲録其六則如下。一、湖界宜清也。沿湖居民彼侵此佔、習若固常、宰官視聴較遠、毎致不察、而湖面日窄。亟宜調査地段、一律清丈。凡已成田、或地或住屋、確係湖面塡築者、責成主管人、案値繳価、充作善後経費、方得公允。一、佔築宜禁也。自清湖界後、不許再有侵佔湖面建築情事。即村外所囲之隄垣、藉以阻風浪者、亦宜頒布一定之式様及長寛之制限、倘敢故違、須科重罰、以示厲禁。一、水則宜定也。湖水放入塘河、毎致一洩無余。在放水者知下水之便、而不察流水之量。用水者知有水之益、而不備無水之時。亦一大原因也。宜於各碶門附近、自湖底直豎石標或混凝士、作之固定標、擲勒以尺度。審若何天気、放若何水量、庶用水有則、涓滴不廃矣。一、碶門宜守也。碶板修築完密後、更須厳加封鎖以杜私放之弊、啓閉宜有専責、遇旱則承主事者之命、準水則酌啓碶板若干塊、放水合度、後重行封鎖、以昭慎重。一、樹林宜広造也。湖周山嶺木伐、山童洪水暴発、砂土夾流、直下淤積湖底、而容水日浅。宜広栽樹木、造成森林、一以尽地力、而培材木、一以固山坡、而殺水勢、能勧励人民、推広種植、受農会之制裁、更為完善。一捕魚捐宜酌量収取也。湖中捕魚為業者、実繁有徒、既得一分権利、応尽一分義務、輸捐以代工作、亦不為苛、宜按照船隻酌量定数、収納月費、給以憑証、方許打捕、亦補助善後経費之一種也。」とある。

(24) 民国『鄞県通志』第一、輿地志に、「民国十一年、鄞県県議会議決禁止侵佔東銭湖湖塘案。一、上年省署派員測量該湖、絵有全湖精密地図、存於旧県自治辦公処、応将是項地図、分存三県、並将図載湖面丈尺、勒石豎立壩頭、以備査核、而杜侵佔。

二、沿湖居民、原有老隄為界、経此次県公署出示厳禁後、如再有発生侵佔情事、無論何人、得就近向湖工善後局及自治人員挙発呈請官庁案律究辦。三、傾倒垃圾於湖塘之旁、即為侵佔之漸、応一律厳禁。四、湖濱佔地已建房屋者、須将税契及糧串、向湖工善後局証明、倘有税契而無糧串者、応即向県公署、呈請升糧、湖工善後局験看前項税契及糧串時、須加蓋戳記、並登記簿冊備査。五、湖工善後局責任綦重、応振刷精神、破除情面、認真監督、並会同就近自治人員、随時随事整頓之。」とある。

(25)『留書日札』、『蘇州府志』、『陔余叢考』五聖祠などを参照されたい。

(26)松田吉郎「現地調査の記録」『寧波地域の水利開発と環境（課題番号　一七〇八三〇一五）平成十七年度～平成二十一年度文部科学省科学研究費補助金『特定領域研究』「東アジアの海域交流と日本伝統文化の形成――寧波を焦点とする学際的創生――」研究成果報告書』二〇一〇年三月一日、研究代表者　松田吉郎、同「它山廟の稲花会について」藤井徳行教授退職記念号『社会系諸科学の探求』社会科学研究会、法律文化社、二〇一〇年三月、同「它山堰水利について」『中国水利史研究』第四〇号、二〇一二年三月を参照されたい。

(27)蔣学鏞は乾隆『鄞県志』凡例では「蔣学鏞本県人辛卯（乾隆三十六年〈一七七一〉）挙人」とある。

(28)二〇一二年七月二日、筆者は銭雅倩女士と東銭湖の新馬嶺龍宮で王亜苹女士に会った。王女士の夫の父親で報国寺の管理人の舎利子（享年八十八歳）氏が二〇一二年に亡くなったそうである。葬儀は厳かに天童山寺で行われた。舎利子氏は七十歳の頃、寺廟を作った。これは報国寺及び新馬嶺龍宮を指すものと思われる。生涯で合計四つの寺を作った。その資金はご自分のお金と民間からの寄付金であった。王亜苹女士の御嬢さんは舎利子氏が亡くなった後、夢をみた。舎利子氏は死後、天庭太白金星の所に行ったという夢であった。王亜苹女士も夢を見た。舎利子氏は仏教世界の西方の阿彌陀仏の所へ行ったという夢であった。自分の一生を仏教に投じたことからであろうと言われた。

(29)二〇一一年十二月三十日と二〇一二年七月二日に王亜苹女士は筆者に新馬嶺龍宮の女主人になった経緯及び霊能者としての活動を語ってくれた。いずれも興味深い内容であるが、詳細は別稿に譲りたい。

(30)松田吉郎「它山廟の稲花会について」藤井徳行教授退職記念号『社会系諸科学の探求』社会科学研究会、法律文化社、二〇一〇年三月、及び「寧波它山廟会の祭祀と儀礼」（李広志・松田吉郎共著）『中国水利史研究』第三九号、二〇一〇年十月三十一日。

（31）　註（30）と同じ。

（32）　山県重宣「寧波における土地改革」『東洋史訪』史訪会、第一七号、二〇一一年三月、四三頁において大業（大田）は生産性の高い土地、小業（小田）は生産性の低い土地であると指摘している。

水の娯楽――寧波の例――

松田吉郎

はじめに

寧波水利を考える上で、農村部の水利灌漑と都市部の生活用水、及び江・河渠・大運河による水運の問題だけではなく、都市部を中心とした水の娯楽という要素を考える必要がある。寧波においては日湖、月湖、東銭湖において水の娯楽が行われている。水の娯楽は湖水における龍舟競漕、舟遊びのみならず文人による講学、詩作、音楽、舞楽などが行われている。

本章は寧波における水の娯楽に対する初歩的考察であり、最初に先行研究を紹介し、後に文献史料を用いて歴史的に考察しようとするものである。

一　日湖、月湖、東銭湖の位置

『寧波市志』（寧波市地方志編纂委員会、一九九五年十月、中華書局）第四二巻の名勝旅遊によると、月湖は寧波地域の西南隅にあり、長さ一〇〇〇メートル、幅一三〇メートル、面積〇・二平方キロメートルである。古代には子城の西にあったために西湖と言われた。月湖の東に日湖があったが、伝えるところによると寧波の主県の鄞県は唐宋時代には明州と呼ばれており、明州の明の字の日と月を分け、日湖、月湖と称されたといわれている。月湖は現在でも存在するが、日湖は塞がっており、筆者が二〇〇六年九月に調査した所によると、石碑のみが残されている。

東銭湖は寧波市区の東南一五キロメートルのところにあり、東西六・五キロメートル、南北八・五キロメートル、周囲四五キロメートル、水深二メートルである。古代には銭湖、万金湖と称された。筆者が二〇〇六年三月に調査した所によると、水利灌漑と漁業用の湖であるが、現在は十月に龍舟競漕が行われ、湖の周辺は別荘地となっている。

日湖、月湖、東銭湖では水の娯楽が行われてきたが、歴史上、水の娯楽の中心地は月湖であり、以下、月湖中心に考察していきたい。

二　先行研究の紹介

月湖における水の娯楽については、裘燕萍《きゅうえんへい》「月湖建築的人文主義」（許勤彪主編『寧波歴史文化』二十六講、寧波出版社、二〇〇五年九月）がある。以下、その概要を紹介しよう。

南宋時、臨安に遷都し、多くの宗族も続々と南遷し、南方の経済、文化は高度な発展を得た。統治者たちは（都開封の）収復を考えず、終日歌舞、昇平という仮象の中に埋没し、江南の人文・精神に大きな変化をもたらし、それに伴って月湖の繁栄期もやってきた。能力のある人士・賢人が明州にきて職についたり、官僚になって、続々と明州府、月湖周辺に邸宅を建て庭園を造った。この時、寧波港は高麗国との貿易の出入港となっており、使者・商民が絶え間なく寧波に上陸した。楼异(1)が菊花洲に高麗使館を造営し、史氏家族が朝政を執行し、相府が南北両島に遍在し、月湖文化は興隆期に入った。

全祖望(2)が言うところによると、「誰ぞ洞頭に移り、湖を跨る数は、思うに史氏が十の九を占めている」と。史氏は寧波史上著名な望族で、かつて一門で三人の宰相を出し、四世で三人の封王、五人の尚書を出した。鄞県の史氏は漢代に発祥し、杜陵侯史恭が北宋時に慈渓に移り、後に月湖東岸に移住した。

史浩（一一〇六～九四）(3)は、家の境遇が比較的貧しく、かつて銭を借りて母親洪夫人の六十歳の誕生日を祝った。宋孝宗（在位一一六二～八九）の時、史浩は参知政事兼翰林学士になり、皇帝は月湖の菊花洲を史浩に賜与した。旧居の傍らに「世禄坊」を建造し、高宗（在位一一二七～六二）の御書「旧学」「真隠」を珍蔵の墨宝とし、高麗使館を改めて「宝奎精舎《ほうけいしようじや》」とした。世禄坊は越王府に移り、府前は史彌大《しびだい》(4)の邸宅となり、后府は子孫の史彌堅《しびけん》(5)の居室となり、月湖は当時最大の建築群となった。一時期、車馬が往来し、繁華を極め、孝宗は松島を史浩に贈り、「真隠観」を造り、四明の景勝を島の上に取り入れ、そこに皇帝直筆の「四明洞天」を収めた。現在第二中学の旧址であり、史浩が隠退後ここに住み、曾て「四明尊老会」を開いた所である。史浩の息子の史彌遠、(6)史彌堅が丞相、尚書になり、続いて府（館）を造った。雪汀《せってい》には史彌堅の尚書邸宅があり、芳草洲には史浩の孫史守之(7)の「碧沚《へきし》」蔵書楼があり、袞秀《こんしゅう》橋《きょう》畔には史彌遠の丞相府、また明代に設けられた広盈倉《こうえいそう》があり、後に蔵書家豊坊の「万巻楼」となった。

史守之は史浩の長孫であり、一生、名誉や利得を争わず、書を嗜むことを命とし、芳草洲に住み、かつて官は朝奉大夫にまでなったが、官を辞して郷里に帰った後、すぐさま松島に向かいそこで暮らした。後に史彌遠がその芳草洲に「碧沚楼」を造り、宋寧宗（在位一一九四～一二二四）御書の「碧沚」があり、万巻の書を蔵し、楼鑰《ろうやく》(8)の蔵書楼とあい並んで「南楼北史」と称された。著名な学者楊簡、袁変、楼鑰はみなかつてここで理学を進講し、門徒は多く、「四明学派」活動の中心地であった。

月湖の繁華・熱鬧につれて、龍舟競争は興隆しはじめた。南宋時、端午の節句の龍舟、粽を除き、八月中秋に龍舟競争、月見、月餅が食された。(9)史簡は陪母の葉氏が龍舟競争を見たいからと言って、官府から貶斥《へんせき》を招き、郁々として死んだ。葉氏は節を守り子を訓育し、子孫には「志に励み書を読む」ように求め、史氏を振興した。これによって龍舟競争は史氏一門の光宗耀祖の象徴であり、特に史浩が丞相になった後、推崇を加え、且つ龍舟競争の費用は全て史家が一人で負担した。中秋は八月十五日であるのに、寧波人はみんな八月十六日に月餅を食べるが、この伝統も史氏と関係がある。史浩の母親洪氏の誕生日は八月十六日であり、史浩は毎年中秋には母のお祝いをなし、史家は二重の節日（中秋、誕生日）をするにあたって、熱烈にまた事を省くために、史浩は榜を張って中秋節を八月十六日に改めた。鄞県県志の記載によると、「端午の龍舟は八月十五日の中秋に天下のいずれでも行われるが、ただ四明だけでは十六日を中秋としており、中秋競争が相伝わり、史越王の母夫人が十六日に生まれたことから、故にこの日を佳節とし、遂に龍舟競争をしてその母を楽しませた。風俗はこれによって改まったのではなく、天時・人事は相国（史浩）によって変えられたのである」。

楼氏の原籍は奉化で、楼郁[10]の時に月湖に移住した。楼郁は著名な慶暦五先生の一人で、自ら「西湖先生」と号し、王安石によって招聘され県学に赴任し、月湖で授講し、一時四明学風の先を開き、遠近の学士が続々とやってきて、この時、四明は「鄒魯《すうろ》」と言われるようになった。楼郁の子孫楼异は松島に錦照堂を建設した。宋徽宗政和七年（一一一七）、楼异は朝廷に奏請し、明州に高麗使館を設け、朝鮮と通商し、同時に高船を建造するのに用い、広徳湖を廃棄して田となし、合計七・二万畝を開墾し、毎年、租三・六万石を徴収せんことを建議し、ここにおいて楼异は明州知府に任ぜられた。渇水旱害により、稲粒の収穫が減り、民衆からの恨みの声が道に満ちた。寧波には俗に次のような句があり、「楼太師を溺死させ、白龍王を日に晒して殺す」と。しかし楼异は造船監督となり、その職務は重大で、鄞県西郷には「楼太師廟」がある。攻媿主人楼鑰、即ち楼郁の五世孫の著に『攻媿集《こうきしゅう》』がある。官を辞して後、月湖錦照堂に攻媿斎を建て、十三年居住した。楼鑰は古経史に博識であり、その学は古今を貫き、講義著述を極め、作詩を善くし、人となりは剛毅で、権力に媚びず、「逆境でも徳をすすめ、順境では人を楽しませる」ことに自ら励んでいた。

楼氏は史氏とともに四明の望族であり、影響が重大で人の能く項背を望むことなく、「南楼北史」と称せられている。

宋元時期、経済が発達したが、多くの遺民は故国の情愫《じょうそ》が忘れられず、続々と書院を建てたり、社を結んで詩を吟じたりし、精神に寄託し、文化を伝播した。月湖は甬上文人学者が集まる所であり、書院が特に集中し、所謂「四明游人が雲の如く、木鐸の声が相聞こゆ」である。月湖は程朱理学、浙東学術の重要地であり、多くの学者がここで講義・学術交流・心の体得を行い、一種の学術自由の雰囲気を形成した。著名な竹洲正議楼公講所があり、これは「慶暦五先生」楼郁の講堂であり、明州はここから多くの有識の人士を輩出した。淳熙四先生が碧沚講舎、城南書院等を建て、徳でもって身をたて、徳でもって人を育て、徳でもって政を行うという「四明学派」の学術思想を伝播した。詩社には大学士舒亶《じょせん》の「嬾堂《らんどう》」、そしてその後の「八老会」、「尊老会」があり、詩社はまた詩人たちの交遊唱合のよき場所となった。月湖書院はもともと観音寺であり、元代に広盈倉、明代に義田書院、清代に月湖書院に改められ、民国時期に寧波師範学校、現在は月湖飯店になっている。明清交替期になって、各種の思潮が勃興し、月湖の浙東学術中心は旧来通り存在したが、黄宗羲の講学処の甬上証人書院はかつて月湖尚書橋北に移り、その弟子もまた月湖に居住し、活動した。浙東史学の集大成者全祖望は月湖西岸の桂井巷に生まれ、官は翰林学士になり、住居の双《そう》韮山房《きゅうさんぼう》を築いた。悪質な官場のために郷里に帰り家に住み、書物の著述、学問を立てることに専心し、郷里で文献収集に力を尽くした。帰郷後家計は日々落ぶれるとも、読書立説に大いに力をつくしたが、加えて息子が病没したために、全祖望も続いて死に、享年五十一歳であった。もし全祖望が全力をあげて書物を収集しなかったならば、我々はこのような豊富な文献資料の享受に預かることは困難であった。その著には三十余の著作があり、著名なものは『鮚埼亭集《きつきていしゅう》』『続甬上耆旧詩』がある。死後、家人は「双韮山房」蔵書万巻を売り銀二〇〇〇両を得て、南郊王家橋苗圃に彼を葬った。

月湖上には多くの私家邸宅があり、また花園がある。一般の文人士大夫は現実から逃避するために江湖に隠遁し、山水の間に情を寄せ、小楼、亭台、水池などをつくり、異石を築き、花藪を植えた。

月湖南岸の紫金巷三〇号に位置する林宅は典型的な私家院子である。林家は書礼世家で、清同治年間（一八六二～

七二）同榜挙人林鍾嶠・林鍾華兄弟が建てたものである。文人で仕官したものが老齢となり故郷に戻り、安楽を偸む一方、邸宅の経営に専心する。一般文人は風雅を好み、書画を憧み、私宅の多くは自己設計にかかわるものである。林宅の擡頭は斗拱《とうきょう》翅檐《しえん》、精美な彫刻の門楼、その上には「慶雲崇藹《けいうんすうあい》」と書かれ、背面には「春風及第」と題せられていた。左には鍾雕《しょうちゅう》の儀門があり、儀門は壁に沿って牌坊式となっており、精華な磚雕《せんちゅう》が嵌《は》め込まれている。中に庁堂、東西に廂房があり、後に重楼があった。最も注目に値するのは「小蘭亭」と称される西辺の花園であり、類似したものは寧波に四ヶ所ある。王羲之の『蘭亭序』の中に「この地に崇山峻嶺があり、茂った林に竹が修まり、また清流激湍があり、……」という意趣をもった構造の仮山・蘭亭・水池があり、また董其昌の書『蘭亭序』の石刻がある。この宅は多くの精美絶倫な建築彫刻芸術があることから浙江省級の文物保護単位となっている。菊花洲上の官宦府第には大方岳第、銀台第などがある。「格院は格がなく、景を借りるに因有り」、院落と湖光が相連なり、自然の趣をなしている。

　清朝の国力が徐々に衰落するにつれて、月湖の官宅名居が月湖水面に侵入したことにより、月湖もまた全く面目が悪くなった。月湖の改造前、設置された魚籠が混雑し、破壊が絶えられないようになり、人文風貌も全く失なわれた。現在の月湖景区は、すでに「楊柳は依りより暖風を牽き、斜坡新たなり篁碧《こうへき》玉簪《ぎょくさん》、香樟杜鵑《けん》桜桃樹、緑草萋萋《さいさい》として芳菲《ほうひ》を吐く」。今のような月湖は総体的に月の牙の形をしており、景区の面積は九六・七ヘクタール、水域面積九ヘクタールで、寧波市歴史文化保護区である。城市の緑地を営造して、休憩場所とし、一九九八年寧波市政府は巨資を費やし月湖整備改築工事を進め、湖東にある元来の四〇〇〇余間の建築物を撤去移動し、別に二八・六ヘクタールを開拓し、月湖十景を再建し、緑意が濃厚な城中花園となった。月湖には緑があるだけではなく、一〇〇〇余年の人文が積集、遺存され、再建された古代建築物から発散される人文主義の気息は月湖の霊魂であり、月湖の精神である。(11)

以上のように裘燕萍氏は「月湖建築の人文主義」において特に宋代から清代において月湖に集まってきた文人達による住居、庭園、講学所の建築、そして史浩を中心とした史氏による龍舟競漕の始まりについて述べられている。

三　日湖・月湖の歴史

乾道『四明図経』（宋・張津等纂、乾道五年〈一一六九〉）巻一、水利には、

競渡湖。即開元寺西之小湖也。昔有黄鐘二公競渡於此。故後人以名其処亦呼為小江里、又曰沿江里也。

とあり、競渡湖《けいとこ》は開元寺西の小さい湖であり、昔、黄鐘の二公がここで船の競漕を行っていたので、後に人々がここを小江里とよび、沿江里ともよんだ。民国『鄞県通志』（民国・張伝保修、民国二十二年〈一九三三〉）輿地志によると、競渡湖は日湖のことであると言われている。

乾道『四明図経』巻一、水利には、

西湖。在州南六十歩。舒公龍図亶嘗記其事、以為是湖本末、図誌所不載。其経始之人与歳月皆莫得而考。湖中有汀洲島嶼、凡十。曰柳汀、曰雪汀、曰芳草洲、曰芙蓉洲、曰菊花洲、曰月島、曰松島、曰花嶼、曰竹嶼、曰煙嶼、四時之景不同、而士女遊賞、特盛於春夏、飛蓋成陰、画舩漾影、無虚日也。

とあり、西湖（月湖）は州の南六十歩のところにある。舒亶はかつてその湖の本末を記録したが、図誌には収録されなかった。西湖の建築をはじめた人は歳月とともに考証できなくなっている。湖中には汀、洲、島嶼がおよそ十ある。柳汀、雪汀、芳草洲、芙蓉洲、菊花洲、月島、松島、花嶼、竹嶼、煙嶼とよばれ、四季の景色は各々異なり、士女が遊楽・観賞する。特に春、夏に盛んで、飛蓋（車）が陰をなし、画船が漂わない日はなかったと言われている。

従って、月湖の修築年代は不明であるとされている。

また、乾道『四明図経』巻一の史料では、日月両湖のことが記されているが、実際は以下述べるように当時は日湖は塞がり、月湖のみ存在していたようである。

即ち、乾道『四明図経』巻一〇、「西湖引水記」舒亶によると、

按州図経、鄞県南二里、有小湖、唐貞観中、令王君照修也。蓋今俗里所謂細湖、頭者乃其故処焉、湖廃久矣、独其西隅尚存、今所謂西湖是矣。明為州瀕海枕江、水難蓄而善泄、歳小旱而池井皆竭、而是湖所以南引它山之水、為旱歳備也。熙寧乙卯歳大旱、湖輒涸、建中靖国改元之夏秋不雨、湖又涸、民渇甚、至穴窊下濾穢滓以飲、而国家将有事、于郊丘上供之舟、復阨不得進、公私交病、上下狼顧、漫不知所為策者、州於是以其事属監船場宣徳郎唐君、君即由南門道河上、凡八十有五里、抵所謂它山堰者、躊躇相視、遂尽得其利病、蓋所謂它山者、四明之衆山萃焉、一山作雨、則澗壑交会、出為漫流、方歳小旱、衆山未必皆不雨、而溪流未必遂絶也、特河勢中窊、循両隄率支渠釃泄以去、以故不得行、蓋非特天時之罪也、君既得其所以為利病、審不疑矣、乃属民尽堙諸渠口、而稍浚上源、因以其土窒補堰隙、復累石於其上、以遏入江之羨流、於是水稍引於北、顧独距城十数里、河赤地裂深尺余、凡邦之人、莫不皆謂水無可行之理、要非淹旬積雨、莫能済也。君謂審如是、豈人力所能及哉、頗聞善政王侯実始作堰、以茲水賜其邦人、廟貌固在焉、其能漠然乎、即為民致禱焉、一昔而水輒薄城下数日、湖流漫然至清冽可食、而行舟於河、不復留礙、耋稚懽呌、里巷相属、一方遂以無虞、噫侯一何異哉、然前此湖、蓋嘗涸矣、無有能発其利者、発其利、自宣徳君始、君誠善其始矣、顧非侯以相之、則莫能善其終、蓋宣徳君身筦庫之責、而能用意勤民之事、侯生既施労於人而歿、猶炯炯如此、蓋皆可謂有志於民而与、夫世之任人責而不思憂、視民災而莫知救者、顧可同日而語哉、侯諱元暐、史不伝、不知何許人也、唐太和中、実令是邑、得之父老、自它山以北、故時

皆江也、溪流猥幷与潮汐上下、水不蓄泄、旱潦易災、侯為視地高下、伐木斲石、横巨流而約之、率三入江七、裒於河漑田、凡八百余頃、其功利溥矣、故民至今祠之、宣徳君名意字居正、江陵人也。乃祖若父以風節文章聞天下、而君清直強学、不苟於其職、克似其家世者也、既徳侯之賜、不敢忘、斤金以致飾其像設矣、又属余以紀其事、余以謂天時之不常久矣、安知歳不旱、而湖無涸乎、故具論如此、且以著二君之志、而因以告、夫後来者、使有考焉、

冬十月吉記。

とあり、乾道『四明図経』によると以下の通りである。鄞県の南二里のところに小湖（日湖・月湖）があり、唐代貞観年間（六二七〜六四九）、県令の王照が修理した。今（乾道五年〈一一六九〉当時）俗に里で言うところの細湖であり、先端部分がその故所であり、湖が廃されて久しく、西隅のみ存在し、今言うところの西湖である。明州は海に近く江に瀕し、水は蓄えがたく排泄しやすく、歳に小旱でも池や井戸もすべて渇水した。そこでこの西湖が它山の水を引水し、旱歳の備えとした。熙寧八年（一〇七五）に大旱となり、湖が涸れ、建中靖国の歳（一一〇一）にも雨が降らず、湖も涸れた。民は大いに渇き、水のたまった窪地の底の汚れ水を濾して飲んだ。国家有事の際に郊丘（宮廷）に上供する舟が淤塞した水路に阻まれ進むことができず、公私交々病み、上下狼狽し、対策を施す術もわからない状況であった。明州は監船場宣徳郎の唐君（唐意）に委嘱し、唐君は南門より河を遡り、八十五里のところの它山堰に到着した。躊躇しながら視察したところ、その利害を悟った。四明の衆山があつまり、一旦、山で雨が降れば谷間が交々あり、増水する。小旱であれば衆山雨が降らないこともなく、溪流もすべて渇水することはないが、特に河勢の中程に窪みがあり、両岸の堤防にしたがい支渠で排水しても、河の流れが進まなくなるが、これは天候の罪だけでない。唐君はその利害を考え、疑わずに民に委嘱して諸渠口を塞ぎ、上流の水源を浚渫し、その土で它山堰の隙間を塡補し、その上に石を積み重ね水流を遮り、江に余水を入れた。そこで水をやや北に引いたが、城から十数里はなれたところの河

が赤くなり、地が深さ一尺ほど裂けた。地域の人々は水が行くべき道筋がなく、もし旬日長雨がつづけば救うことができないと言わないものはいなかった。君は審らかにするとこのようであれば、どうして人力が及ぼうか、人力では及ばない。善政王侯（王元暐）が初めて（它山）堰をつくり、この水でその地域の人々に（恩恵を）給ったから、（它山）廟が固より存在することに関心をもてないでいられようか。即ち民のために祈禱をなした。一昔前であれば、水が城下に数日せまり、湖流が漫然とし、飲めるべき清い水があり、船も河を通行でき、再び飲料水、交通用水に支障はなくなり、老幼が歓喜の声をあげ、村里でも同様であった。遂に水の心配がなくなり、侯（王元暐）は何の心配も無くなった。しかし以前にこの湖は涸れた。この湖の利を開発するものがなく、この湖の利を開発した人は宣徳君（唐意）よりはじまり、君が西湖（月湖）の基礎をつくった。おもうに宣徳君は自ら筦庫《かんこ》（倉庫）の責任をにない、民に勤めることにいそしみ、侯（王元暐）は生まれてから人に労力をつくして亡くなったことは、このように明らかにである。おもうに民に志があるというべきである。人を統治するに責任を持つものが思慮せず、民の災いをみて救うことを考えない者と同日に語ることができようか。王侯の諱は元暐、史には伝わらず、何処の人かわからないが、唐太和年間（八二七〜八三五）、鄞の県令となり、父老にあって、它山より北は故時には皆江であり、溪流は乱れて潮汐と上下し、水を排泄しなければ旱害、洪水の災害が起こりやすく、侯は地の高下をみて木をきり、石をきり、巨流によこたえて抑制し、三分を（南塘河に）入れ、七分を（鄞）江に流し河より田に灌漑することおよそ八〇〇余頃で、その功利は大きかった。ゆえに民は今にいたるまで彼を祭っている。宣徳君の名は意、字は居正、江陵（湖北省）の人である。祖父や父は風節、文章で天下に聞こえ、君（唐意）は清廉で、学問にいそしみ、その職を疎かにしないのは家風によるものである。侯（王元暐）の恩恵を徳として忘れず、斤金（一斤の金）でもってその像を飾っている。また余（舒亶）に委嘱してその事を記した。どうして天候は不安定であるのに、歳に旱とならず、湖が涸れないのか。（その理由を）

以上のように具体的に述べ、且つ二君の志をあらわし、後進の者に考えてもらおうとする。冬十月吉日に記す。

即ち、唐代貞観年間（六二七〜六四九）に県令の王照が細湖を修築した。現在の日湖及び月湖であるが、その後は西隅のみ存在し、それが現在の月湖である。当時は水の娯楽というよりは城内の人々の飲料水として用いられていた。熙寧八年（一〇七五）、建中靖国元年（一一〇一）に旱害となり、人々は渇いただけでなく、宮廷への上供物資を運ぶ船の運行もできなくなった。監船場宣徳郎の唐意が月湖に流れる南塘河の上流にある它山堰の修築を行い、月湖への水の流入を順調にしたと言われている。

乾道『四明図経』巻一〇、「西湖記」舒亶には

湖在州城之西南隅、南隅廃久矣、独西隅存焉。今西湖是也。其縦南北三百五十丈、其横東西四十丈、其周囲総七百三十丈有奇、其中有橋二、絶湖而過、曰憧憧、天禧間、直館李侯夷庚之所建也。然僻在一隅、初無游観、人迹往往不至、嘉祐中、銭侯君倚始作而新之、総橋三十丈、橋之東西有廊、総二十丈、廊之中有亭、曰衆楽、其深広幾十丈、其前後有廡、其左右有室、而又環亭、以為島嶼、植花木、於是遂為州、人勝賞之地、方春夏時、士女相属鼓歌無虚日、亭之南小洲前、此有屋纔数椽、乃僧定安守橋之所、後浸広、今遂以為僧院寿聖是也。其西又有仏祠四、并其東皆郷士大夫之所居、其北有紅蓮閣、大中祥符中、章郇公嘗倅是州実刱之、有記在焉、閣之北即郡酒務、故時使人即湖、以汲水労費甚、乃堤湖之中畜清流、作楼於其上、以轆轤引而注之、至今以為便、然是湖本末図誌所不載、其経始之人、与其歳月、皆莫得而考、蓋嘗聞之父老、明為州瀕江而帯海、其水善泄、而易旱、稍不雨、居民至飲江水、是湖之作所以南引它山之水、畜以備旱歳、始末之信也。熙寧中、歳大旱、闔境取給於其中、湖為之竭、既又穴為井、置廬以守之、鄞令虞君大寧嘗紀其事、刻石于寿聖院、乃知父老之伝不誣也。銭侯去距今幾三紀矣。而湖輒浸廃不治、其亭南既堤以為放生池、瀕湖之民、又縁堤以植菱芡之類、至占以為田、淀淤蕪没、

> 幾不可容舟、元祐癸酉、劉侯純父来守是邦、適歳小旱、乃一切禁止、而疏浚之、増卑培薄、環植松柳、復因其積土広、為十洲、而敝寿聖之閣、以其名名之、蓋四時之景物具焉、湖遂大治、然其意初不在遊観也、古人於事、蓋不苟作、惟其利害、伏於久遠、難知之中、所以後世貴、因循者或莫之省、而好功之士至楽為之紛紛也、明有数湖、危於廃者、不特是湖也、若劉侯可謂有志於民矣、故具論之、以冠諸図、庶来者有考焉、元祐甲戌三月。

とあり、西湖（月湖）は明州城の西南隅にあり、廃されて久しく、ただ西隅のみ残っていた。湖の縦は南北三五〇丈（約一一五五メートル）、その横は東西四十丈（約一三二メートル）、周囲は全体で七三〇丈余り（約二四〇九メートル）である。その中に橋が二つあり、湖を横断し、憧憧とよばれていた。

宋代天禧年間（一〇一七～二一）、李夷庚によって修築されたが、当時は游覧・観賞する者もなく、人跡往来も途絶えていた。嘉祐年間（一〇五六～六三）に銭《せん》倚《い》によって修築され、橋全体が三十丈（約一〇〇メートル）となり、回廊、亭（あずまや）、廡（母屋の向かい側にある小さな棟）等が整えられてから、人々に観賞されるようになり、また士女が楽器の演奏、歌舞を行うようになった。大中祥符年間（一〇〇八～一六）に章《しょう》郇《じゅん》が郡酒務役所のために水を汲ませる労賃を節約するために湖中に堤をつくって清水を蓄え、轆轤《ろくろ》で引水するようになった。熙寧年間（一〇六八～七七年）に大旱があり、寧波の民は月湖から取水したために涸れてしまった。そこで井戸を掘り、廬《いおり》を建て、看守人を置いて管理させた。その後、月湖付近の民が湖に菱芡《りょうけん》（菱などの水草）の類を植え、湖を田や淀や泥砂などの堆積物が占め、舟を入れることもできなくなっていた。元祐八年（一〇九三）劉純父が明州に赴任し、たまたま小旱害にあったので、湖を占領することを一切禁止し、浚渫し、堤の粗悪な箇所を補強し、松や柳を植え、堤の上に土を積み、十洲をつくり、寿聖の閣を建て、その名称で名づけた。即ち、月湖の最初の機能は游覧にあるのではなく、飲料水の確保にあったが、この治水を完成する中で月湖の娯楽的環境を整えていったことがわかる。

また、乾道『四明図経』巻一〇、「西湖重修湖橋記」王伯庠に、

明州直治所之西南有湖焉、衆水所匯、泓澄深潔、風漪月浦、極目無塵、而近在城闉之裏、蓋亦天下之所稀也、有亭屹乎、中央梁其東西以通往来、異時吏習、苟且姑以趣辦為名、屢成而壊、乾道戊子冬十有二月、秘閣張公守是邦也、幾再歳矣、除弊起仆、百度具挙、顧瞻此亭、非但邦人娯游之処、使客経過、亦授館焉、而圮陋如許、乃出府庫之余、委僧宗選如相、董修治之役、凡竹石瓦木与夫取庸伝力、官吏初無所預、明年二月橋成、而屋之翼以石欄、簷楹飛舞与波上下、壮麗堅緻、可支百世、誠一郡之偉観、前此所未有也、初公之来也、以郡当海道之衝界乎、北洋風颿倏忽、即列卒焦陝三姑司候非常纎悉、必知姦盗無所嚢橐、沿海之民、恃以楽業、然後修大成殿、又修倉庾、又以坊市之名表而掲之、凡境内有功徳於民、如青山之鮑君、小渓之善政侯、或請於朝、新其廟貌、若神若人、罔不咸格、又以其余力、修平橋、及湖上皆指麾、於談笑之余、初若不経意者、斤斧既作、所須畢給、而民不知焉、非其才識過人、詎能爾邪、公少遊太学、有声以其所学、施之政事、事無繁劇、迎刃輒解、既以課最聞矣、去是而羽儀天朝、必有豊功鉅績、震耀一時、其所設施於一郡之間、特緒余而已、在公未足多也、五年三月日、左朝散大夫新権知閬州軍州主管学事王伯庠記。

とあるように、乾道四年（一一六八）十二月に秘閣張公（津）が府庫の余資を出して資材を出し、人夫を雇用使役し、月湖の亭、橋を修復した。その結果、月湖は人々が游覧するところであるだけでなく、使客の宿泊施設ともなっていた。

次に宝慶『四明志』（宋胡榘修、宋宝慶三年〈一二二七〉）巻四、水より日月湖の水利を見てみよう。

日月二湖、皆源在於四明山、一自它山堰、経仲夏堰、入南門、一自大雷、経広徳湖、入西門、瀦為二湖、在城西南隅、南隅曰日湖、又曰細湖、又曰小江湖、又曰競渡湖、〈昔有黄鐘二公競渡於此、因以為名〉、久湮、僅如汙

沢、独西隅存焉、曰月湖、又曰西湖、其縦三百五十丈、其衡四十丈、周回七百三十丈有奇、中有橋二、絶湖而過、汀洲島嶼、凡十、曰柳汀、曰雪汀、曰芳草洲、曰芙蓉洲、曰菊花洲、曰月島、曰松島、曰花嶼、曰竹嶼、曰煙嶼、〈十洲三島、大家多変置、不可尽攷、而景象猶存〉、亭台院閣、随方面勢、四時之景不同、而士女游賞、特盛於春夏、飛蓋成陰、画船漾影、殆無虚日、湖之支派、繚繞城市、往往家映、修渠人酌清泚、又引之於城北隅、鑿両池以渟之、淫潦泛溢、則城之東北隅、有食喉・気喉二碶、以洩於江、亦不勝也、蓋四明山之旁、衆山萃焉、雨盛則澗壑交会、出為漫流、無以瀦之、其涸可立而待、非特民渇於飲、而江納海潮、以之灌漑、田皆斥鹵耕稼廃矣。唐開元中、鄮令王元暐視地高下、伐木斲石、横巨流而約之、浚湖以受其入、漑田八百頃、民徳王公、立祠堰旁、大和六年、刺史于季友又築仲夏堰、水利益博、国朝建隆間、它山堰損若不可修、康憲銭公億跪請于神、増築全固、熙寧乙卯、虞大寧為鄞令、元祐癸酉、劉純父為明守、渠圯湖湮、因其旧而修之、建中靖国改元之夏秋不雨、湖大涸、郡以其事属監船場唐意、意由南門道渠上、凡八十有五里、抵它山堰、見水多釃洩、乃尽塞支流、稍浚上源、以其土増堰、水漸引以北、独距城十数里、地赤裂深纔尺余、人謂水無可行之理矣、意即王令之祠禱焉、一昔水輒薄城下、不数日湖流漫然越、一歳復涸、簽幕張必強、鄞令龔行修、而又歴視旧堰修之、益卑以高、易土以石、治鉄以固之、水遂通行、嘉定七年、提刑程覃摂守、謂奔湍流沙、沙壅水滞、乃勢之常、歳不一浚治之、厥後用力益艱、捐緡銭千有二百、置田四十畝、委郷之強幹者、掌其租入、歳給役夫之費、督以邑丞意則善矣、而行之者、寔具文、十四年、泉使魏峴以郷郡為念、請於朝得祠牒十、委里人曰朱、曰王、按渠堰碶閘之廃湮者、重加修理築、若程所置田歳租日耗、而渠不浚、丞亦莫知、職之在我也、紹定元年守胡榘始拘其租於官、重有司之責、且聞諸朝禁居民立屋以塞気喉・食喉二碶者、浚導必時、隄防必謹、啓閉必如式、一邦之大利也、後之人勿忽（或云、水自南門入、実流離宮、遇涸則火、此渠所関尤重、不当俟其涸而後浚）。

日湖・月湖の水源は四明山にあった。一つは它山堰より仲夏堰をへて南門に入り、一つは大雷より広徳湖をへて西門に入り、二湖となっていた。寧波城の西南隅にあり、南隅を日湖といい、また、細湖、小江湖、競渡湖（昔、黄・鐘二公がここで船の競渡を行った事からそう名づけられた）とも言った。久しく塞がっており、わずかに汚沢のようなものが残っているだけであった。ただ、西隅に月湖があり、西湖とも言った。縦三五〇丈（一〇七五メートル）、幅四〇丈（一二三メートル）、周囲七三〇丈（二二四二メートル）余りであった。中に橋が二つ架かり湖を渡っていた。汀、洲、島、嶼が十あり、柳汀、雪汀、芳草洲、芙蓉洲、菊花洲、月島、松島、花嶼、竹嶼、煙嶼とよばれ、亭、台、院、閣が湖に面して建っていた。四季の景色も異なっていた。そして、士女による遊楽・観賞が特に春夏に盛んで、多くの車が走り、多くの画船が湖に漂い浮かんでいない日はなかった。

湖の支流は城市をめぐり、家並みを映しており、渠を修める者が清水を汲んでいた。これを城の北隅に引き、二つの池を開鑿して蓄えたが、大雨で洪水となったために、城の東北隅（の奉化江に面する所）に食喉《しょくこう》、気喉《きこう》の二碶をつくり、奉化江に排水した。四明山の傍は多くの山が集まり、大雨が降れば交錯している谷間では大水となる。この水を蓄えてもすぐに涸れてしまうので、民は奉化江の水を飲用するだけでなく、奉化江は海潮を入れて灌漑するために田地が斥鹵（塩土）となって耕作できなくなっている。

唐代開元年間（七一三～七四一）に鄮県令王元暐が土地の状況をみて木を伐採し石を切り、巨流に横たえて水流を調節し、また、湖を浚渫してその流れを受け入れる事が出来るようにし、田八〇〇頃を灌漑した（これは太和七年〈八三三〉の誤まりである）。従って、民は王元暐の徳をたたえ祠を建てた。太和六年（八三二）、刺史于季友が仲夏堰を築き、水利はいよいよ広まり、宋代建隆年間（九六〇～九六三）に銭億が它山堰を修築した。熙寧八年（一〇七五）に鄞県令虞大寧、元祐八年（一〇九三）に明州知州の劉純父が崩れた渠、塞がっている湖を修築した。建中靖国元年（一一〇一）

には雨が降らず、湖が涸れたために監船場の唐意が南門から渠を八十五里（約四七キロメートル）遡った所にある它山堰に行くと、水がいくつかに分散して排水しているために支流では水がなくなり、塞がっていた。城から十数里の田地が赤裂し、水が流れる事ができないという状態であった。そこで唐意が它山堰を修築し、土堰を石堰に変え、鉄を加えて固めたために、水が順調に流れるようになった。嘉定七年（一二一四）に程覃《ていたん》は奔流が砂を大量に流し、河渠が淤塞し水の流れが滞ったために、毎年浚渫をしなければその後の浚渫は困難となるために、緡銭一二〇〇を寄捐し、田地四十畝（約二・二六ヘクタール）を買い置き、郷里の有力者に委ねてその租入を管理し、毎年の役夫の費用にあてた。嘉定十四年（一二二一）泉使の魏峴《ぎけん》が朝廷より度牒を得て、里人の朱、王に委ね、渠、碶、閘の崩壊したものを修理した。また田租を官に移管し、役人に管理責任を持たせるようにした。そして朝廷に要請して河渠沿いに居民が家屋を建てることを禁じ、また、気喉・食喉の二碶は塞がれていたが、適宜浚渫した。堤防は固くし、碶閘の開閉は規定どおり行ったので地方に利益となり、人々に忘れられずにいる。

即ち、城内の月湖の水源は四明山にあるが、它山堰・仲夏堰・南門から来る水と大雷・広徳湖・西門から来る水が月湖に入り気喉・食喉を通じて奉化江に排水されるものであった。特に它山堰及び同水系の浚築は月湖水利の維持には不可欠なものであった。唐代太和七年（八三三）に鄮県令王元暐が它山堰を建設し、宋代建隆年間（九六〇～九六三）に銭億が它山堰を修築した。

また、天禧年間（一〇一七～二一）には広徳湖の修築工事の一環として、李夷庚によって城内・外河渠が浚築された。堤を築き河渠を開き、侵占を禁止し、城内外河渠の給水量は「均之以高下、周之以遠近」とあるように各地に平均化するようにし、「自郭之内、家映修渠」とあるように、城郭内に居住している民戸が河渠に面している部分を修築し、日湖・月湖も浚渫された[12]。熙寧八年（一〇七五）に鄞県令虞大寧、元祐八年（一〇九三）に明州知州の劉純父、建中靖国元年（一一〇一）に監船場の唐意、嘉定七年（一二一四）に程覃、嘉定十四年（一二二一）に泉使の魏峴が、各々它山堰水系を浚築した[13]。

政和七年（一一一七）、楼异は朝廷に奏請し、明州に高麗使館を設け、朝鮮と通商し、同時に高船を建造するのに用い、広徳湖を廃棄して田となした[14]。そのため広徳湖付近では水不足に悩むことになる。

淳祐年間（一二四一～五一）に、陳塏が大石碶に平水尺を設け[15]、宝祐年間（一二五三～五八）には呉潜が平橋下に水則を設けた[16]。

その後、明末においてまた、城内・外の河渠の浚築が行われた。光緒『鄞県志』巻六、水利上、「明陸世科張邑侯大浚城河記」によると、天啓三年（一六二三）に①河渠の浚渫作業には「傍渠之家」（クリークに面した戸）があたり、各々クリークに面している土地の「尋尺」に応じて淤土を取り、②河渠の水深が八～九尺（約二・四～二・八メートル）、平常時には五～六尺（約一・五～一・九メートル）となるまで浚渫した。③長春塘には工夫百人を募集し、楊侯自身、給料を寄捐して民舟四十隻を雇い、浚渫した砠礫を隄に積み、隄を堅固にした。④水則付近を浚渫し、水量の基準点を明確にし、⑤城内においては、内渠を浚渫し、その土砂で外圩を固めて、外渠・内渠の水量を増加した。

清代に入っても継続して城内外河渠の浚築が行われた。

乾隆八年（一七四三）に鄞県令王超が公帑の内から二千金を寄捐して工事を行った。特に商賈に侵占されている箇所を除去して水路を広げ、河岸の棚屋を取り壊し、淤塞箇所を浚渫した[17]。嘉慶二十四年（一八一九）に巡道陳中孚が乾隆五十年（一七八五）の工事が中途で終っていたので完成させた。それによると三喉のうち気喉・食喉の二喉は修復されていたが、水喉《すいこう》を誤って別の箇所で修復したので、水喉の修復が未完であったので、その修復を行い、三喉水閘も設置した[18]。さらに、河基を占拠している居民を退去させ、日湖・経支各河を浚渫し、「闤闠《かんかい》」（市街）の「湫隘《しゅうあい》」

（低くて狭い所）に水倉を四十ヶ所設置した。[19]

このように清代、城内外河渠には商人、居民の侵占するものが多かった。

道光二十六年（一八四六）には水龍（ポンプ）を製造し、防火に備えたが、河渠が淤塞し、水龍の取水場所がなかった。そこで咸豊二年（一八五二）に段光清が「廛市《てんし》」の各戸（商人）が支払う房租から出資させて浚渫を行った。[20]

以上のように唐宋時代に它山堰、南塘河などの河川を浚築し、城内において特に月湖を整備するとともに水則、三喉を設置し、城内外水利を整備した。明清時代も城内外河渠の浚築、三喉の修理、河渠に侵占する商人等をできるだけ排除した。

即ち、月湖水利は它山堰から城内外河渠に連なる一連の水系の整備よって維持されていたことがわかる。

四　日湖・月湖における水の娯楽

（1）日　湖

前述したが、乾道『四明図経』巻一、水利には、

競渡湖。即開元寺西之小湖也。昔有黄鐘二公競渡於此。故後人以名其処亦呼為小江里、又曰沿江里也。

とあり、競渡湖は開元寺西の小さい湖であり、昔、黄鐘の二公がここで船の競漕を行っていたので、後に人々がここを小江里とよび、沿江里ともよんだ。民国『鄞県通志』輿地志によると、競渡湖は日湖のことであると言われている。

しかし、日湖における船の競渡は一時的に行われたようで宋代の十二世紀以降は行われず、現在は廃湖され、記念碑が建つのみである。

（2）月　湖

乾道『四明図経』巻一、水利に、

西湖。在州南六十歩。舒公龍図亶嘗記其事、以為是湖本末、図誌所不載。其経始之人与歳月皆莫得而考。湖中有汀洲島嶼、凡十。曰柳汀、曰雪汀、曰芳草洲、曰芙蓉洲、曰菊花洲、曰月島、曰松島、曰花嶼、曰竹嶼、曰煙嶼、四時之景不同、而士女遊賞、特盛於春夏、飛蓋成陰、画舩漾影、無虚日也。

とあり、宋代十二世紀当時、月湖（西湖）では十洲が整備され、士女が遊楽・観賞し、多くの車が行き交い、画船が漂っていた。

当時の月湖に関する詩を見てみよう。乾道『四明図経』巻八　西湖三首　周鍔に、

暁鏡初開淑景明、使君風味一般清、舟従菡萏林中過、人在鯨鯢背上行、妙舞屢翻紅薬蘂、清詞時囀紫薇鸎、賡歌久矣虚前席、肯向樽前恋麹生。

其二

使君修禊与民遊、十里笙歌水面浮、動地雄風雲外起、截天雌霓雨中収、登台已有難幷楽、撃壌寧無寡和憂、卻憶内家新賜火、海棠無数出牆頭。

其三

牛鞭初動囀新鸎、夢覚池塘選勝行、水鏡光中千騎合、山屏影裏万艘横、雲従布穀原頭過、雨向催詩筆下生、藻絵昇平知有待、閣梅先已賦調羹。

とあり、宋代元豊年間（一〇七八〜八五）の進士周鍔《しゅうがく》が「西湖三首」を残している。(21) 第一首は春明け方、舟を西湖に

浮かべ、詩歌を作るとともに酒を酌み交わしているという詩であり、第二首は湖上には笙歌が流れ、台では歌舞や音楽演奏が行われているという詩であり、第三首は西湖周辺の景色を詠んだ詩である。

そして、同条の続きに舒亶《じょせん》の詩が載っている。

和西湖即席二首　舒亶

金碧楼台閣暮煙、彩虹双影臥漪漣、雲鋪物外無塵地、月満人間不夜天、細柳千門維画舸、華灯両岸度鳴絃、清狂亦有黄冠客、不負仙人載酒舩。

其二

十洲風籟韻笙簫、疑有仙人燕碧桃、影逼銀河星半堕、気呑月窟免争豪、九秋波浪沙鷗狎、万古功名釣艇高、却恨

写真１　月湖（１）　出典）2006年３月筆者撮影

写真２　月湖（２）　出典）2006年３月筆者撮影

写真３　月湖（３）　出典）2006年３月筆者撮影

何須明似鏡、空令志士泣霜毛。

十一世紀中頃以降の進士舒亶(22)が月湖（西湖）にちなんで二首詠んでいる。第一首は西湖に立つ楼、台、閣の美しさ、月夜の下の人々、画舸《がか》（画船）、両岸の華灯、音楽、酒を積み飲み交わす船の様子を歌っている。第二首は十洲の笙簫（楽器）演奏、湖面の釣舟等を歌っている。

このように十一世紀において月湖では画船、釣舟、船上での酒宴、沿岸の楼、台、閣における歌舞、音楽演奏、そして文人による詩作が行われていたことがわかる。

前述したが、十三世紀の月湖を宝慶『四明志』巻四、水で見てみよう。

日月二湖……独西隅存焉、曰月湖、又曰西湖……汀洲島嶼、凡十、曰柳汀、曰雪汀、曰芳草洲、曰芙蓉洲、曰菊花洲、曰月島、曰松島、曰花嶼、曰竹嶼、曰煙嶼、……亭台院閣、随方面勢、四時之景不同、而士女游賞、特盛於春夏、飛蓋成陰、画船漾影、殆無虚日。

月湖には亭、台、院、閣が備わり、月湖の景色は四季に応じて変化し、士女が遊楽・観賞し、多くの車が通り、画船も湖上に漂っていない日はなかったという。

このように月湖は宋代において水の娯楽の最盛期に達していたことが理解できよう。

さて、月湖における龍舟について見てみよう。

『寧波市志』（寧波市地方志編纂委員会、一九九五年十月、中華書局）第四七巻、歳時節物、八月中秋節によると、

八月十五中秋節、全国皆然、是箇大節、唯寧波興十六日為中秋。中秋、最早源于古　代帝王秋天祭月的礼制、后演変成賞月、団円的風俗、「月是故郷明」、使旅外游子思　郷帰里闔家団聚。寧波以十六日為中秋的来由、按民国『鄞県通志・文献志・習俗』載、中秋本八月十五日、相伝元末方国珍以己生日改之（見『桃源志』）、一説為史

越王（即南宋宰相、鄞人史浩）之母以十六日生故易之。以后伝説各異、一説史浩従臨安返里過節、帰途馬失前蹄、坐騎受傷、夜宿紹興、于十六日才到、故百姓也等至此日過節、別一説謂史浩之子史彌遠、時任宰相、帰途受官員宴請而延期、此説已為乾隆『鄞県志』糾誤。清時袁鈞『鄮北雑詩』云、「鄮峰（指史浩）寿母易中秋、七百年中俗尚留、従此非時来竟渡、家家十六看龍舟。」又記、「吾郷以十六為中秋、始于史忠定（即史浩）、聞志以為彌遠非也。」清時万斯同《鄞西竹枝詞》云、「鄞俗繁華異昔年、田家何事尚依然、西郊九日迎灯社、南郭中秋斗画船。」民国《鄞県通志》載、「各郷祠廟為会祀神、以龍舟競渡、謂之報賽、与各処端午競渡不同。今則競渡之風已息、演戯敬神者尚有之。」民国張延章『鄞城十二箇月竹枝詞』云、「八月中秋月餅円、節筵都作一天延、城東更比城西盛、鼓吹通宵鬧画船。」中秋以吃月餅示団円、寧波月餅以苔菜・水晶月餅別具風味。此時新鴨肥嫩、全鴨炖芋艿子為時新佳肴、俗称「鴨撲芋」。解放后、毎逢中秋、各家団聚、吃月餅、親友間亦互相饋贈月餅。一些団体挙行聯歓活動。民間有吃「鴨子芋艿」、水拖糕等風俗。

とあり、八月十五日の中秋節は全国どこでも行われる一大節であるが、寧波のみ八月十六日を中秋節としている。民国『鄞県通志』文献志・習俗の記載によると、中秋はもともと八月十五日であったが、元末、方国珍[23]が自分の誕生日により十六日に改めた。また、一説では史越王（即ち、南宋の宰相で鄞県人史浩）の母は十六日が誕生日であるために改められたという。以後、伝説はいろいろ異なり、また一説では史浩が臨安（杭州）から故郷の鄞県にもどり中秋節を過ごそうとしたとき、帰途、馬が前足を骨折し、騎馬から落ちて負傷し、夜、紹興に宿泊し、十六日に漸く故郷に着いたために、人々はこの日を中秋節とした。別の説では、史浩の子の史彌遠が宰相になったとき、帰途官員から宴会の招待を受けたために帰郷の日を延ばしたといわれているが、この説は乾隆『鄞県志』では誤りとされている。清代の袁鈞の『鄮北雑詩』には「鄮峰（史浩のこと）は母の誕生日に中秋節を変え、七百年来その習俗を留め、これより非時（季節はずれの）競渡は十六（日）に龍舟を見る」と言われている。また、「吾が郷では十六日を中秋としたのは、史忠定（史浩）より始まり、聞志（康熙『鄞県志』聞性道修、康熙二十五年〈一六八六〉）は史彌遠からという説を非としている」。

清代、万斯同の『鄞西竹枝詞』[24]には「鄞の風俗の繁華は昔年と異なり、田家（農民）は何事も昔どおりに行なうが、西郊では九日に灯社を迎え（江浙地方で行われる元日の夕刻、戸ごとに灯花を掲げ、鼓吹して行列を練り巡る行事のことか）、東郭では中秋に画船競漕をする」。民国『鄞県通志』では「各郷の祠廟で会をつくり、神を祀り、龍舟競渡を行い、これを報賽という。各地の端午の競渡とは異なっている。今は競渡の風習はなくなり、演戯により神を敬うもののみいるだけである」。民国の張延章の『鄞城十二箇月竹枝詞』には、「八月中秋の月餅は円く、節筵（中秋節の宴）は一日遅れである。城東は城西にくらべて盛んであり、鼓吹が宵通し聞こえ、画船競漕が行われている」。

特に、中秋節が中国全土では旧暦八月十五日に行われているのに対して寧波では八月十六日に行われている。この起源については、裘燕萍は前述したように、南宋の宰相史浩が母の誕生日に合わせて八月十六日にしたという説をとっている。『寧波市志』の著者はこの説だけでなく、方国珍が自分の誕生日に合わせたという説、史浩が臨安からの帰郷が一日送れたために八月十六日になったという説、史浩の子の史彌遠が帰郷に際して官員から宴会の招待を受け一日遅れたために十六日になったという説をあげている。史彌遠説は清代に否定されているようであるが、史浩説か方国珍説ということになる。史浩関係の記録が多いことから史浩説が有力ではないかと考えられる。

龍舟競渡についても裘燕萍は月湖の繁華・熱鬧につれて、龍舟競争は興隆しはじめた。即ち、南宋時、端午の節句の龍舟、粽を除き、八月中秋に龍舟競争、月見、月餅が食された。史簡は陪母の葉氏が龍舟競争を見たいからと言って、官府から貶斥を招き、郁々として死んだ。葉氏は節を守り子を訓育し、子孫には「志に励み書を読む」ように求め、史氏を振興した。これによって龍舟競争は史氏一門の光宗耀祖の象徴であり、特に史浩が丞相になった後、推崇を加え、且つ龍舟競争の費用は全て史家が一人で負担したといわれている。

また、『寧波市志』の作者も「鄮峰（史浩のこと）は母の誕生日に中秋節を変え、七百年来その習俗を留め、これより非時（季節はずれの）競渡は十六（日）に龍舟を見る」とし、史氏から始まったという説をとっている。

明末、清代には鄞県の東郭では中秋に画船競漕をしたといわれ、民国『鄞県通志』では「各郷の祠廟で会をつくり、神を祭り、龍舟競渡を行い、これを報賽という。各地の端午の競渡とは異なっている」といわれ、会を組織して龍舟が行われていた。しかし、民国二十二年（一九三三）当時には競渡の風習はなくなり、演戯により神を敬うもののみいるだけであった。

月湖における龍舟競渡を伝えるものに光緒『鄞県志』巻六二、古蹟がある。

十洲之一亭　淳祐二年、郡守陳塏命添倅趙体要建（宝慶志）、即水雲亭旧名（談助）……楼鑰湖亭観競渡詩、涵虚歌　舞擁邦君、両両龍舟来往頻、閏月風光三月景、二分煙水八分人、錦標贏得千人笑、画鼓敲残一半春、薄暮遊船分散去、尚余簫鼓繞湖濱。

光緒『鄞県志』は宋代の楼鑰（一一三七〜一二一三）の「湖亭観競渡詩」を引用し、龍舟は閏月で三月の景色を呈している時期に行われ、龍舟を競漕させて錦標を奪いあったと言われる。この閏月が八月を指すのか、三月を指すのかわからない。

また、『寧波市志外編』（中華書局、一九九八年五月）第四輯、竹枝詞、月湖は「虹橋（月湖）観競渡　清　徐汝階」を引用している。

湖上游船似転蓬、湖辺歌舞太平風。長虹半落青天外、画槳平分碧玉中。何処飽看秋水闊、誰人奪得錦標紅。斜陽漫下涵虚館、簫鼓迎神曲未終。

即ち、清代、月湖における龍舟では錦標紅を奪いあうことが記されている。

以上から、龍舟は日湖において時期は不確かであるが、「黄鐘二公」が行っていたと述べられており、その後、日湖の廃湖に伴い、自然消滅した。月湖における龍舟競渡の開始は宋代、史浩等史氏によって中秋節の一環として始められたという説が有力である。中秋節は史浩が母の誕生日にあわせて中国全土で行われている八月十五日より一日遅れて八月十六日に行った。また、龍舟は中国全土では通常端午の節句に合わせて行われ、粽が食されるのが一般的であるが、寧波でも南宋時代、端午の節句に粽を食するともに龍舟が行われたが、一日遅れの八月十六日に行われる中秋節に龍舟競渡が行われ、月餅が食されている。それ以後寧波では八月十六日の中秋節に龍舟が行われ、月餅が食された。南宋時代、史浩など宰相クラスの官員が主催して龍舟競渡を行ったが、清代になると田家（農民）が会を組織して龍舟競渡を行っていたことが明らかとなった。

おわりに

月湖の水の娯楽を考える上で、当初は日湖及び月湖は水の娯楽が行われていたのではなく、城内外の住民の飲料用水として用いられていた。この月湖は日湖が廃された後も存続し、它山堰・南塘河・城内外河渠・月湖・水則・三喉・奉化江と連なる一連の它山堰水系に位置しており、它山堰等河渠の整備・浚築によって漸く月湖の水利機能が維持された。

そして宋代の史浩等史氏の繁栄と連動して月湖における水の娯楽が形成され、画船、釣舟、亭・台・楼・閣における歌舞・音楽、文人の詩作活動が行われた。

龍舟は日湖でも行われたが同湖の廃止とともに消滅し、月湖における龍舟は、特に史浩から始まったとする説が有力である。南宋時代は史浩など宰相クラスの官僚が主催したが、清代には一般農民が会を組織して行い、民国二十二年（一九三三）頃以降から行われなくなった。現代では十月に東銭湖で龍舟が行われている。

龍舟競渡の内容の詳細は不明であるが、何艘かの龍舟によって湖の中にある錦標を奪うことが行われていた(25)。中国一般の龍舟は端午の節句に合わせて行われ、粽が食されるが、寧波では八月十六日に通常より一日遅れで中秋節を実施し、その節句に合わせて龍舟競渡が行われ、粽ではなく月餅が食された。

以上、寧波の水の娯楽の一端を考察したが、今後は聞き取り調査により、月湖、東銭湖の龍舟競渡の内容を一層明らかにしたいと考える。

註

（1）楼异：『宋史』巻三五四に「宋の人、郁の孫。字は試可。元豊の進士。徽宗の時、知本州として治績を挙げ、後、官は徽猷閣直学士・知平江府に至る」。『中国歴代人名大辞典』（張撝之・沈起煒、劉徳重主編、上海古籍出版社、一九九九年十二月）に「楼异（?～一一二三）、宋明州奉化人、徙居鄞県、字試可。楼郁孫。神宗元豊八年進士、調汾州司理参軍、遷大宗正丞、度支員外郎、以養親求知泗州、復為左司郎中、鴻臚卿。徽宗政和末、知随州・明州、屢治湖為田、以増歳糧、但湖水尽池、自是苦旱、郷人怨之、方臘起事、以善理城戍、進徽猷閣直学士、知平江府」。

（2）全祖望：『清史稿』巻四八一、清鄞の人。字は紹衣。又、謝山。号は四明洞天総持。雍正の挙人。乾隆の初、鴻博に挙げられ、進士となり、庶吉士に選ばれる。官は県の長官。浙江省紹興の蕺山学院、及び端渓水の傍の端渓書院等に歴主し、劉宗周の学統を授け、人材教養に力を尽くし、旁ら著述に専心し、黄宗羲の宋元学案を修し、水経注を校正す。著に丙辰公車徴士小録、漢書地理志稽疑、経史問答、句余土音、鮚埼亭集がある。

（3）史浩：『中国歴代人名大辞典』に、宋明州鄞県人。字直翁、号真隠居士。史紹孫。高宗紹興十五年（一一四五）進士。孝宗即位、累除参知政事。隆興元年（一一六三）、拝尚書右僕射、同中書門下平章事兼枢密使。淳熙五年（一一七八）復為右丞相（『攻媿集』巻九三）。

（4）史彌大：『中国歴代人名大辞典』に、宋明州鄞県人。字方叔。史浩長子。孝宗乾道五年（一一六九）進士。累官礼部侍郎。浩在相位。彌大勧其引退。浩主和、彌大主戦守。父子異議。卒謚献文。

（5）史彌堅（？〜一二三二）：『中国歴代人名大辞典』に、宋明州鄞県人。字固叔。一字開叔。史浩幼子。嘗従楊簡学、以軍器監為臨安尹、兄史彌遠入相、以嫌出為潭州、湖南按撫使、平湖寇羅孟伝。守建寧行義倉法。有政績。以兄久在相位、数勧帰不聴、遂食祠祿於家、卒謚忠宣（『宝慶四明志』巻九、『延祐四明志』巻五）。

（6）史彌遠（一一六四〜一二三三）：『中国歴代人名大辞典』に、宋明州鄞県人。字同叔。史浩子。孝宗淳熙十四年（一一八七）進士。歴大理司直、枢密院編修官。起居郎、寧宗開禧二年（一二〇六）、上疏反対韓侂冑対金用兵、三年（一二〇七）為礼部侍郎兼同修国史、得楊皇后寵信、殺侂冑、首送金議和、嘉定元年（一二〇八）拝右丞相兼枢密使。後寧宗死。矯詔擁立理宗、又独相九年、拝太師、専擅朝政。卒謚忠献（『延祐四明志』巻五）。

（7）史守之：『中国歴代人名大辞典』に、宋明州鄞県人。字子仁。史彌大子。私淑陸九淵、叔彌遠当国、守之不満其所為、作『升聞録』以寓規諫、退居月湖杜門講学、以朝奉大夫致仕（『宋元学案』巻七四）。

（8）楼鑰（一一三七〜一二一三）：『中国歴代人名大辞典』に、宋明州鄞県人。字大防、旧字啓泊、自号攻媿主人。孝宗隆興元年（一一六三）進士、調温州教授。乾道間（一一六五〜七三）書状官従汪大猷使金、帰撰『北行日録』、為勅令所刪定官、修『淳熙法』、歴太府宗事丞、出知温州、光宗朝擢起居郎兼中書舎人、遷給事中。寧宗即位、論事忤韓侂冑奪職、侂冑被殺、起為翰林学士、遷吏部尚書兼翰林侍講、主張送侂冑首至金、以重修好、為趙汝愚雪冤、昇同知枢密院事、進参知政事、位両府者五年、卒謚宣献。通貫経史、文辞精博。有『攻媿集』『范文正年譜』（『絜斎集』巻一一、行状）。

（9）史簡は『宋元学案』巻六によると、鄞の人。王致の高弟。没後、冀公に封ぜられたという。

(10) 楼郁は『宋元学案』巻六によると、宋、奉化の人。鄞に徙居した。慶暦中（一〇四一～四八）、郡県の教授となること前後三十年。郷人翕然として師事した。皇祐（一〇四九～五四）の進士。官は大理評事。学者、西湖先生というとある。
(11) 裘燕萍「月湖建築的人文主義」（許勤彪主編『寧波歴史文化』二十六講、寧波出版社、二〇〇五年九月）。
(12) 乾道『四明図経』巻一、水利。
(13) 宝慶『四明志』巻四、水。
(14) 宝慶『四明志』巻一二、鄞県志、広徳湖。
(15) 宝慶『四明志』巻一二、鄞県志。
(16) 開慶『四明続志』巻三、水利、平橋水則記。
(17) 光緒『鄞県志』巻六、水利上、国朝士民公頌郡伯浚河碑記。
(18) 『光緒鄞県志』巻六、水利上、陳中孚浚復城河三喉記。
(19) 註（18）に同じ。
(20) 光緒『鄞県志』巻六、水利上、『鏡湖自選年譜』咸豊二年（一八五二）五月の条。
(21) 『宋元学案』巻六によると、周鍔は宋の人。元豊（一〇七八～八五）の進士。六経諸子百家の説に通ず。文彦博、司馬光に見え南雄県の長官となると言われている。
(22) 『宋史』巻三二九、舒亶（?～一一〇三）は宋代、慈渓の人。進士第一に及第し、臨海尉となったが、弾劾されて去った。王安石が用い、奉礼郎、御史中丞を歴任した。後に罪に坐して排斥されるとある。
(23) 『明史』巻一二三によると、方国珍は明、黄巌の人。元の至正初、怨家に誣いられ、これを殺して亡命した。元、招いて官とし、後、江浙行省左丞相・衢国公に累進した。後、明に降り、広西行省左丞を授けられた。禄を食んで官に行かず、数歳にして京師に卒したといわれる。
(24) 『清史稿』巻四八四によると、万斯同は清、鄞県の人。明末に生まれ、清になると故国を瞻懐し、仕進の意を絶つ。康熙十七年（一六七八）、博学鴻詞科を薦められて就かなかった。明史稿五百巻を手定したと言われている。

（25）黄麗雲「台湾における龍舟競漕の現状調査――比較研究のための一資料として――」『日本学報』（大阪大学）第四号、一九八五年三月及び楊羅生『歴代龍舟競渡文学作品評注』（中国文聯出版社、二〇〇三年七月）に台湾の龍舟競漕における奪標について述べられている。

建国後の寧波の水利

南　埜　猛

はじめに

本稿では一九四九年の中華人民共和国の建国以降から二〇〇一年までの半世紀を対象とし、寧波における水利開発の実態とその特色を明らかにすることを目的とする。考察においては、寧波市のデータだけを分析するのではなく、比較事例を積極的に取り入れることで、より鮮明にその水利の特徴を映し出すことを試みた。その比較事例として、人口と面積規模において、ほぼ寧波市に近い兵庫県を取り上げ検討する。

本稿の構成は、まず寧波市の位置と自然・社会環境を整理し、次に建国以降の寧波市における水利開発を寧波水利志編纂委員会が二〇〇六年に刊行した『寧波水利志』を基本文献として用いて概観する。さらに今後の水利開発についても検討を加える。

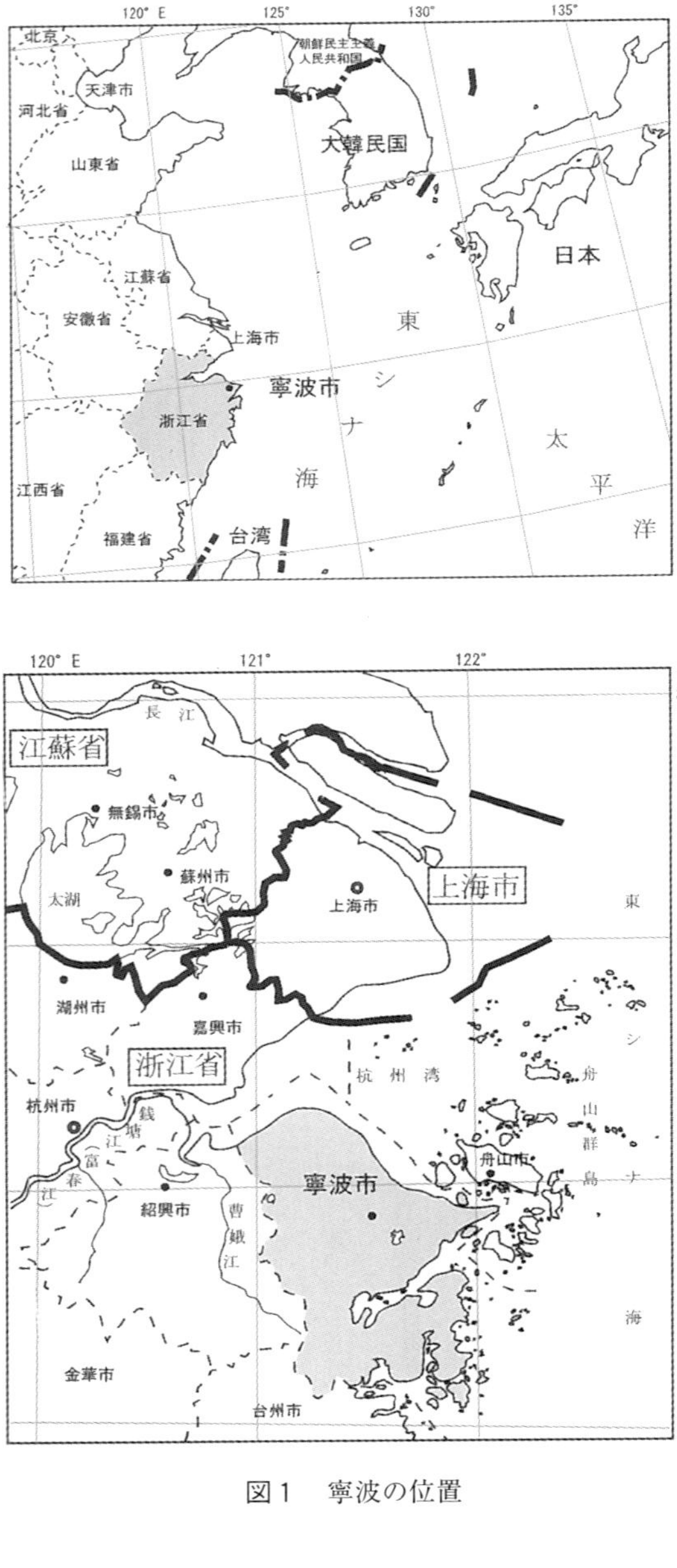

図1　寧波の位置

一　寧波市の概観

（1）位置と自然環境

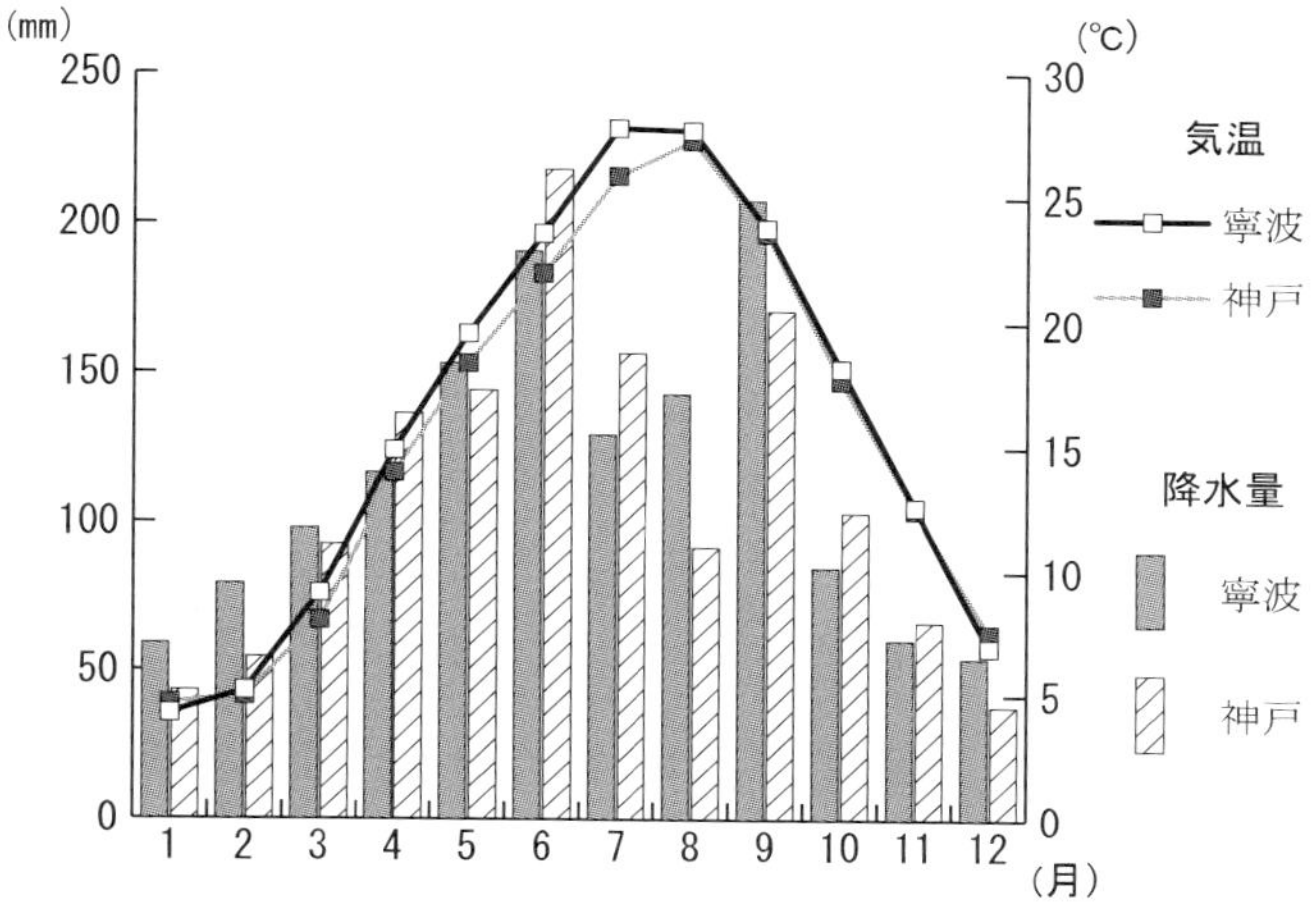

図２　寧波と神戸の月別平均気温と降水量
出所）『寧波水利志』と気象庁ホームページより筆者作成

寧波市の中心都市である寧波は、北緯二九度五二分、東経一二一度二九分に位置し、緯度でみると日本の屋久島や種子島の少し南となる（図１）。また寧波は、中国沿岸部の主要都市である上海から、杭州湾を挟んで、約一五〇キロメートル南に位置する。杭州湾を跨ぐ全長三六キロメートルの杭州湾海上大橋が二〇〇八年に完成し、上海—寧波間のアクセスは格段に向上している。

寧波市の気候はケッペンの気候区分では兵庫県と同じ温暖湿潤気候（Cfa）である。寧波の年平均気温は一六・五度（神戸、一六・七度）である。月平均気温の最低は一月の四・三度（神戸、一月、五・八度）であり、最高は七月の二七・八度（神戸、八月、二八・三度）となっている。図２が示すように、寧波と神戸は一年を通じてほぼ同じような気温変化を示している。降水についても、ほぼ同じ傾向がみられる。年間平均降水量一三七四・

七ミリ（神戸、一二一六・二ミリ）であり、月別にみると、ともに梅雨の六月ならびに台風や秋霖のある九月の降水量が多くなっている。ほぼ同じ傾向の寧波と神戸の両都市であるが、あえて違いを指摘するならば、十二月～二月ならびに八月と九月において寧波の降水量が神戸より多くなっている。

地形についてみると、寧波市の南部ならびに西部は、標高五〇〇メートルから一〇〇〇メートル級の山が連なる四明山脈と天台山脈が連なる（図3）。それに対して北部は、甬江とその支流、奉化江、余姚江が流れ、その流域には広い甬江平原（平野）が形成されている。また北部の杭州湾に面した地域では、歴史的に干拓事業による土地の拡大が行なわれ、広大な三平平原（平野）を形成している。

（2）社会環境

寧波市は、浙江省において省都の杭州市に次ぐ、第二の都市である。また日本の政令指定都市に相当する計画単列都市に指定されている。総面積は、九三六五平方キロメートル、人口五七四万人（二〇一〇年）である。比較事例として取り上げる兵庫県は、総面積八三九五平方キロメートル、人口五五九万人（二〇一〇年）である（表1）。市という表記から、日本の市町村の行政ランクに相当すると判断しがちであるが、その面積と人口規模からみると、日本の県に相当する。

さて寧波市は寧波の港を中心として発展してきた。寧波は上海の開港までは長江下流唯一の外港であった。遣唐使など日本からの訪問団はこの寧波から入国することが決められていた。その後も日明貿易など、上海の開港までは日本をはじめとして東アジアの交流・交易の中心としての役割を果たしてきた。一方、兵庫県も港神戸（古くは大輪田の泊）を中心として発展してきた地域である。また寧波と神戸は、宋の時代に行なわれた日宋貿易においてそれぞれ

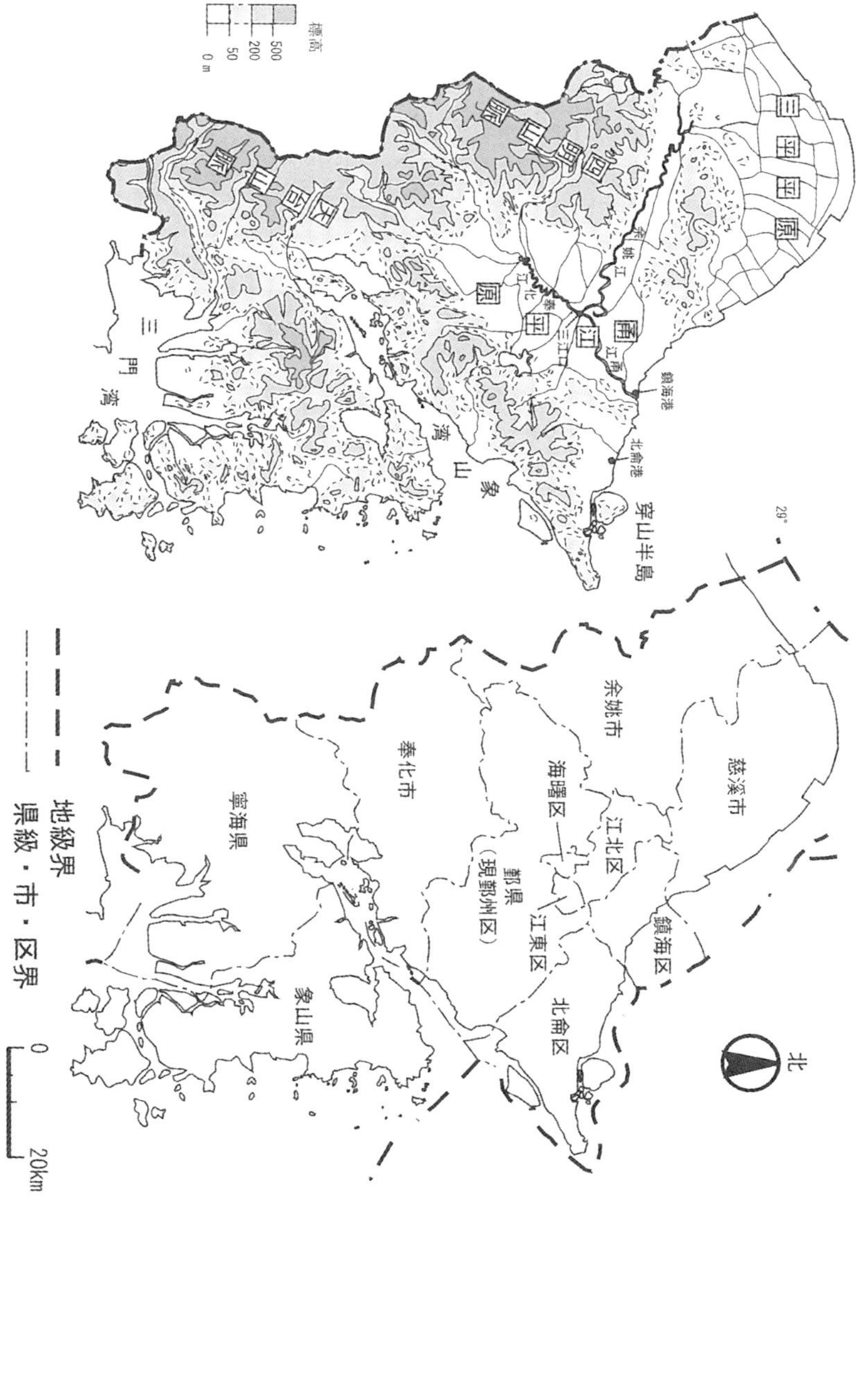

図３　寧波の地形と行政区分

表1　寧波市と兵庫県の概要（2010年）

指標		寧波市	兵庫県
面積（㎢）		9,818	8,396
人口（万人）		574	559
中心都市		寧波	神戸
中心都市の歴史と機能		寧波の正式開港は738年とされ、上海の開港までは長江下流唯一の外港として発展してきた。遣唐使など日本からは寧波から入国することが決まり、日宋貿易においても中国側の窓口であった。アヘン戦争後に対外開港された5港の一つである。現在も南部中国最大の港湾都市である。政令指定都市にあたる計画単列都市である。	古くは大輪田泊（7世紀の僧行基が開いたとされる摂播五泊の一つ）と呼ばれ、江戸時代末期の日本開国時に開かれた5つの条約港の一つ。1959年に政令指定都市となった。
総生産額		6兆7197億円※	18兆5350億円
産業人口構成（%）	第一次産業	6.7	2.0
	第二次産業	56.0	24.7
	第三次産業	37.3	73.3

※：2010年当時の元/円の為替レート（1元13円）を適用して算出

出所）『寧波統計年鑑』（各年版）、総務省統計局『日本の統計』（各年度版）、文部科学省特定領域研究「東アジアの海域交流と日本伝統文化の形成――寧波を焦点とする学際的創生」計画書より作成

の国の窓口として結ばれていたという歴史的つながりがある。

寧波市が現在の行政範囲となったのは一九八三年であり、寧波市の下位の行政単位として六つの区（海曙区、江東区、江北区、北侖区、鎮海区、鄞州区）と五つの県市（余姚市、慈溪市、奉化市、象山県、寧海県）の計十一の地区がある（図3）。一九八四年には貿易の拠点として沿岸開放都市に指定され、集中的な投資が行なわれている。上海より南の地域において、寧波は最大の貿易量ならびに貿易額を誇る港湾都市となっている。

甬江、余姚江、奉化江の三つの川が合流する地点は、三江口と呼ばれ、その地点に寧波市の中心地が形成されている。もともとの港はこの三江

口であったが、現在は沿岸部の鎮海あるいは北侖に近代的な港が建設され、新しい工業地帯を形成している。

寧波市の人口は、中華人民共和国の成立の時点で、すでに二五七万人であり、その後も右肩あがりに増加してきた。現在では五〇〇万人を超える人口となっている。その人口について兵庫県と比べると、ほぼ同じように推移してきたことが分かる（図4）。

一九七八年の改革開放後の経済の状況をみると（図5）、前述のように寧波市は一九八四年に沿岸開放都市に指定されたが、その経済効果はその後すぐにはあらわれていない。急激な経済成長は一九九〇年代に入ってからである。産業別でみると、第一次産業の伸びはそれほど大きくはなく、GDPに第一次産業が占める割合は低下している。農作物の作付面積も一九七八年には六三・八万ヘクタールであったが、二〇一〇年には二分の一以下に減少し、三一・八万ヘクタールとなっている。ちなみに兵庫県の経営耕地面積は二〇一〇年において、五・四万ヘクタールである。大きく成長しているのが、第二次産業と第三次産業である。寧波市はファッションの街としても知られており、多くの繊維産業の企業が立地している。また国家石油戦略備蓄基地が寧波市に設置されるなど、重要な石油化学工業基地でもある。二〇〇〇年ごろからは第三次産業による生産額の伸びも著しい。二〇一〇年時点における寧波市と兵庫県の総生産額を比較すると、寧波市は兵庫県の為替レート換算で三分の一程度であるが（表1）、二〇〇〇年代の総生産額の増加率は平均で一六・三パーセントであり、今後も急激な経済成長が予想されている。

このように、一九九〇年代を境に大きく経済発展を遂げている寧波市における水需要の推移に関する経年的統計は入手できなかったが、第二次産業の進展による大幅な工業用水需要の増加、また人口増加によっても生活用水の需要が増加してきていると考えられる。次にそれら水需要の増加に対して、どのような水利開発を行なってきたのかを検討する。

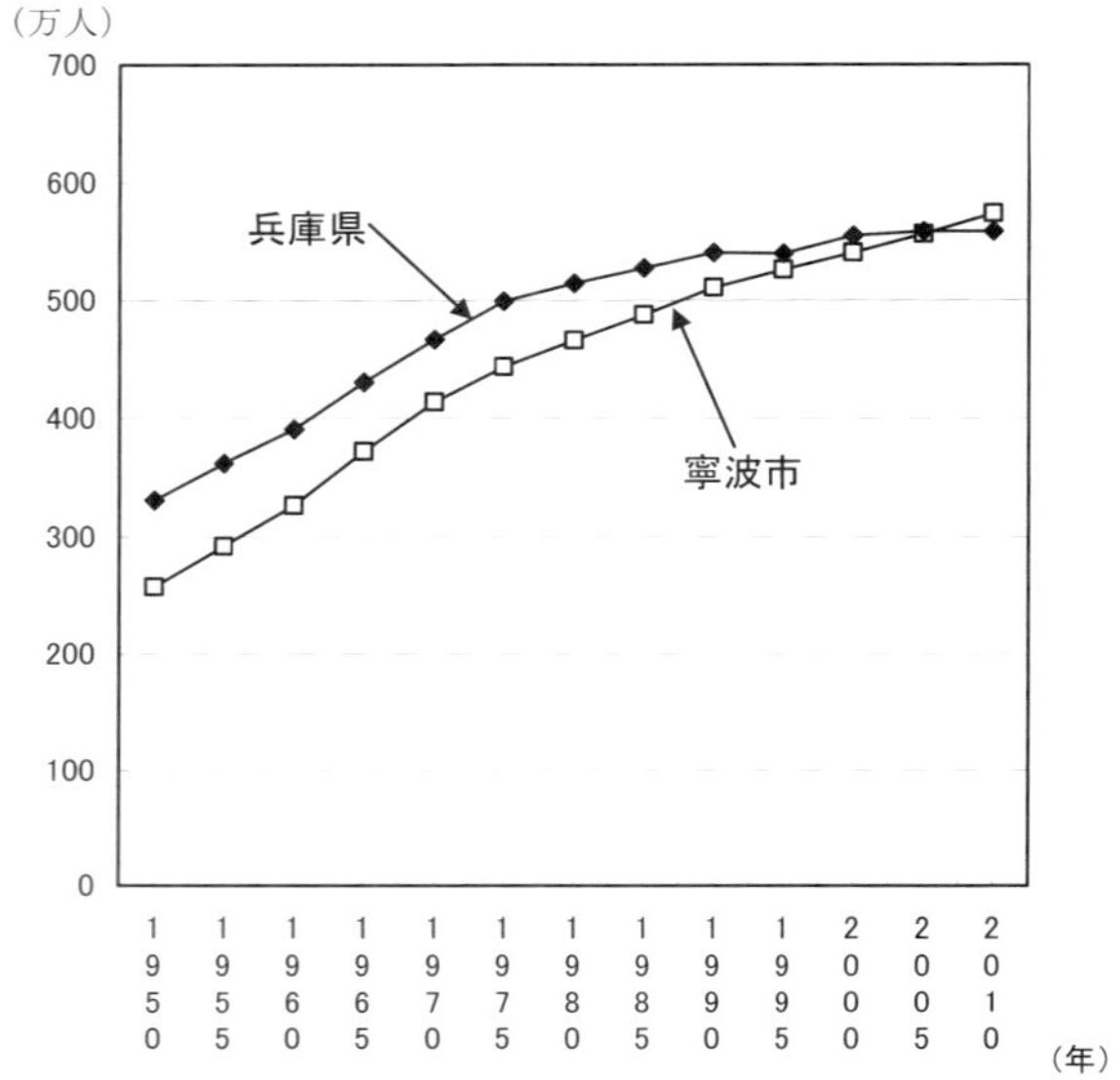

図４　寧波市と兵庫県の人口の推移

出所）『寧波統計年鑑』および『兵庫県統計書』より作成

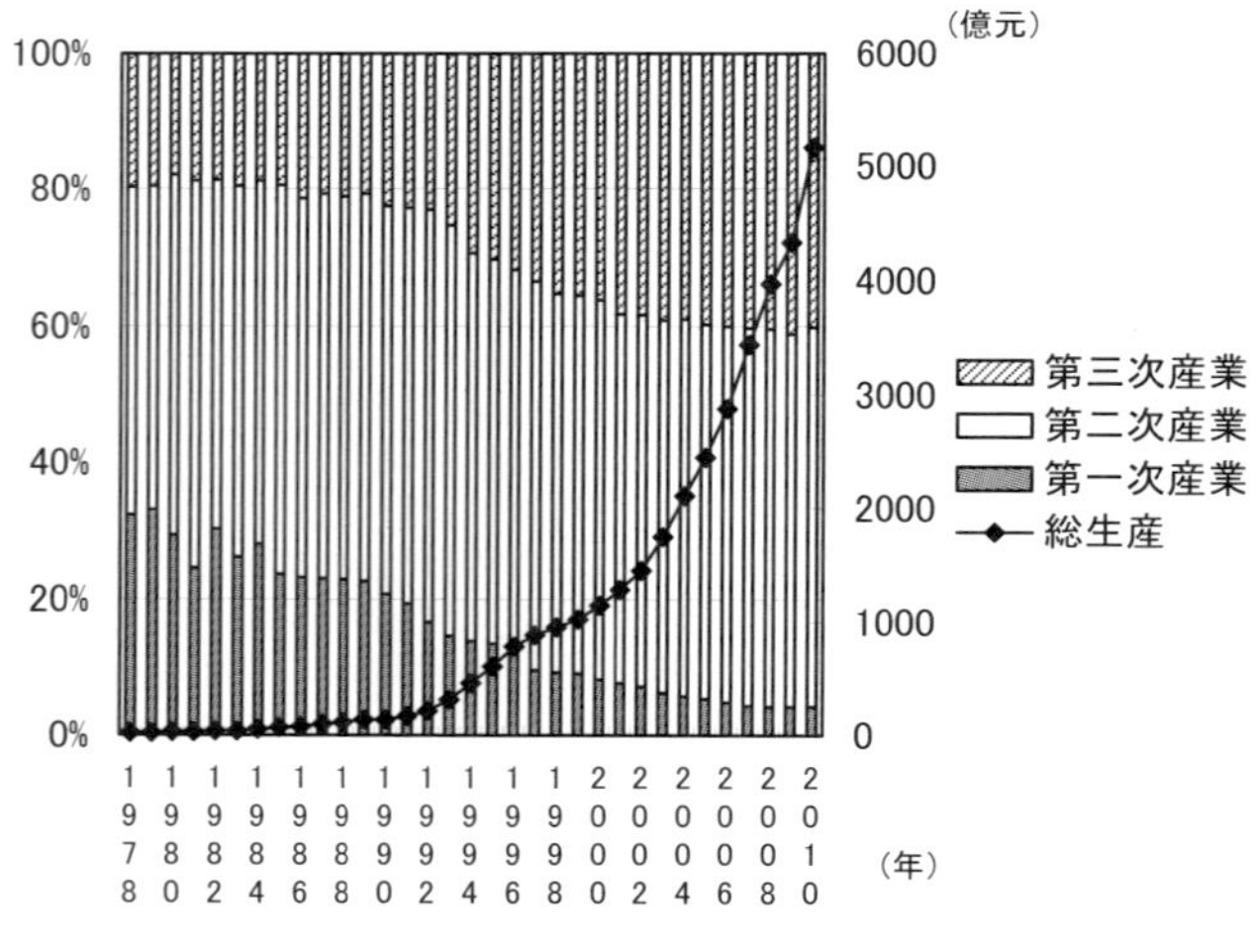

図５　寧波市の総生産額の推移と産業別割合

出所）『寧波統計年鑑』より作成

二　寧波市における水利開発

（1）　基本文献とその構成

寧波市において、一九九〇年代に入ってから水利行政機関等が中心になって取りまとめた水利志が相次いで刊行された（表2）。すなわち、『慈渓水利志』（一九九〇年刊行）、『鄞県水利志』（一九九二年刊行）、『余姚市水利志』（一九九三年刊行）、『甬江志』（二〇〇〇年刊行）、『姚江志』（二〇〇三年刊行）、『皎口水庫志』（二〇〇四年刊行）、そして本稿で取り上げる『寧波水利志』（二〇〇六年刊行）、さらに『鄞州水利志』（二〇〇九年刊行）である。これら寧波市の水利志の著者はいずれも編纂委員会となっている（表2）。また出版社に注目すると、『慈渓水利志』と『鄞県水利志』は、それぞれ浙江人民出版社と河海大学出版会であり、地元の出版社から刊行されているのに対して、『余姚市水利志』以降は、中国水利水電出版社ならびに中華書局の大手出版社から刊行されている。すなわち中国水利水電出版社から『余姚市水利志』と『姚江志』が、中華書局から『甬江水利志』、『皎口水庫志』、『寧波水利志』、『鄞州水利志』が刊行されている。

さて水利志の刊行年に注目してみると、一九九〇年代初めと二〇〇〇年初めに集中していることがみいだせる。一九九〇年代初めは、『慈渓水利志』、『鄞県水利志』、『余姚市水利志』であり、この三つの水利志はいずれも行政区域を単位とする地域水利志である。それに対して、二〇〇〇年初めの『甬江志』と『姚江志』は河川流域を単位とする流域水利志であり、それぞれ寧波地域の中心河川である甬江とその支流の姚江を対象としている。この二つのグループに続く『皎口水庫志』は甬江上流に建設された皎口ダム建設の事業水利志である。このように寧波地域における水

表2　近年における寧波地域の水利志編纂状況

書名	寧波水利志	慈溪水利志	鄞県水利志	余姚市水利志
発行年	2006年	1990年	1992年	1993年
編著者	寧波水利志編纂委員会	慈渓水利志編纂委員会	鄞県水利志編纂弁公室	余姚市水利志編纂委員会
出版社	中華書局	浙江人民出版社	河海大学出版会	中国水利水電出版社
総頁数	613頁	400頁	603頁	235頁
書名	甬江志	姚江志	皎口水庫志	鄞州水利志
発行年	2000年	2003年	2004年	2009年
著者	甬江志編纂委員会	姚江志編纂委員会	皎口水庫志編纂委員会	寧波市鄞州水利志編纂委員会
出版社	中華書局	中国水利水電出版社	中華書局	中華書局
総頁数	349頁	342頁	308頁	942頁

出所）筆者作成

利志は、地域水利志、流域水利志、個別事業水利志の三つのタイプがあり、そして地域水利志→流域水利志→個別事業水利志へと展開していることがうかがえる(1)。

本稿で取り上げる『寧波水利志』は、前述のタイプでは地域水利志に区分される。対象地域は、すでに刊行されている『慈溪水利志』、『鄞県水利志』、『余姚市水利志』のそれぞれの対象地域である慈溪市、鄞県（現 鄞州区）、余姚市のほか、鎮海区、江北区、海曙区、江東区、北侖区ならびに、奉化市、寧海県、象山県を含む寧波市全域を対象とした、より広域な地域を対象とする地域水利志である（図1）。また最も新しい『鄞州水利志』も地域水利志であるが、従来の地域水利志と異なる側面をもっている。それは、対象地域は一九九二年に刊行された『鄞県水利志』と同じであるという点である。鄞州は、鄞県が二〇〇二年に区に行政変更され、その新しい地域名である。両者を比較すると、ほぼ同じ章構成であるが、より詳細なデータが追加されているとともに、当然ながら最新の動向が記載されている。水利志の編纂は多大な労力と予算が必要である。しかし水利が地域の開発において極めて根幹的な要素であり、常にその実態を把握整理することは、日常の行政ならびに計画や政策の立案の上で重要であると考える。このように十年という短いスパンで、更新型の水利志が作成されたことは日本を例にしてもほとんどない。今後の水利志のあり方を考える上でも興味深い試みとして評価される。

以上の考察から『寧波水利志』はタイプとしては地域水利志であり、寧波地域全体を対象とする広域地域水利志と位置づけられる。それゆえに寧波地域の水利研究の基本文献である。現在の水利開発の主体が行政にあり、今後は寧波市が寧波地域を開発単位として開発が進められていくことを考え合わせると、その地域開発の計画においても基礎となる重要な文献であるといえよう。

さて『寧波水利志』は、二〇〇六年に寧波水利志編纂委員会により作成され、中華書局から出版された。寧波水利志編纂委員会の中で主編者となっているのが孔凡生氏である。同氏は寧波市水利局の局長をつとめ、(2)また二〇〇一年に寧波水利局から発行された『寧波水利』(3)でも顧問として名を連ねている。『寧波水利志』は、総ページ六一三ページの大部の書であり、これまでの寧波地域の水利志の中でも、『鄞州水利志』に次いでページが多い。

『寧波水利志』の内容は、三つの序文、凡例、概述、年表に続いて二十一の章、そして資料、あとがきで構成されている。寧波地域の水利志で共通している点は、「概述」あるいは「総述」と表記される「概要」と「大事記」と表記される「年表」が含まれていることである。「概要」は水利そのものだけでなく、対象地域の地域概観や水利の歴史的展開が記載されている。「年表」とともに、水利研究の基礎資料であり、地域研究の基礎資料としても有効である。なお目次ならびに「概要」は、英文での表記もあり、中国国内はもちろんのこと、諸外国への情報発信を意図していることがうかがえる。本稿の以下の考察では、英文の表記をテキストとして用いる。

『寧波水利志』の章構成は表3に示した通りである。二十一の章は、大きく三つに分けることができる。第一章か

表3 『寧波水利志』の章構成

環境の記述	水利事業のハード面の記述		水利事業のソフト面の記述
第一章 自然環境	第七章 基礎的業務	第十三章 防潮堤	第十八章 水管理
第二章 水系	第八章 甬江の河道制御	第十四章 干拓	第十九章 科学、技術、教育
第三章 気候と水文	第九章 洪水氾濫の防止	第十五章 電気揚水機と電気排水機	第二十章 水利行政
第四章 水資源	第十章 貯水と分水	第十六章 水力発電	第二十一章 人物
第五章 災害	第十一章 港湾建設	第十七章 都市用水	
第六章 洪水と干ばつへの対応	第十二章 水質および土壌の保全		

出所）『寧波水利志』の目次をもとに筆者作成。記述の区分は筆者による

ら第六章は水利にかかわる環境の記述である。第七章から第十七章は個々の水利事業における工事内容などハード面の記述がなされている。そして第十八章から第二十一章は水管理や水行政などソフト面に関する記述となっている。

「概要（英文）」は、大きく①1～4パラグラフ、②5～12パラグラフ、③13～18パラグラフ、④19・20パラグラフの四つに分けられる（表4）。①は地域水利志である『寧波水利志』の対象地域としての寧波の概要について、人文・社会的背景（パラグラフ1）ならびに自然的条件（同2、3、4）が述べられている。水利は、自然的条件の制約を大きく受けることから、ここでは自然的条件について多くのページが割り当てられ、また具体的な数値データで説明がなされている。②は水利開発の歴史的展開である。最初に水利開発の意義（同5）に触れ、以下、石器時代～晋代（同6）、唐代（同7）、宋代（同8）、南宋代（同9）、元代（同10）、明代（同11）、清代～中華民国（同12）の時代区分で、順にそれぞれの時代における水利開発の概要が述べられている。南宋時代に実施された湖田化の是非については、日本人研究者によっても議論されているところであるが、ここでは湖田化をマイナスとして評価している点が興味深い。

③も引き続いて、水利開発の歴史的展開であるが、中華人民共和国建国後を詳述している。ここでも最初に建国後の水利開発の意義（同13）を述べ、その後に時期区分を設定しそれぞれの時期における水利開発の概要が述べられてい

る。本文をもとに判断すると、建国後の時期区分は、一九四九年～一九五七年、一九五八年～一九六〇年、一九六一年～一九六五年、一九六六年～一九七九年、一九八〇年以降となっている。このように時期区分は均等間隔ではない。その区分は、建国後の中国政治を反映したものと考えられる。すなわち復興・社会主義改造期（一九四九年～一九五七年）、大躍進期（一九五八年～一九六〇年）、調整期（一九六一年～一九六五年）、文化大革命期（一九六六年～一九七九年）、改革開放期（一九八〇年以降）である。「概要」で示された時期区分は、水利開発がそれぞれの時点の政府の政権・政策と深くかかわっていることを間接的に示しているといえよう。そして、④は建国後の水利開発の成果ならびに現在の課題と今後の水利開発について言及されている。

表４　「概要」の各パラグラフの内容

パート	パラグラフ	内容
①	1	位置、面積、行政単位、人口、都市
	2	地形、河川、島嶼
	3	気候
	4	降水量、河川流量
②	5	水利開発の意義
	6	石器時代～晋時代の水利開発
	7	唐時代の水利開発
	8	宋時代の水利開発
	9	南宋時代の水利開発
	10	元時代の水利開発
	11	明時代の水利開発
	12	清時代～中華民国時期の水利開発
③	13	建国後の水利開発の意義
	14	1949年～1957年の水利開発
	15	1958年～1960年の水利開発
	16	1961年～1965年の水利開発
	17	1966年～1979年の水利開発
	18	1980年以降の水利
④	19	建国後の水利開発の成果
	20	現在の課題と今後の水利開発

出所）筆者作成

ここでは、概要の③の部分の記述をもとに、寧波市における水利の展開を述べる。また節をあらため、④の部分を用いて、寧波市における利水の現状と将来予測について言及する。

（2）水利の展開

寧波が一九四八年に解放されると同時に、大型の水利事業が寧波で実施された。この復興・社会主義改造期における最も重要な水利事業は、自然災害から人々を守る海岸堤防の修理と建設であった。二つの台風により壊されたすべての海岸堤防は一九五〇年冬までに修理がなされた。一九五一年から一九五六年の間に進められた、土地改革と農民組織化により、灌漑施設の整備や耕地整備などの土地改良が差し迫った要望にあげられた。そこで河川の浚渫や水門の修理のような小規模な水利事業がこの時期に実施された。農民の組織化がなされたことにより、それぞれの組織で可能な範囲で土地改良事業が求められるようになった。この時期に中央政府が示した水利方針は「貯水、小規模事業、そして人民の自主管理を優先とする（以蓄為主、小型為主、群衆自辦為主）」であり、水利事業は河川の浚渫や水門の改修のほか小規模ダムの建設にも着手されるようになった。その結果、山間部に多くのダムが建設された。またこの時期には、政府によって揚水ポンプの設置が行なわれ、その後、地元農民によっても多くの揚水ポンプが設置・運営されるようになった。これらを通じて農業の機械化が促進されるところとなった。

大躍進期の一九五八年から一九六〇年には「国家農業開発計画」が制定された。水利は農業八大事項（水利、肥料、土壌、種子、密植、防止、農地整地、管理〈水、肥、土、種、密、保、工、管〉）において第一の手段とされた。水利施設の建設プロジェクトは、党書記によって指導された思想的方針のもと、三年間にわたってリーダーシップの強化が図られ大型の水利開発が進められた。上意下達で水利事業が展開した。姚江大閘と大型ならびに中型ダム[4]（四明湖ダム、上林湖ダム、新路嶴ダム、横山ダム、三溪浦ダム、楊梅嶺ダム）が小型ダムとともに建設された。[5]しかしながら成果第一主義のため、それら建設プロジェクトのいくつかは開発主体が有する土木技術の能力を超えて建設され、それは直接的に質の問題を導き、後に大幅な損失を引き起こした。[6]

調整期の一九六〇年代初期になると、中央政府の政策は「調整・統合・強化・改善」とされた。そこでは、大躍進期に実施された幾つかのプロジェクトに対する調査ならびに調整がなされた。良い条件でかつ有利な建設プロジェクトに対しては、その便益を確保するために、人員、資材、資本を集中する一方で、利益が見込まれるが能力を超えている建設プロジェクトについては、一時中止あるいは延期とされた。さらに利益が見込めない建設プロジェクトは廃止とされた。またコスト・ベネフィット（費用対効果）の考え方や建設によって影響を受ける人々への補償といった対策も実施されるようになった。これらの施策のもと、成果の乏しい建設プロジェクトに対する調整や修正が数年間にわたってなされ、利益と安全性は確保され、建設の到達度も保障されるようになった。

文化大革命期になると、「大寨精神に学べ・優先事項としての小規模・補助をともなった全面配套・管理強化・農業生産増産のためのサービス」との水利方針に従って、水利事業が実施されるようになった。文化大革命において、多くの水利施設が破壊され、(7) 技術者の軟禁や下放により管理組織も好ましくない状況となり、水利の基盤は大幅に混乱した。しかし一九六六年の洪水、一九七六年と一九七一年の干ばつの発生は、水管理の重要性と緊急性を強く意識させるところとなった。寧波では、浙江省水利水電局の強力な支援を受けて、大型ダムである皎口ダムと中型ダムの里杜湖ダム、陸埠ダム、横溪ダム、崙嶴ダム、溪口ダム、黄壇ダムが建設された。さらに大塘港と胡陳港では、築港技術により湾を堰き止め干拓湖が造られた。そしてそれ以外にも寧波では、干拓地とダムの建設が進められた。

一九八〇年以後は中国共産党の第十一期三中全会議（一九七八年）の決定にもとづく改革開放政策の導入を受けて、経済開発のためのインフラ整備として水利事業が継続的に推進された。水利事業はあらゆる方面に向けられるようになった。すなわち、第一に、水利は農業単独のサービスから国家経済全体へのサービスへの位置づけとなった。都市用水供給、市街地の洪水調整、水環境規制といった都市水利プロジェクトが強化されるようになった。第二に、水利への投資システムが導入された。それを受けて、水利への投資は継続的に拡大し、また投資の規模も急激に大きくなった。第三に、水利事業の管理体制も確立し、より完全なものとなった。水利事業においては、建設プロジェクトの管理体制、法人の責任システム、監査システム、入札制度そしてプロジェクトの質の監視システムなどが徹底され、水利事業そのものが大いに改善されるようになった。第四に、治水中心の伝統的な考え方から、利水中心の考え方に転換した。この水資源に対する考え方は、水資源の管理・制御と同様に強化された。第五に、中華人民共和国の水法が厳格に適用されるようになった。水利の法的整備は、水利規制、水利行政、そして水法の施行の三つのシステムにおいてなされた。法に基づいて遂行されることで、水利の達成は確実にそして促進されるようになった。

改革開放後の二十年間に、寧波市の水利事業の達成度は目覚しいものとなった。三つの大型ダム（亭下ダム、横山ダム、白溪ダム）が建設され、多くの中型ダム（たとえば、梁輝ダム、梅溪ダム、四竈浦ダム、平潭ダム、隔溪張ダム）も完成した。さらには、高品質高水準の水利施設の建設（高規格の海岸堤防、都市水害防御プロジェクト、洪水防御を基礎とする近代的な水管理情報システム）が継続的になされた。これらの事業により、寧波市の水利のインフラのレベルならびに能力は大きく向上した。

中華人民共和国の建国から二〇〇一年までの半世紀にわたる事業の後、寧波市は、大規模、中規模、そして小規模の灌漑事業とともに、効果的で総合的な灌漑システムの基本的な枠組みを持つようになった。そしてそれらの水利事業は、洪水防御、灌漑と排水、都市用水供給、発電、干拓事業そして環境保全と広い領域に及ぶものであった。そのシステムは、寧波市の都市部と農村部における生活と同様、必要とされる水需要や国家経済のすべての分野に対する基本的なインフラを提供してきた。さらにこのシステムは寧波市が改革開放の経済発展へ調和的に対応するための環境を提供してきた。この半世紀にわたる水利事業への資本投下は五九・六億元に達する。そして、そのうち三八・六億元は国家からの拠出であった。労働力として、のべ一〇億人・日相当が費やされ、そしてプロジェクトの完成までに一三・六億立方メートル相当以上の土石が用いられた。五つの大型ダム、二十一の中型ダム、九十八の小（一）型ダム[8]、そして二七九の小（二）型ダム[9]が丘陵部における数千の溜池とともに建設された。それらの貯水池の総量は一六億トンに達する。五、六七五もの堰などの引水施設が新設・改修された。河川に対する調整能力は、二・七億トンとなった。一方で、毎秒三・一九万トンの排水能力を持つよう設計された四八八もの水門が新設・改修された。海岸堤防ならびに河川堤防は数回にわたり改良・強化がなされてきた。三六〇キロメートルもの新設の海岸堤防が重要地区に築造された。一八・四七万キロワットの能力をもつポンプなどの揚水施設が導入され、その受益面積は二四五万畝にわたる。一方、小規模水力発電所も建設され、それらの年間発電能力は一・六八億キロワットであり、それは開発可能総量の六四・五パーセントに相当する。また六二・一万畝の農地が干拓により開かれた。これらの水利プロジェクトによる建設は水資源の開発利用を大きく改善してきた。その貯水容量は、中華人民共和国建国時の三億トンの六倍となった。そしてそれは一八・〇万ヘクタール（二六九・四万畝）の農地に効果的な灌漑をもたらし、農地の灌漑率は九三パーセントに達した。降水量の多寡に限らず安定的な生産ができる農地は一一・七万ヘクタール（一七七・八万畝）となった。海ならびに河川沿いの高潮防御は大きく改善され、そして産業と同様に市町の生活で必要な生活用水は供給が補償されている。これらの成果は、寧波市の安定的な社会・経済的発展に対して強力な基礎となっている。

三　寧波市における利水の現状と将来予測

寧波市の水需要は日々増加し、さらに水汚染も水浪費とともに深刻である。水の需要と供給の不均衡は日々悪化しており、水をめぐって生態環境の改善や生活の質の追求が大きな課題となっている。

図6は、二〇〇〇年における寧波市、兵庫県、そして中国全体の利水の割合を示したものである。二〇〇〇年にお

ける寧波市の年間利水量は、一八・五三億トンである。その内訳をみると、農業用水が五七・九パーセント、生活用水が二一・二パーセント、工業用水が二〇・九パーセントとなっている。中国の利水の特徴は、工業用水の占める割合が高いことにあるが、寧波市も二〇・九パーセントとかなり高い割合を示している。しかし生活用水はそれより高い割合となっている。兵庫県の利水の割合は農業用水が五七・九パーセント、生活用水が二三・五パーセント、工業用水が一八・六パーセントであり、その割合は寧波市と近いものとなっている。このように寧波市の利水は、中国全体よりは兵庫県あるいは日本と近い状況にあるといえる。

図7は、寧波市政府による今後の水需要予測をグラフにしたものである。二〇〇〇年の人口は、五九六万人[10]から三十年後の二〇三〇年には一三八万人増加し、七三四万人になると予測されている。そして、それに対する水需要は、一八・五三億トン（二〇〇〇年）から二五・七二億トン（二〇三〇年）と七・一九億トンの増加が見込まれている[11]。その内訳をみると、農業用水については、農地が約四分の三に減少する予測を受けて、一・八七億トンの減少が見込まれている。その一方で、人口増加を受けて、生活用水が三・一四億トン、工業用水は四・一四億トンの増加がそれぞれ見込まれている。その結果、利水の割合は、農業用水が三六・〇パーセント、生活用水が三〇・〇パーセント、工業用水が三四・〇パーセントとなり、生活用水と工業用水の都市用水の割合が高くなり、それらへの対応がますます重要となってくる。

このような水需要の増加に対して、寧波市では、新たに大型ダム二、中型ダム十六のダムを建設し、それによって新規需要とほぼ同じ七・八三億トンの貯水能力を追加する計画である。寧波市の安定的な社会・経済的発展を保障するために、中国共産党寧波市委員会と寧波市政府は水資源の活発な開発、保全、管理によって水管理の統合的開発と管理を強化させてきた。すでに、一つの大型ダム（周公宅ダム）と四つの中型ダム（西溪ダムなど）の建設が進められている。また水源の広域化も図られている。寧波市内では、人口や産業は北部に集中している。その北部の水供給を補うために、南部の河川に建設したダムからパイプラインを通じて北部地域へ送水がなされている。また今後の計画では、寧波市外の地域である隣の紹興市の曹娥江からの導水、さらには約一五〇キロメートルも離れた杭州近くを流れる銭塘江からの導水も計画されている（図１）。これら水利開発とともに水環境への配慮もなされるようになり、地元では水汚染のコントロールと水路網の復元に多くの注意が払われるようになっている。水を経済的に意識することの普及、海岸部での高潮対策の工事の開始、市内の洪水制御、低地部の氾濫原の排水、さらに水管理は減災とともに人と水が調和する水環境の形成を通じて最大限に利用するために継続的に強化が求められている。

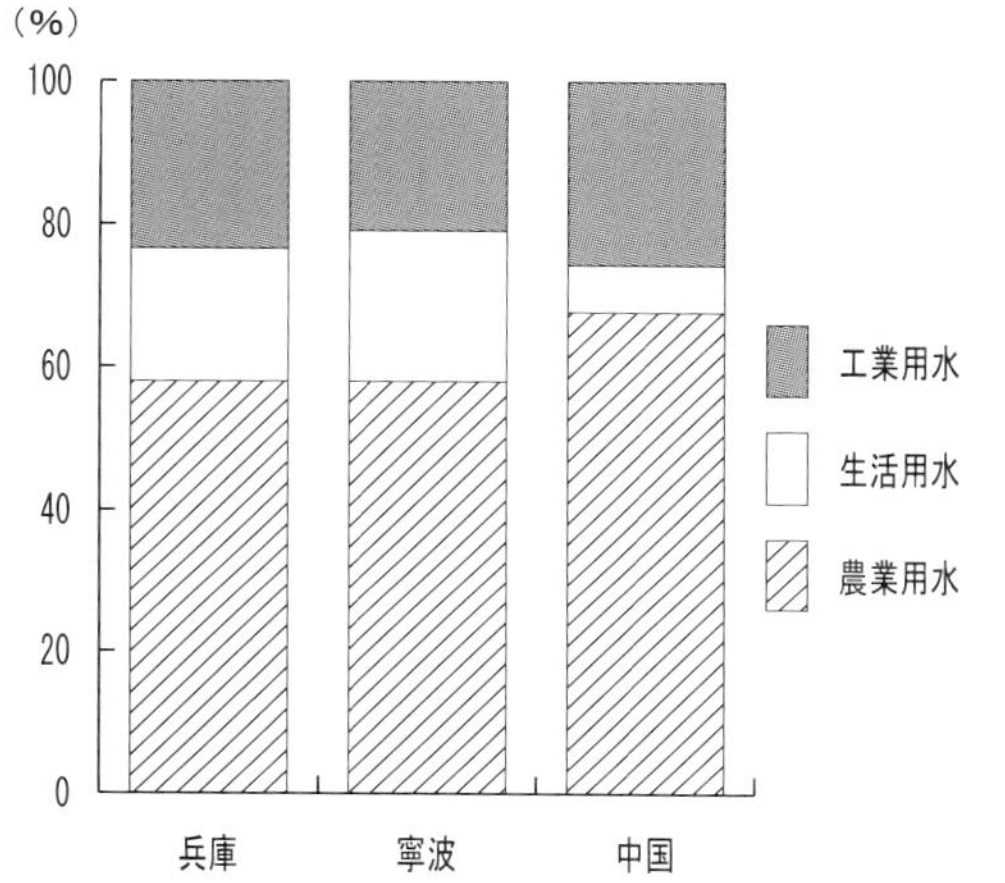

図６　寧波市・中国・兵庫県の利水の比較

出所）『寧波市水利史』、『FAO　Aquastat』、『ひょうご水ビジョン』より筆者作成

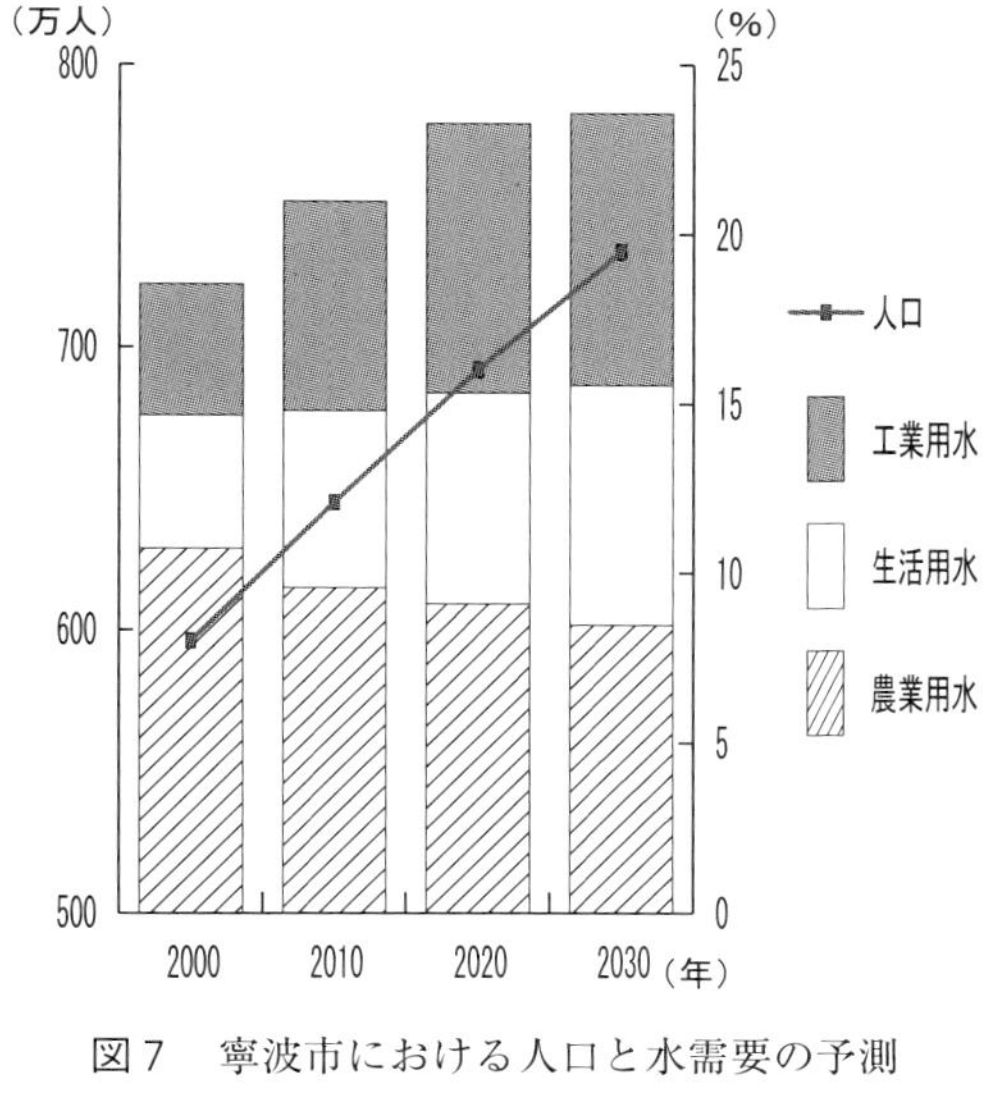

図７　寧波市における人口と水需要の予測

出所）現地収集資料より筆者作成

おわりに

本稿では、中華人民共和国の建国後を対象として、寧波市の水利開発の実態とその特色を明らかにすることを目的として検討を行なった。寧波市の水利の展開でみたように、現代中国の水利において、ダムが重要な役割を果たしている。近代までに建設された寧波市域における代表的な水利施設として、它山堰、広徳湖、東銭湖がある。それらの水利施設と現代において建設されたダムを比べてみると、その貯水能力に極めて大きな違いがある。例えば東銭湖の総貯水量は四九二九万トンであるが、建国後にそれを上回るダムは五基もあり、そのうち二基は二倍以上の貯水量を有する。また它山堰の上流には、貯水量一・一九億トンの貯水量を有する皎口ダムが建設され、流量の調整はすべて皎口ダムで行なわれている。このように建国後の水利開発は、近代までの水利開発を大きく超える規模で展開し、また近代までに開発された水利施設は、建国後に建設された水利施設の運用下に置かれており、建国後に全く新しい水利システムが構築されているといえよう。

利水の実態をみると、現時点では農業用水が中心である。しかし、将来的には工業用水ならびに生活用水の都市用水の需要増加が見込まれている。それら今後の水需要に対して、中国（寧波）では、建国後の水利開発と同様に、新たなダムの建設（流域変更を含む）を中心とした対応を計画している。また次稿の「ダム建設からみた寧波の水利開発」で紹介するように、既設ダムの改修による対応も行なわれている。いずれにしても今後もダムを中心とする水利開発が計画されている。

さて一九九〇年代に入ってから、アメリカ開墾局長官のダニエル・ビアード氏の「ダムの時代は終わった」との発言や、ピアス氏の「ダムはムダ（無駄）」の著書[12]など、世界的にはダム批判が高まっている。アメリカでは、一部のダムの撤廃も始まっている。また本稿で比較事例としてあげた兵庫県では、水利開発において成熟期に入っており、水需要も一九九九年時点の三七・五九億トンから二〇二五年には最大の予測でも三七・〇三億トンに減少する予測[13]がなされている。農業用水と工業用水はいずれもマイナスの予測で、唯一、生活用水需要が増加する予測がなされている。ただし、人口は二〇一〇年をピークに減少する予測である。このような予測を受けて、兵庫県の水資源開発プランである「ひょうご水ビジョン」では、新規のダム開発は示されておらず、既存の水利施設の活用ならびに節水社会の提案がなされ、また量ではなく質の面が強調されている。

　これからも人口、経済そして都市の成長が予測されている寧波では、さらなる水利開発が必要であり、ダムはそれら成長を支える重要な基盤施設に位置づけられている。しかし、日本もかつてそうであったように、過剰な水需要予測が過剰なダム建設を導き、多くの問題を現在にもたらしていることは、今後の中国の水利開発を考えていく上で重要な示唆を与えるものと考える[14]。

註

（1）刊行時期については、政治的な流れや経済成長の段階との関係などに重ね合わせて考察する必要がある。また本稿で取り上げる水利志以外にも、『寧波市志』などの関係地域の地域志が一九八〇年代以降に相次いで出版されている。

（2）『慈溪水利志』において、寧波市水利局局長として「序」の文章を寄稿している。

（3）寧波市水利局『寧波水利』、二〇〇一年。

（4）大型ダムは貯水量が一億トン以上、中型ダムは貯水量が一〇〇〇万トン以上一億トン未満のダム。

（5）小型ダムは貯水量が一〇万トン以上一〇〇〇万トン未満のダム。

（6）次章「ダム建設からみた寧波の水利開発」を参照のこと。

（7）中国全体で二二五〇のダムが破壊された（日本水土総合研究所『水土の知を語る　海外技術交流を考える――その1　中国の農業水利』、二〇〇七年）。

（8）貯水量が一〇〇万トン以上一〇〇〇万トン未満のダム。

（9）貯水量が一〇万トン以上一〇〇万トン未満のダム。

（10）この値は、寧波市の水資源計画の報告書による（寧波市統計局編『寧波市統計年鑑2005』中国統計出版社、二〇〇五）。

（11）それぞれの用水予測は幅をもって示されているが、本稿ではその予測の中央値を用いて分析した。

（12）ピアス・フレッド著　平澤正夫訳『ダムはムダ　水と人の歴史』共同通信社、一九九五年。

（13）なお、予測の中央値は三五・八九億トンである。

（14）本稿では、各種統計データをもとに検討した。寧波市の年間水需要は一八・五三億トンであり、ダムの総貯水量は一三・四〇億トンである。それに対して、兵庫県の年間水需要は三七・五九億トンであり、ダムの総貯水量は三・七〇億トンでしかない。兵庫県の場合は、琵琶湖からの給水もあるが、このような両者の値の相違は、詳細に検討しなければならない。

【附記】　本稿「建国後の寧波の水利」と次稿の「ダム建設からみた寧波の水利開発」は、これまで発表した南埜猛「建国後の現代中国における水利開発の展開――浙江省寧波市と兵庫県との比較考察をもとに――」、中国水利史研究、三六号、九五～一〇五頁、二〇〇七年、南埜猛「寧波水利の概要――『寧波水利志』General Survey（概述）をもとに――」、中国水利史研究、四二号、二〇一三、早坂俊廣・南埜猛・高津孝「プロローグ　くらしがつなぐ寧波と日本」、高津孝編『くらしがつなぐ寧波と日本』東京大学出版会、一～二〇頁、二〇一三、南埜猛「建国後の現代中国におけるダム建設の展開」、中国水利史研究、四三号、一九～三五頁、二〇一五年を再構成するとともに統計データを更新して作成したものである。

ダム建設からみた寧波の水利開発

南　埜　猛

はじめに

ダム（中国では「水庫」）は、二十世紀後半以降の水利開発において、もっとも重要な役割を果たした水利施設である。ダムによって開発された水資源量は、前稿「建国後の寧波の水利」で指摘したように、それまで当該地域で開発された水資源量を大きく上回り、施設の規模も大きい。それゆえにダム建設は地域の生態系を含む自然環境への影響のほか、建設中ならびに建設後の経済効果や立ち退き問題など社会環境への影響も大きい。本稿では、そのダム建設に注目し、ダム建設を指標にして建国後の寧波の水利開発について検討する。その前提として、中国全体の水利の特徴ならびにダム建設の展開についての考察を加えた。

本稿の構成は、まず中国水利の特徴を中国・日本・インド三カ国の比較を通して検討し、その上で国際大ダム会議の『ダム台帳』のデータをもとに省別にみた中国国内のダム建設の展開を考察する。次に寧波市におけるダム建設の展開を、『寧波水利志』のダムデータを用いて検討する。[1] また現地調査により個別ダムの現況についても言及する。そして、中国全体のナショナルレベルの分析と寧波市でのローカルレベルの分析から得られた知見を統合し、建国後の中国のダム建設の特徴を明らかにする。

一　中国水利の概観

ここでは、中国・日本・インド三カ国の比較考察を通して、中国水利の特色を明らかにする。面積でみると、中国

表1　日本・中国・インド3カ国の水利と土地利用の概要

		日本		中国		インド	
年次		2000年	2010年	2000年	2010年	2000年	2010年
総面積	（’000ha）	37,780		959,805		328,726	
人口	（’000人）	127,096	127,353	1,282,437	1,390,551	1,008,937	1,205,625
利水	農業用水（%）	62.5	66.7	67.7	64.6	86.5	90.4
	生活用水（%）	19.7	18.9	6.6	12.2	8.1	7.4
	工業用水（%）	17.9	14.4	25.7	23.2	5.5	2.2
農業	農地面積（’000ha）	5,235	4,393	548,658	515,369	180,610	179,571
	耕地面積（’000ha）	4,474	4,282	137,127	107,822	161,730	157,007
	灌漑面積（’000ha）	2,641	2,496	54,402	66,736	54,800	66,700
	農地率（%）	13.9	11.6	57.2	53.7	54.9	54.6
	耕地率（%）	85.5	97.5	25.0	20.9	89.5	87.4
	灌漑率（%）	59.0	58.3	39.7	61.9	33.9	42.5

注）利水の中国データは2005年。農地率は農地の総土地面積に占める割合、耕地率は耕地の農地面積に占める割合、灌漑率は灌漑の耕地面積に占める割合をそれぞれ示す。

出所）国連FAOSTAT（http://apps.fao.org/default.htm）、AQUASTAT(http://www.fao.org/nr/water/aquastat/data/query/index.html)、『日本の水資源』より筆者作成

は日本の三〇倍に対して、インドは九倍である（表1）。しかし人口では中国もインドも面積ほどに大きな差はない。二〇〇〇年から二〇一〇年の人口の動向をみると、中国の約一億人増加に対して、インドは約二億人の増加となっている。また国連の世界人口推計では二〇二八年にインドが中国の人口を追い抜くと推定されている[2]。単位面積当たりの人口数で示される人口支持力はインドの方が高い。中国に比べてインドの人口支持力が高い理由の一つに、国土のうち耕地の割合が高いことがあげられる。農地率は中国とインドでそれほどの差はない。しかし、中国には、北部にゴビ沙漠、西部にはタクラマカン沙漠、そして南部にはチベット高原と耕地に適さない土地が広くある。インドにもタール沙漠やデカン高原がある。しかしデカン高原の平均標高は三〇〇〜六〇〇メートルであり、四五〇〇メートルを超えるチベット高原とは異なり、耕地としての利用は可能である。表1が示すように、耕地率はインド八七・四%に対して中国はわずか二〇・九%にしかすぎず、耕地面積はインドが中国の一・五倍ある。灌漑率は中国の方が高く、灌漑面積は中国とインドともに約六六七〇万ヘクタールである。さて、二〇〇〇年時点と二〇一〇年時点のデータを比

べると、日本・中国・インドの三カ国とも農地面積・耕地面積は減少傾向にある。特に中国は二〇％以上の減少率となっている。ただし灌漑面積については、中国とインドはともに二〇％以上、増加している。

利水の面でみると、中国、日本、インドともに最大の利水部門は農業用水である。しかしインドで農業用水が占める割合は九〇・四％と利水の大部分を占めるのに対して、日本と中国は六割台である。灌漑率をみると、インドが三カ国では最も低く中国は六一・九％と最も高い。農業用水以外の利水に目を向けてみると、中国は工業用水が高い点に特徴がある。二〇〇〇年時点と二〇一〇年時点とを比べると生活用水が二倍近くその割合を増加させており、この点が近年の大きな特徴といえる。

水需要全体では、日本は減少傾向を示しているが、中国とインドは増加傾向となっている。そして水使用量は、中国五五四立方キロメートル／年、日本九〇立方キロメートル／年、インド七六一立方キロメートル／年となっている。(3) この膨大な水需要を支えるために各国では水利開発が行なわれてきた。二十世紀後半における水利開発の中心的な水利施設がダムであり、中国、日本、インド三カ国だけで一九五〇年代以降に一二〇〇〇基以上のダムが建設されている。(4)

二　中国におけるダム建設の展開

（1）概　観

パリに拠点を置く国際機関の国際大ダム会議は、一九六四年に世界の『ダム台帳』（『World Register of Dams』）を発表して以来、これまで各国の情報を収集し『ダム台帳』を更新してきた。(5) 一九九八年時点のデータでは、中国が世界

表2　ダム保有上位4カ国の概要

国名	総数		30m未満（未記入を含む）		30m以上100m未満		100m以上	
	1998年	2006年	1998年	2006年	1998年	2006年	1998年	2006年
アメリカ合衆国	6,375	9,265	4,731	7,732	1,554	1,463	90	70
			(74.2)	(83.4)	(24.4)	(15.8)	(1.4)	(0.8)
中国	1,855	5,191	23	3	1,783	5,050	49	138
			(1.2)	(0.1)	(96.1)	(97.2)	(2.6)	(2.7)
インド	4,010	5,101	3,585	4,508	404	565	21	28
			(89.4)	(88.4)	(10.1)	(11.1)	(0.5)	(0.5)
日本	1,077	3,076	47	1,956	952	1,039	78	81
			(4.4)	(63.6)	(88.4)	(33.8)	(7.2)	(2.6)
世界	24,864	37,640	15,650	23,891	8,605	12,956	586	793
			(62.9)	(63.5)	(34.6)	(34.4)	(2.4)	(2.1)

出所）International Commission on Large Dams『World Register of Dams』より筆者作成

第三位のダム保有国であり、堤高三〇メートルから一〇〇メートルのダムが中心であった（表2）。その後、国際大ダム会議は二〇〇六年時点のデータを公開している。表2が示すように、ダム数の上位四カ国は、上位からアメリカ合衆国、中国、インド、日本であり、中国は一九九八年の第三位から第二位となっている。

登録されている数は世界全体で一九九八年の二万四八六四から約一・五倍の三万七六四〇に増加している。これは、この間に多くのダムが新たに建設されたというわけではない。データ収集の基準や集計方法の違いによるものである。たとえば、日本は一九九八年の一〇七七から二〇〇六年は三倍近くの三〇七六に増えている。これは登録ダムの定義を変更したことがその大きな理由である。すなわち日本国内では堤高三〇メートル以上を大ダムと定義しており、一九九八年の報告ではその基準に準拠して報告がなされていた。したがって一九九八年時点の報告では三〇メートル未満のダム数は四十七であった。国際大ダム会議では堤高について一五メートル以上という定義を用いている。二〇〇六年の報告で日本はその基準を採用し、その結果三〇メートル未満のダム数は四十七から一九五六へと大幅に増加したのである。

中国についてみると総数は一九九八年の一八五五から二・八倍の五

一九一に増加している。その一方で、三〇メートル未満のダム数は、一九九八年の二十三から三へと減少している。前稿「建国後の寧波の水利」で述べたように、中国国内では、近年、各地の水利志が多く刊行されている。それら文献では、三〇メートル未満のダムが多く存在していることが示されている。中国のダム数増加の要因は日本とは異なる。その理由は不明であるが、いずれにしても中国政府の統計における集計方法やダムの定義基準が統計の値に強く反映していると考えられる。

このように、国際大ダム会議のデータは必ずしも実態や現実を正確に示しているとはいえない。とはいえ、国別のダムのデータを公表している唯一の統計である。また登録ダム数は大幅に増加していることから、今日の世界のダムの現状を把握するにおいて二〇〇六年データで考察することは有効であると判断される。前述の統計上の問題点を認識した上で、本稿では国際大ダム会議の二〇〇六年のデータをもとに、中国・日本・インド三カ国に絞って、ダム建設の実態を比較検討する。

（2） 時系列的考察

図1は、年代別に完成したダムの件数と貯水量の推移を示したものである。件数で、日本は一九六〇年代にピークを迎えているのに対して、中国は一九七〇年代、インドは一九八〇年代にピークがある。このようにピークの時期に違いはあるが、全体として一九五〇年代以降に増加傾向を示し、ピーク後は減少傾向を示すという動向は共通している。

貯水量でみると、日本は一九六〇年代がピークで、件数とほぼ同じくピーク後は減少する動向を示している。インドも一九七〇年代にピークがあり、ピーク後は日本と同様に減少している。このような日本とインドの動向に対して、

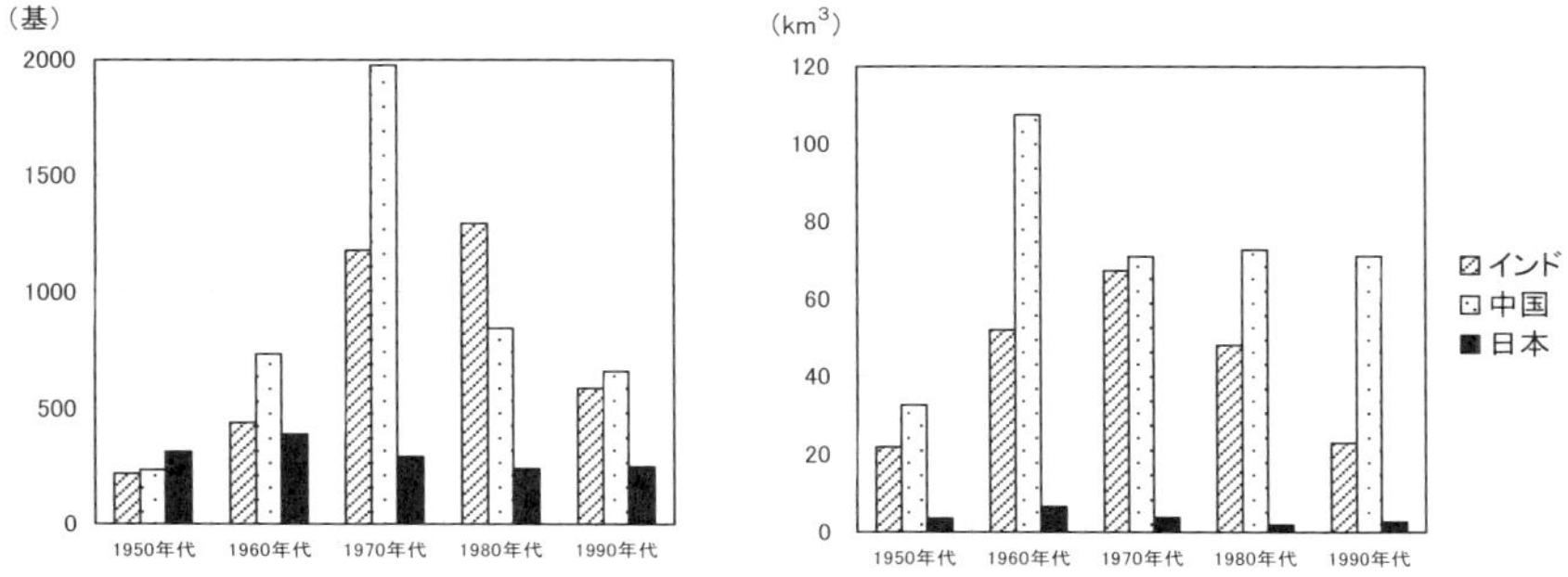

図１　インド・中国・日本におけるダム建設の推移（1950年代～1990年代）

出所）表２と同じ

まったく異なる傾向を示しているのが中国である。中国は、一九六〇年代にピークがある。ピーク後に減少するが一九八〇年代以降の件数の減少に比して、貯水量の減少の割合は少ない。

ダムはどこにでも建設できるわけではない。まずは効率的に貯水量が見込めるダムサイトで建設がなされる。中国やインドでダムの貯水量のピークが、件数のピークより早くなる一つの理由はこのようなダムサイトの関係で説明がなされる。そして年代が下がるにしたがって、ダムが建設されることにより効率的なダムサイトは減少することになる。その結果、ダム建設の年代が下がるにしたがって一ダム当たりの貯水量は減少することになる。

効率的なダムサイトが少なくなる一方で、土木技術は年代が下がるにしたがって向上がみられる。土木技術の向上により、それまで建設が難しかった地点での建設やより高い堤体の建設が可能となり一ダム当たりの貯水量を増加させることができる。中国において、一九八〇年代以降にダム建設の件数は減っているにもかかわらず、貯水量が少なくなっていないのはこのような点を理由として説明することができる。

一方で、ダム建設を阻害する要因もある。その一つがダムの建設費の問題である。建設費は年代が下がるにしたがって、立ち退き補償費等により増加するのが一般的である。また一九九〇年代にはダムに対する批判が世界的に高まった。[6] インドでも世界銀行や日本の援助で推進していたナルマダ川の開発が反対運動などの社会的要因によりダム建設自体が困難な状況となった。[7] それに対して中国では、二〇〇〇年代以降でも貯水量が一〇億トンを超える大規模ダムが二〇基以上完成し、大規模開発が継続して進められ、さらに二〇一〇年には三九三億トンの三峡ダムが完成している。サルダル・サロヴァル・ダムやテーリダムなどの大規模開発が大幅な遅延と計画の見直しがなされながら進められたインドとは対照的である。[8]

以上のようにダム建設には、単にダムサイトといった自然的条件だけでなく、土木技術、建設費、ダム建設に対する社会的評価や政治状況といった社会的条件も複雑にかかわっている。日本・インドと中国のダム建設の動向の違いは、それぞれの国の社会的条件が大きく反映しているといえる。

（3） 空間的考察

図2は、省別（台湾を含めて、二十三省・五自治区・三直轄市・二特別行政区）にダムの件数と貯水量の合計を示したものである。件数についてみてみると、全体として、南部に多く、北部や西部には少ないことがわかる。最も多いのが湖南省（六三七）であり、雲南省（五四六）、浙江省（四七〇）、湖北省（四六二）が続く。雲南省、湖南省、湖北省と長江の上・中流域の省が上位に並んでいるが、下流部の江蘇省はわずかに三しかない。貯水量も、件数とほぼ同じ傾向で、全体として、南部に多く、北部や西部には少ない。ただし、後述するように吉林省や遼寧省など東北部や西部の青海省では件数と比べ、貯水量は比較的大きい。省別にみると、湖北省、広西壮族自治区、四川省、青海省の順であり、湖北省の三峡ダムや青海省の龍羊峡ダムなど、大規模なダムが建設された省が上位に入っている。

中国におけるダムの区分は貯水量による区分が用いられている。すなわち、一億トン以上の貯水量を持つダムを大型ダム、一〇〇〇万トン以上一億トン未満のダムを中型ダム、そして一〇万トン以上一〇〇〇万トン未満が小型ダムである。[9] 堤高については、前述したように、中国政府は基本的に三〇メートル以上のものしか国際大ダム会議のダム台帳には登録していない。そこで本稿の分析においては、堤高については三〇メートル以上五〇メートル未満、五〇メートル以上一〇〇メートル未満、一〇〇メートル以上の三区分を用い、[10] 貯水量については中国政府の区分である大型ダム、中型ダム、小型ダムの三区分を用いて検討する。

図3は、先に示した堤高と貯水量の区分別に省ごとにその割合を示したものである。北部の東北地方や西部では、堤高の五〇メートル以上の高いダムならびに大型ダムの割合が高いことが読み取れる。そこで一ダム当たりの貯水量を求めた結果が図4である。一億トン以上が大型ダムであるが、このように北部や西部では、平均で五億トンとなり、ダムそのものは少ないが、比較的大規模なダムが建設されているという傾向が読み取れる。

次に、年代別の建設の推移を検討する。図5が示すように、一九四九年以前でダムは全国に分布しているが、数はわずかであり湖北省と浙江省でやや多く建設されている。建国後の中国の水利開発については、安徽省にある淮河流域の仏子嶺ダム、梅山ダムの建設が有名である。一九六〇年代に入ると、湖南省・湖北省・広東省などで建設が進み、一九七〇年代には湖南省・湖北省・広東省のほか南部の各省での開発が進んでいる。一九八〇年代には開発の数自体は減少しているが、南部の各省では引き続きダム建設が進められ、特に雲南省は一九八〇年代以降に多くのダムが建設され一九九〇年代においては最も件数が多くなっている。

貯水量でみると件数の傾向とは大きく異なる傾向を示している。一九四九年以前では遼寧省や四川省での建設が多くみられる。そのうち日本統治時代に建設され、当時東洋で最も堤高が高いダムであった豊満ダム（堤高九〇メートル、一九四二年完成）も含まれる。一九五〇年代も東北地方の吉林省が多く、一九六〇年代になると河南省で大きい値が

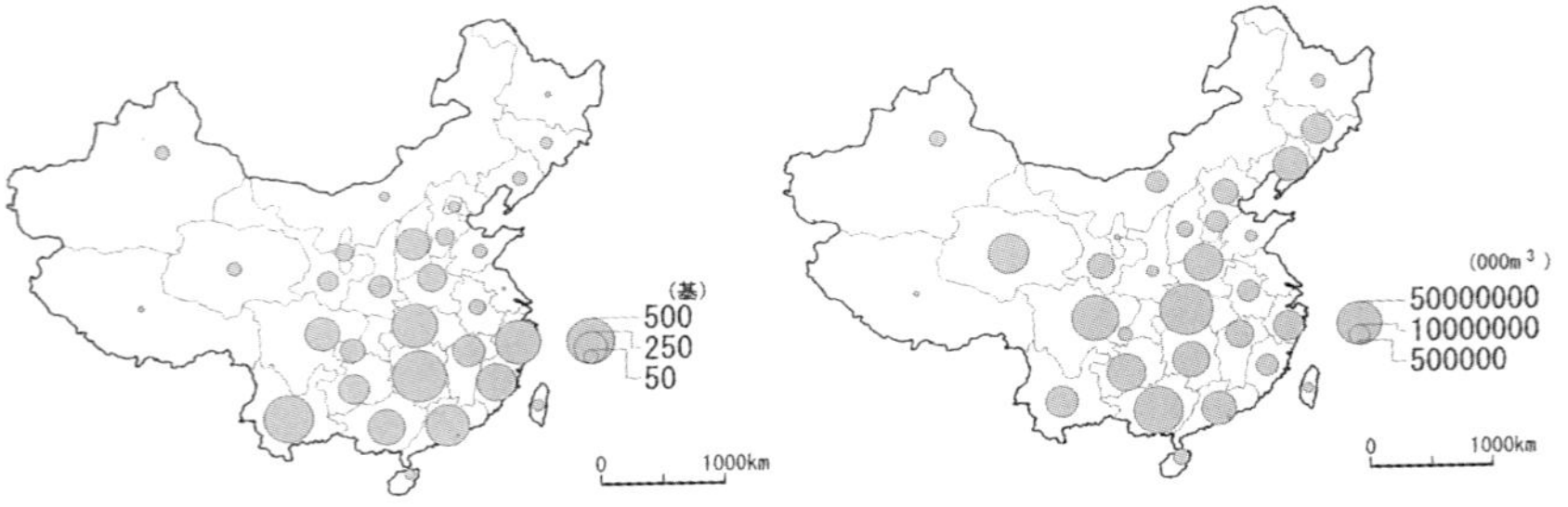

（件数）　　（貯水量）

図2　省（自治区）別ダムの件数と貯水量

出所）表2と同じ

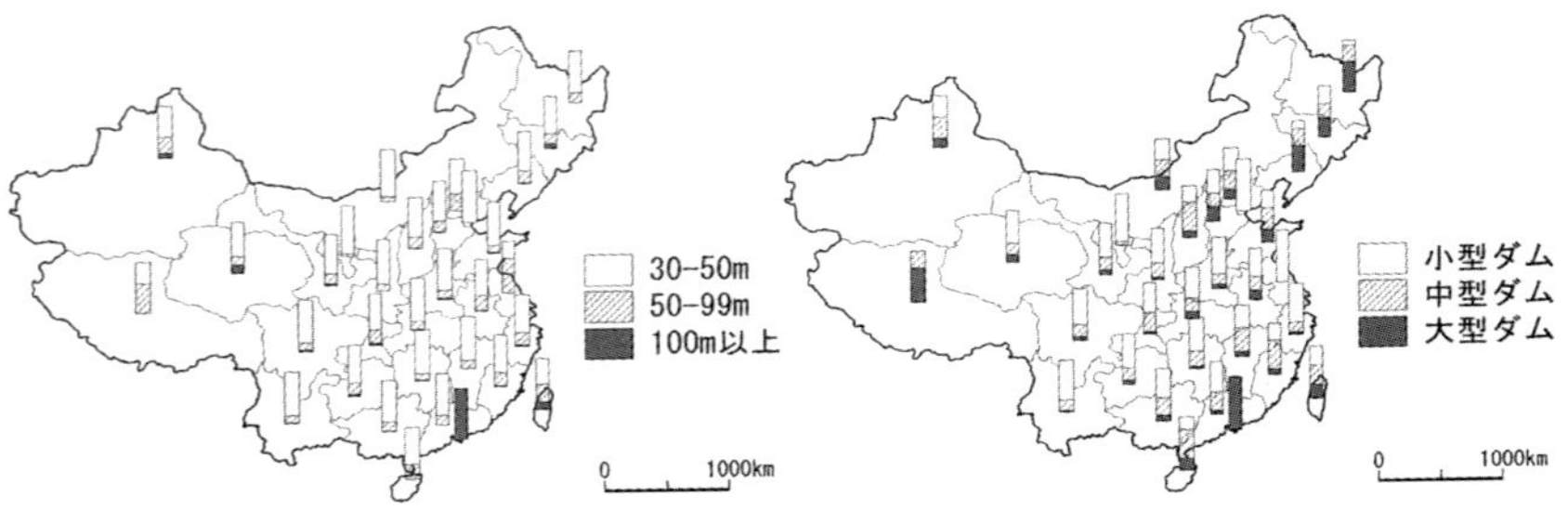

（堤高）　　（貯水量）

図3　省（自治区）別ダムの件数と貯水量の規模別割合

出所）表2と同じ

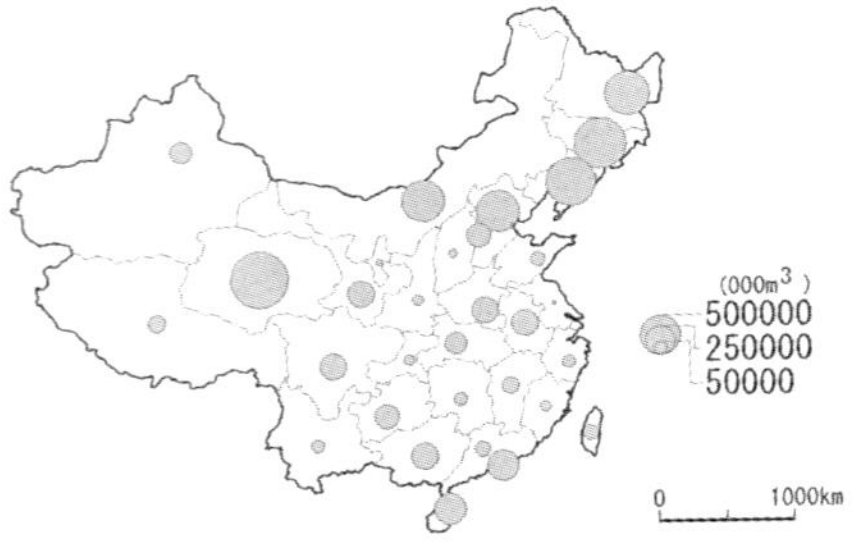

図4　省（自治区）別の1ダム当たりの平均貯水量

出所）表2と同じ

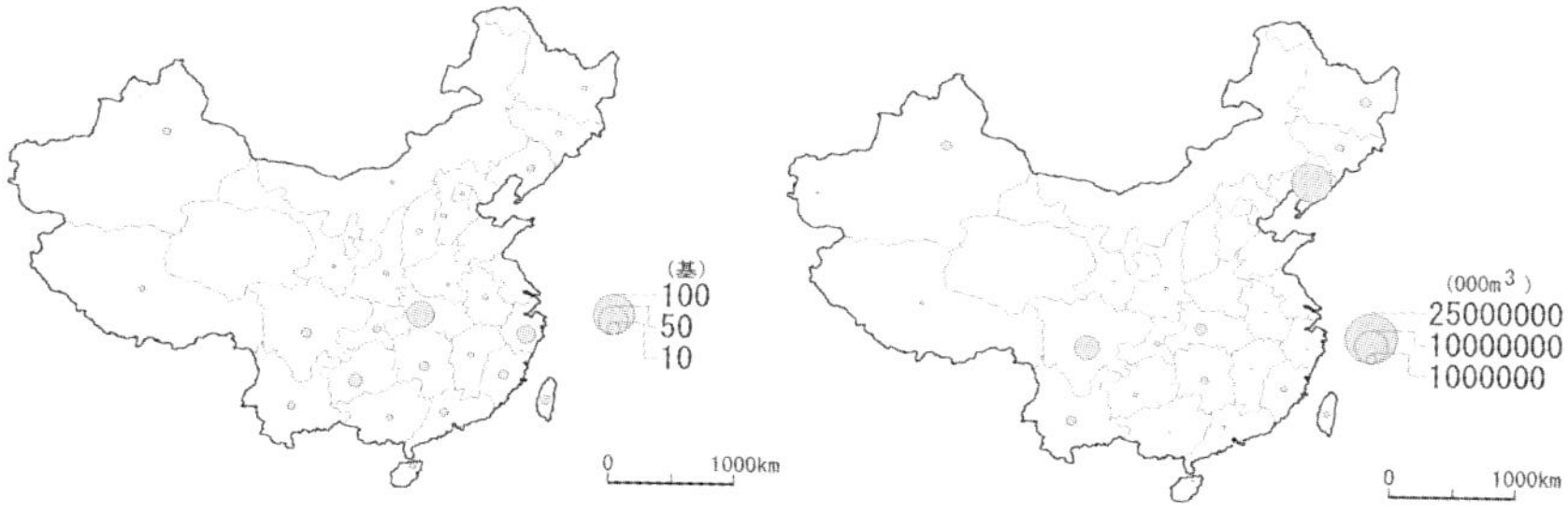

（件数）　　（貯水量）

（1949年以前）

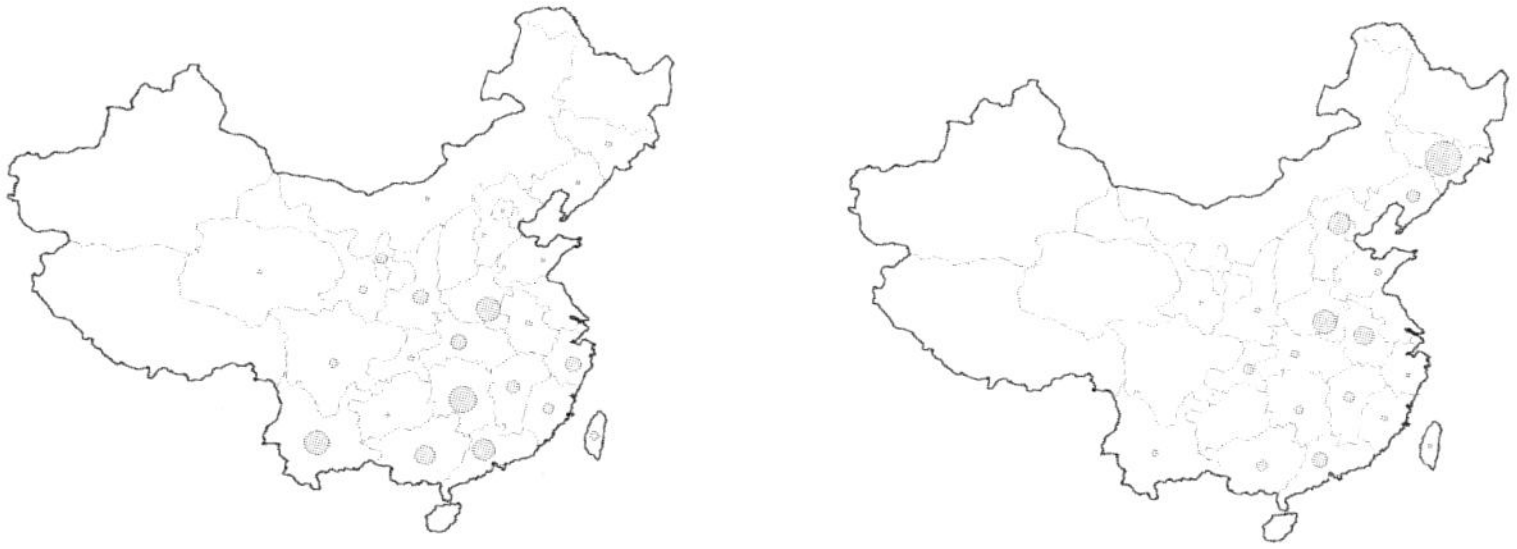

（件数）　　（貯水量）

（1950年代）

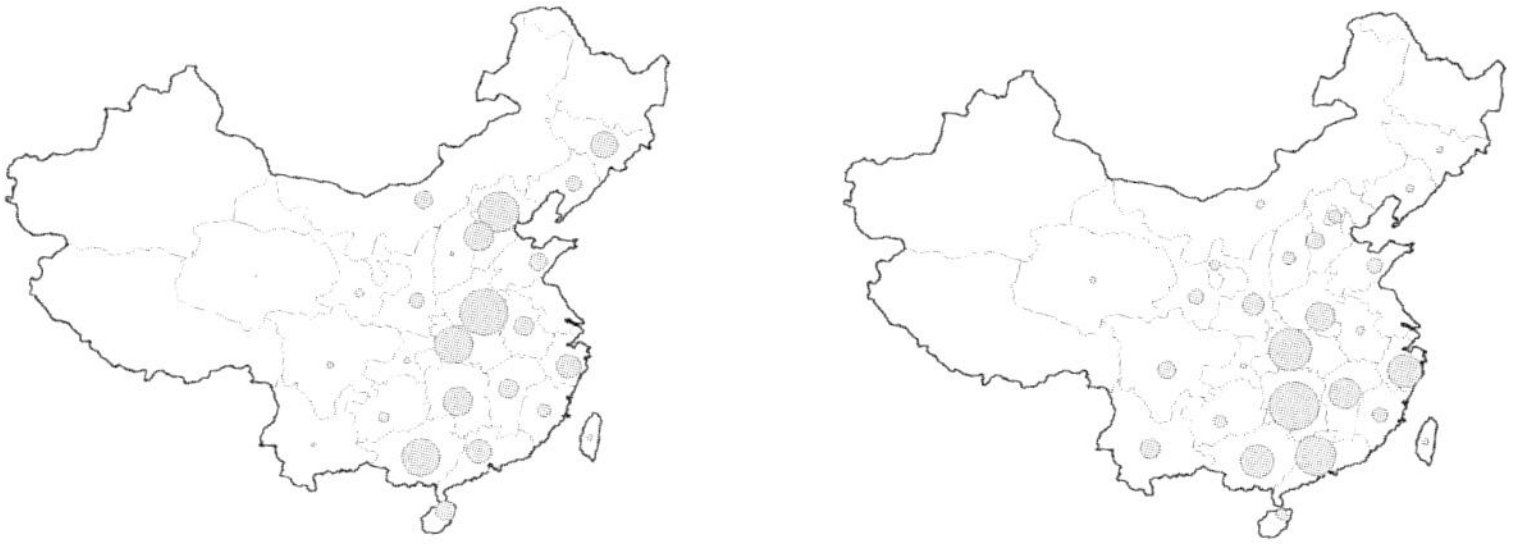

（件数）　　（貯水量）

（1960年代）

図5-1　省（自治区）別のダム建設の推移

出所）表2と同じ

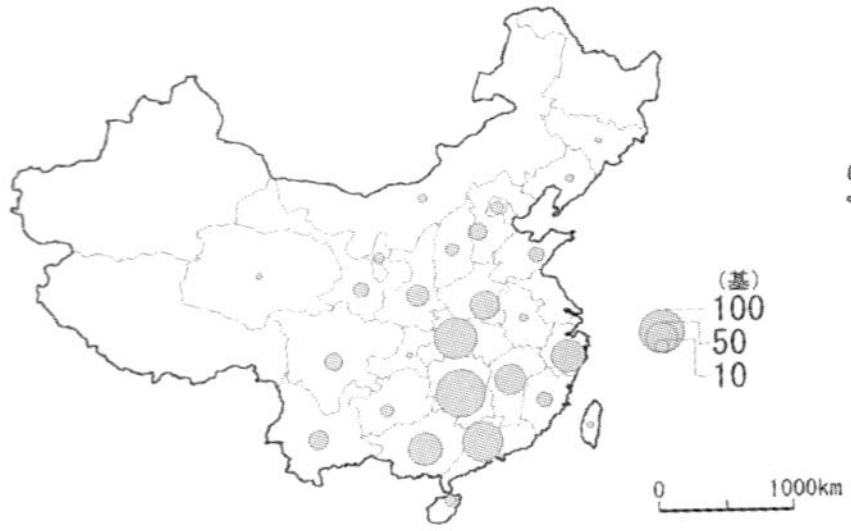

（件数）

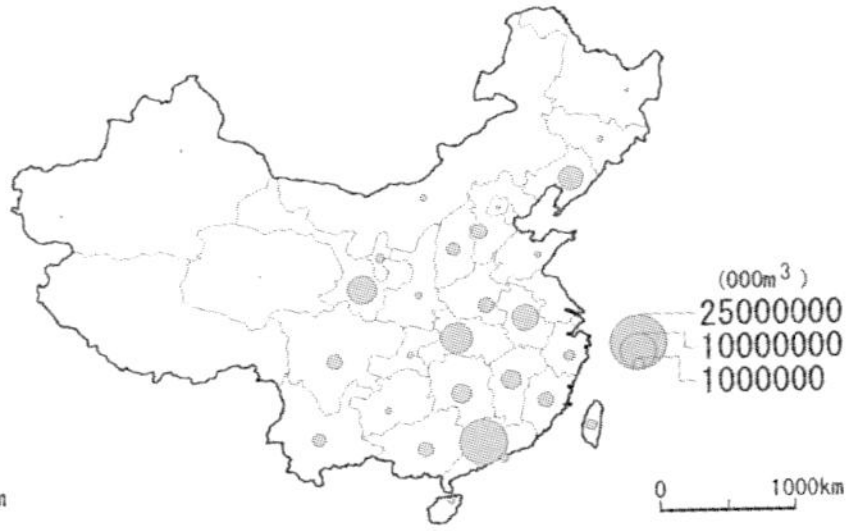

（貯水量）

（1970年以前）

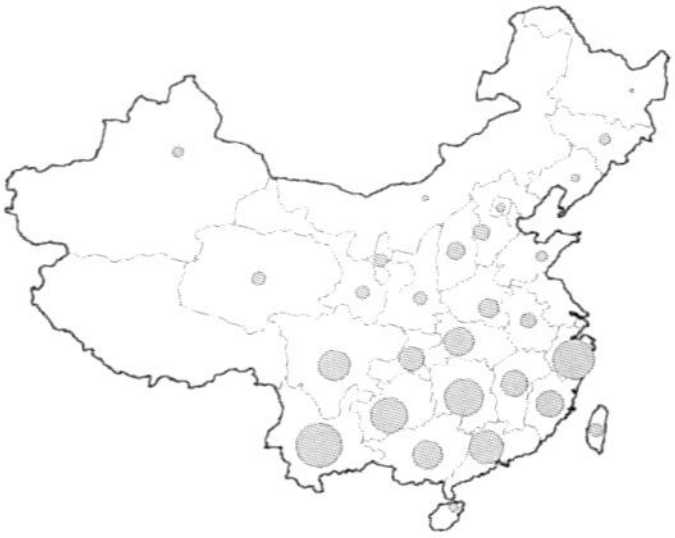

（件数）

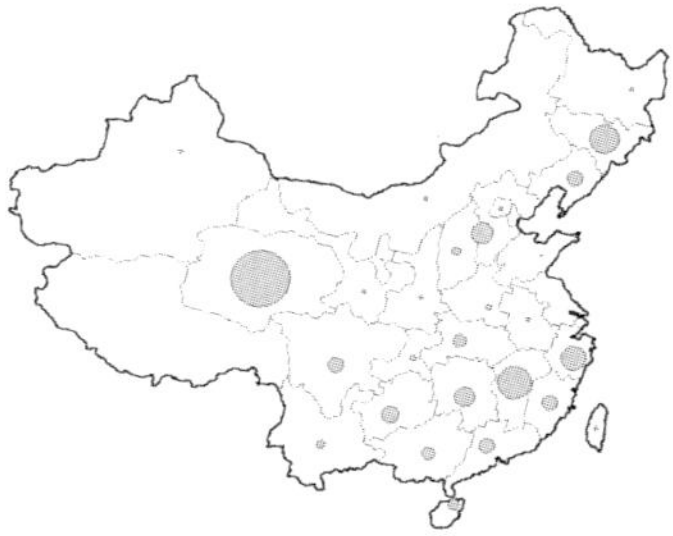

（貯水量）

（1980年代）

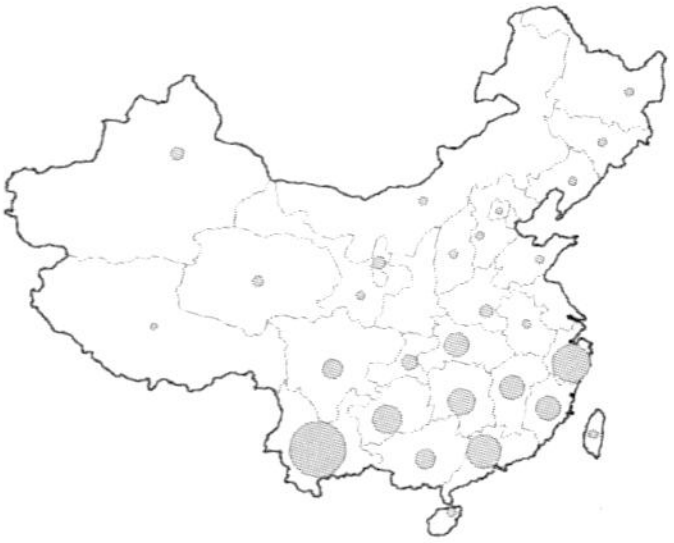

（件数）

（貯水量）

（1990年代）

図5-2　省（自治区）別のダム建設の推移（続き）

出所）表2と同じ

示されている。これは黄河流域に建設された三門峡ダム（貯水量一六二億トン、堤高一〇六メートル、一九六〇年完成）の完成が大きく反映している。一九七〇年代の件数は多いが貯水量ではそれほど他の年代と比べて特に大きいというわけではない。一九八〇年代には青海省で龍羊峡ダム（貯水量二七六億トン、堤高一七八メートル、一九八九年完成）が完成し、一九九〇年代も件数は少なくなっているが全体の貯水量は増加している。

二〇〇〇年代以降には、湖北省の三峡ダム（中国第一位の貯水量三九三億トン、堤高一八一メートル、二〇一〇年完成）のほか、広西壮族自治区の龍灘ダム（貯水量二七三億トン、堤高二一六メートル、二〇一〇年）、雲南省の小湾ダム（貯水量一五一億トン、堤高二九二メートル、二〇一二年完成）、四川省の錦屏ダム（貯水量一五〇億トン、中国第一位の堤高三〇五メートル、二〇一四年完成）など大規模ダムの建設が進められている。

三　寧波市におけるダム建設の展開

（1）概　観

『寧波水利志』によると、一九九九年までに完成した寧波市のダムは四〇一基あり、そのうち大型ダム四、中型ダム二十、小型ダム三七七となっている。小型ダムの内訳は、小（一）型ダム九十八と小（二）型ダム二七九である。ダム貯水量の合計は一四億一八四一万トンであり、それぞれの規模別内訳は、大型ダム五億四五六万トン、中型ダム五億三六〇九万トン、小型ダム三億七七七六万トン（内、小（一）型ダム〈三億四六一万トン〉、小（二）型ダム〈七三一五万トン〉）である。このように件数の上では小型ダムが九四・〇％を占めているが、貯水量においては二六・六％にすぎない。一方、大型ダムは四基だけで全貯水量の三五・六％を占めている。以下の考察では、小（一）型ダム以上の

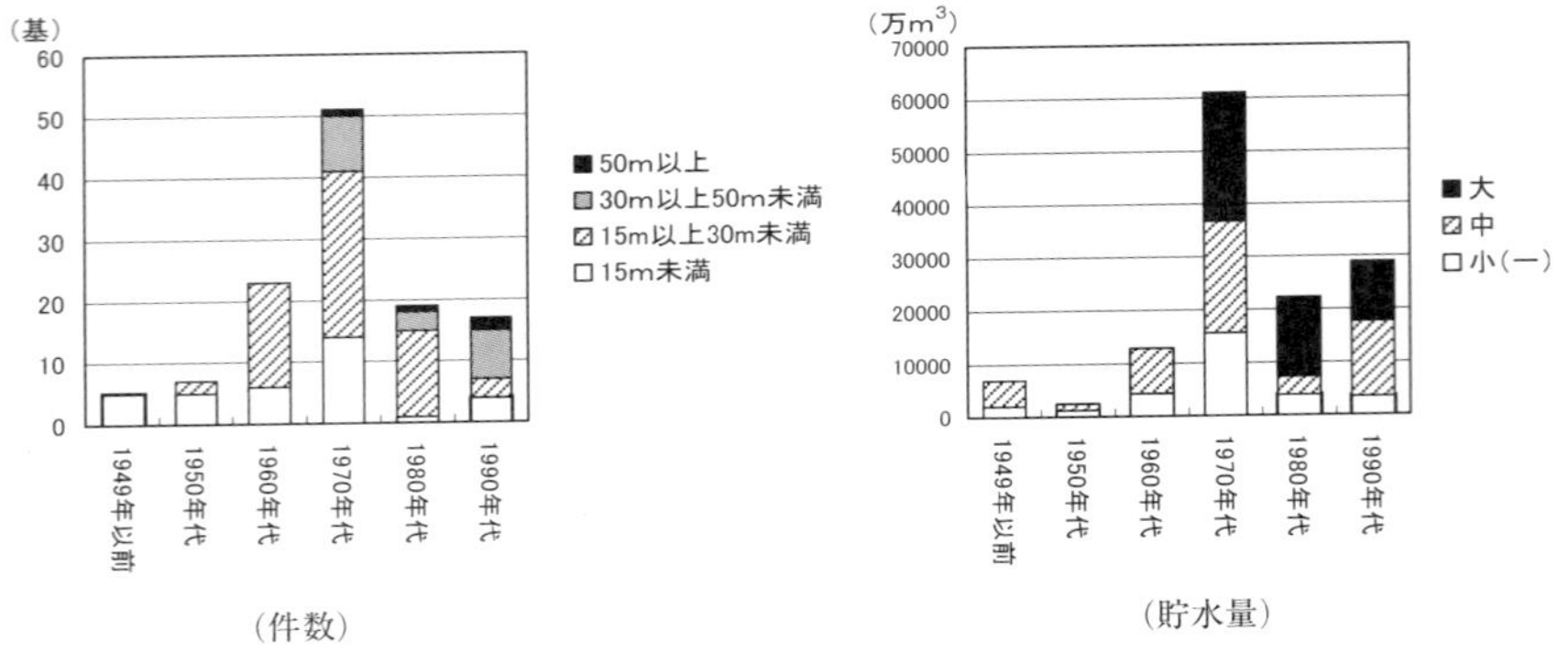

図6　寧波市におけるダム建設の推移

出所）『寧波水利志』により筆者作成

一二二のダムを対象に、その開発の動向を検討する。

図6は、その一二二のダムの堤高と貯水量の年代別の推移を示したものである。図6でまず注目したい点は、一二二のダムのほとんどが三〇メートル未満であることである。先の国際大ダム会議の『ダム台帳』における中国の登録ダムは三〇メートル以上一〇〇メートル未満のダムが大部分（九七・二％）を占めており、三〇メートル未満は〇・一％に過ぎない。図6では三〇メートル以上一〇〇メートル未満の区分ではなく、三〇メートル以上五〇メートル未満と五〇メートル以上の区分で示している。また三〇メートル以下も一五メートル未満と一五メートル以上三〇メートル未満の区分で示している。寧波市で堤高が最も高いダムは亭下ダムの七六・五メートルであり、一〇〇メートルを超えるダムはない[11]。五〇メートル以上のダムも三基しかない。三〇メートル以上のダムは全体の一九・七％であり、三〇メートル未満は残りの八〇・三％である。

　このように寧波市のダムの堤高別でみた構成は、国際大ダム会議の『ダム台帳』に登録された中国のダムのそれと大きく異なる。これは寧波市地域の特徴なのかどうかは、この資料だけで判断することは難しい。しかし寧波市のデータで見る限りは、実際には三〇メートル未満のダムが多く存在し、その占める割合も高いことを示している。また国際大ダム会議のデータでは、中国の三〇メートル未満のダムは三基しか報告されていないが、寧波市だけで三〇メートル未満のダムは九十八基存在する。そのうち国際大ダム会議の堤高に関する基準である一五メートル以上のものは六十三基である。さらに今回の考察で除外した小（二）型ダムの多くは堤高三〇メートル未満であるが、それらの中にも一五メートル以上のダムは存在すると推定される。これらのことから、中国が国際大ダム会議に提出したデータには数多くの一五メートル以上三〇メートル未満のダムが除外されていることは明白である。世界第一位のダム保有国であるアメリカ合衆国と第三位のインドにおける三〇メートル未満のダムの割合は、それぞれ八三・五％、八八・四％と大部分を占めている（表2）。中国が三〇メートル未満のダムをほとんど登録していない事実を踏まえるならば、中国が世界第一位のダム保有国であるといえよう。なお、国際大ダム会議でも、中国において一五メートル以上三〇メートル未満のダムが一四〇〇〇以上あると推定している。(12)

さて寧波市における年代別の時系列的考察は、件数でみるとダム建設は一九七〇年代にピークがあり、その後一九八〇年代と一九九〇年代と件数は減少している（図6）。年代が下がるにしたがって、堤高が一五メートル未満のダムは少なくなり、一九七〇年代にはじめて五〇メートルを超えるダムが完成したほか、三〇メートルを超えるダムの割合も高くなっている。貯水量でみると、一九七〇年代に大型ダムの完成し、一九八〇年代と一九九〇年代においては大型ダムの割合が高くなっている。一九九〇年代においても開発された貯水量が増えており、日本やインドで減少する傾向とは異なり、中国全体の動向に近いといえる。次項では、それぞれのダムに焦点をあてて寧波市のダム建設の展開を検討する。

（2）時系列・空間的考察

一九五四年に着工した五婆湖ダム（堤高一三・六メートル、貯水量一五三万トン、位置は図7を参照のこと。以下、同じ）は一九五六年に完成し、寧波市で最初の小（一）型ダムとなった。また一九五六年には最初の中型ダムである東嶴港ダム（貯水量一二七〇万トン）の工事がはじまり一九五六年に完成している。そして一九五七年になるとはじめて堤高が二〇メートルを超える新路嶴ダム（堤高二四メートル）の工事も着工されている。そのほかこの年には五基の中型ダムの工事が始まっている。さらに一九五八年には初めての大型ダムである四明湖ダムの建設も始まった（完成は一九七〇年）。この一九五八年だけで一基の大型ダム、四基の中型ダム、そして三十基の小型ダムの建設が始まっている。このように一九五〇年代後半はダム建設がブームのように一気に進展している。

この時期のダム建設は、土木技術の上で未熟であったことが指摘されている。四明湖ダムや新路嶴ダムでは漏水や堤体の移動が発生し、その対策工事がなされている。またいくつかの小型ダムでは完成後すぐに「危険水庫」、「病害水庫」の指定を受けるものもあった。ダムが決壊するケースもあり、一九六一年に四十八人、一九七一年にも一八八人の死者を出す災害が発生している。そのため一九六〇年代前半はダムの補強工事に重点が置かれた[13]。

その後、一九六〇年代後半から一九七〇年代は土木技術の面で大きな進展がみられた。それを象徴するのが一九七〇年に着工し一九七五年に完成した皎口ダムである。同ダムは堤高六七・四メートル、貯水量一億一九八〇万トンの大型ダムであり、当時浙江省でも最大規模のダムである。コンクリート重力式ダムで、灌漑や洪水対策を主とし、発電や水産養殖、そして生活用水を目的に含む多目的ダムである。

一九八〇年代以降のダムの件数は減少している。貯水量でも全体としては減少しているものの、亭下ダム（貯水量

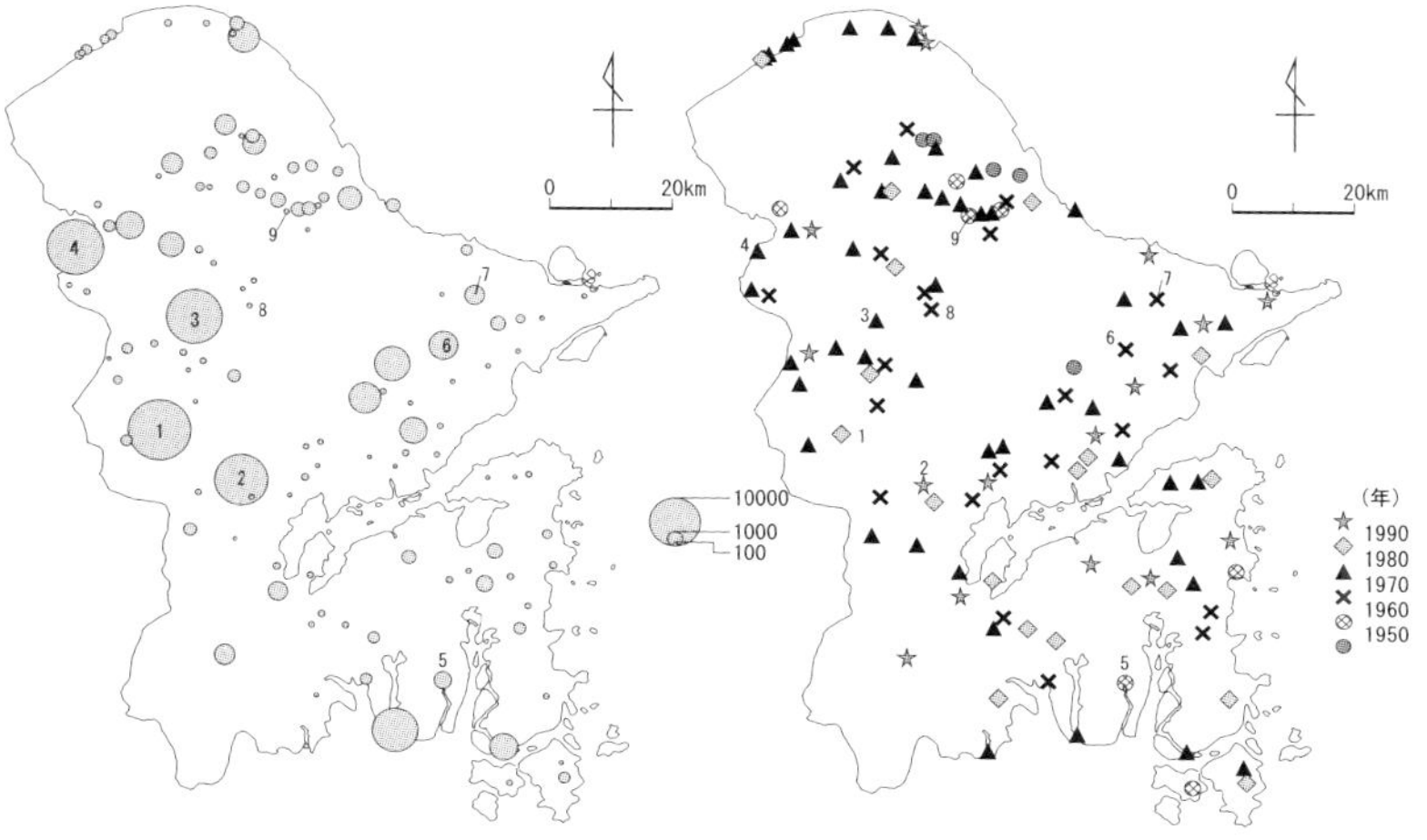

（貯水量）　（建設年）

図７　寧波市におけるダム建設の概要

注）１：亭下ダム、２：横山ダム、３：皎口ダム、４：四明湖ダム、５：東嶴港、６：三溪浦ダム、７：新路嶴ダム、８：藤嶺ダム、９：五婆湖ダム

出所）『寧波水利志』より筆者作成

一億五〇二四万トン、一九八三年完成）や横山ダム（貯水量一億一一八〇万トン、一九九四年完成）といった大型ダムが建設されたことにより、貯水量は件数の減少とは異なり一定の開発量を維持している。建国後、最初に完成した四明湖ダムの堤高は一六・八五メートルのアースフィルダムであるが、その他の三基の大型ダムは堤高が五〇メートルを超えるコンクリートダムである。またいずれも発電を含む多目的ダムである。このような大型ダムの建設は土木技術の進展が支えている。

寧波市のダムの分布をみると、四明・天台山脈のほか、山塊の周辺に分布しているのが分かる（前稿図3、図7）。とくに四明・天台山脈の周辺に大規模なダムが建設されている。寧波市のダムの分布で特徴的なのは、杭州湾、三門湾に面したところに分布しているダムである。これは河口堰で、日本でも長良川、加古川、筑後川の河口部に設置されている。ただし、日本の河口堰と比べて貯水量が大きい。また杭州湾のものは干拓事業と連動して造られている点に特徴があるといえる。

年代別にみてみると、一九六〇年代までは東銭湖や杜湖・白洋湖など寧波市中心部近くの山塊周辺に分布していた。一九七〇年代以降は四明・天台山脈の周辺に、そして大規模なダムの建設へと展開している（図7）。

これら大型ダムの建設では、堤高が高いのが特徴で、堤高を高くすることでより多くの貯水量の確保を行なっている。その一方で水没面積も大きくなり、多くの移住者が発生している。移住者の数は、四明湖ダムの六一九七人をはじめ、皎口ダム（五六一四人）、亭下ダム（五二〇七人）とそれぞれのダムで五〇〇〇人を超えている(14)。

（3）個別ダムの事例

ここでは寧波プロジェクトの現地調査の際に訪れた藤嶺ダム、三溪浦ダム、新路嶴ダム、皎口ダム、周公宅ダムの五つのダムをとりあげる。

藤嶺ダム（写真1）は一九五六年の着工であり、寧波市で建国後最も早くに着工したダムの一つである。完成は一九六一年であり、堤高は一四・一五メートル、貯水量は一五〇万トンの小（一）型ダムである。建設はダム下流の人民公社によってなされた農業用水を目的とするダムで二八〇〇畝を灌漑する。土木技術が未熟であった初期に建設されたダムであり、完成後に漏水等の問題も発生したとのことである。現在では、バンガローのような宿泊施設（写真2）を併設した観光開発がなされている。

三溪浦ダム（写真3）は、一九六三年に完成した初期の中型ダム（貯水量三三一〇万トン）である。これも下流の人民公社によって建設されたとのことであった。当初は農業用水を目的とするダムであったが、一九七〇年代末から新しい港である鎮海の工業地帯へ工業用水の供給を始めている。現在は年間一三五〇万トンの工業用水の供給のほか発

写真1　藤嶺ダム

出所）2006年9月筆者撮影

写真2　藤嶺ダムのレジャー施設

出所）2006年9月筆者撮影

写真3　三渓浦ダム

出所）2006年3月筆者撮影

写真4　新路嶴ダム

出所）2006年9月筆者撮影

写真5　皎口ダム

出所）2006年3月筆者撮影

写真6　周公宅ダム

出所）2006年3月筆者撮影

電、洪水、さらに養魚の目的を有する多目的ダムとして運用されている。一九九五年に堤体機能の低下がみられ一九九九年に改修工事が完了し、写真のような新しい堤体となっている。

新路嶴ダム（写真4）も同じく一九六〇年代に、農業用水を目的に造られた中型ダム（貯水量一六一〇万トン）である。前述のとおり、このダムは完成当初から堤体に漏水等の不備があったダムである。その後、繰り返し対策がとられてきた。新しい工業地帯の北侖工業地区に隣接しており、一九九五年から年間五〇〇万トンの工業用水を供給している。このほか上水、発電、養魚や洪水対策の目的を有する多目的ダムとして運用されている。

皎口ダム（写真5）は一九七五年に完成した寧波市で二番目にできた大型ダム（貯水量一億一九八一万トン、堤高六七・四メートル）である。寧波市のダム建設において、技術的発展を象徴するダムである。完成後の一九八〇年には発電施設が追加されている。它山堰の上流にあり、它山堰の受益地域を含め二二・四万畝の地域に農業用水を供給している。また寧波市中心部の上水の水源であり、洪水対策としても重要な役割を果たしている。

周公宅ダム（写真6）は現在建設中の大型ダムである。周公宅ダムはコンクリート式アーチ型ダムであり、建設現場では、クレーンや大型の重機が用いられている。貯水量は一億一〇九八万トンである。このダムの下流には皎口ダムがあり、連動的な運用により、効率的な水管理が計画されている。

おわりに

中国は、国際大ダム会議の『ダム台帳』の上では、二〇〇六年時点で世界第二位のダム保有国である。ただし中国国内の資料（『寧波水利志』など）には、国際大ダム会議の『ダム台帳』に登録されていないが国際大ダム会議のダム基準である一五メートル以上のダムが多く存在することが確認される。それらを勘案すると中国は世界一位のダム保有国である可能性が高いことを指摘した。

本稿では、まず建国後の中国のダム建設を考察した。一九五〇年代半ばからダム建設が進められ、一九六〇年代後半以降は土木技術が向上し堤高の高い大型ダムが建設されるようになった。件数では一九七〇年代がピークとなる。一九八〇年代以降に、件数は減るものの開発された貯水量はあまり減っていない。件数とともに貯水量が減少した日本やインドと大きな違いがみられた。その要因は、大規模なダムの建設が継続して行なわれていることにある。とくに三峡ダムのような貯水量が一〇〇億トンを超えるダムがいくつも建設されている点を現代中国の水利開発の特徴としてあげることができる。

寧波市のダム建設の動向は中国全体とほぼ同じ特徴を示している。すなわち建国後から精力的にダムが建設され、一九七〇年代にピークを迎える。そして一九八〇年代以降はダムの件数は大きく減るが貯水量は大型ダムを建設することで新たな水需要に対応できる量を確保している。前稿で指摘したように、寧波市では今後の水需要に対しても、新たなダムを建設することで対応（流域変更を含む）が計画されている。すなわち大型ダム二と中型ダム十六の建設が計画されている。

建国後の現代中国において、ダム建設は精力的に取り組まれてきた。その結果、中国は世界有数のダム保有国となっている。ダム建設は一九五〇年代から進められたが、初期においては土木技術が未熟であり、漏水や時には決壊の惨事も引き起こしている。一九六〇年代後半ごろから土木技術の飛躍的な進展がみられ、コンクリートを用いた大型ダムが建設されるようになった。それら大型ダムのほとんどは発電を含めた多目的ダムである。また寧波市の事例でみたように、発電施設を追加したり、工業地帯への給水など新規の水需要へも対応するなど、既設ダムにおいて安全性を確保するための改修工事を進めるとともに多目的ダム化も進められている。大型ダムの建設や既設ダムの改修工事など大規模な水利開発が継続して進められている点が現代中国の水利の特徴であるといえる。その一方で、これらの事業において、多くの移住者が発生していることも確認された。

三峡ダムの例でもみるように、今日の中国のダム建設に対する土木技術は世界のトップレベルにあるといえる。中国全体の考察でみたように、一九八〇年代以降には雲南省でのダム建設が進んでいる。それらの中には堤高が世界第二位の高さ（二九二メートル）を有する小湾ダムのほか、二五〇メートルを越えるダムが二基も建設されている。このような水利開発は高度な土木技術によって可能となったといえる。中国がその高い土木技術を活かして精力的に新規の水利開発を進める一方で、これらのダムはいずれもメコン川流域の上流に位置し、下流部において自然環境への影響が危惧されている。また中国はダム建設にかかわって、国内だけでなく国外においてもその土木技術の移転をアジアやアフリカ諸国において行なっている。[15]二〇一五年には中国が中心となって、アジアインフラ投資銀行（Asian Infrastructure Investment Bank AIIB）が設立され、ダム建設はその投資事案の柱の一つである。今後は国外も含めて、中国におけるダム建設に注目してゆきたい。

註

（1）本稿での分析では、『寧波水利志』に掲載されたデータを用いる。ただし『寧波水利志』は二〇〇一年に完成したダム二基（白溪ダムと隔溪張ダム）を含んでいるが、本稿では年代別で考察するために一九九九年までに完成したダムのみを対象とした。また『寧波水利志』で堤高が幅をもって示されているダム（滸山ダム四・八—五・一メートル）については中間値を用いた。さらに明らかに誤記と判断される単溪口ダムの堤高（一七二メートルと記載）は一七・二メートルとした。なお別の寧波市の資料で単溪口ダムの堤高は一七・二メートルと記載されている。

（2）国連『World Population Prospect: The 2012 Revision』による。

（3）国連 AQUASTAT database による。

（4）International Commission on Large Dams『World Register of Dams』（第四版第二次アップデータ）による。

（5）W. Flögl「The History of the World Register of Dams」（http://www.icold-cigb.org/userfiles/files/cigb/history_of_the_wrd.pdf）による。

（6）たとえば、ピアス・フレッド『ダムはムダ　水と人の歴史』共同通信社、一九九五年を参照のこと。

（7）たとえば、鷲見一夫『きらわれる援助——世銀・日本の援助とナルマダ・ダム』築地書館、一九九〇年を参照のこと。

（8）たとえば、Vaidyanathan. A.『India's Water Resources』Oxford、二〇〇六年、多田博一『インドの水問題』創土社、二〇〇五年を参照のこと。

（9）小型ダムは、さらに一〇〇万トン以上一〇〇〇万トン未満の小（一）型ダムと一〇万トン以上一〇〇万トン未満の小（二）型ダムに区分されている。

（10）三〇メートル未満は、三〇以上五〇メートル未満に含める。

（11）二〇〇一年に寧波市で初めて一〇〇メートルを超える白溪ダム（堤高一二四・四メートル）が完成している。

（12）註（5）。

（13）寧波水利志編纂委員会編『寧波水利志』中華書局、二〇〇六年による。

（14）註（13）。

（15）Gleik, P.H.「China Dams」Gleik, P.H.ed.『The World's Water Volume 7』Island Press、二〇〇一年を参照のこと。

呉錦堂と杜湖・白洋湖の水利事業

森田　明

はじめに

明治二十年代から大正年間にかけて、在神華僑の大物として、その名を全国に知られた呉錦堂（作鏌）の社会的、経済的活動についてはすでに先学によって解明が行われている(1)。

しかし、それらの多くは、呉錦堂の日本、特に神戸における活動を中心としたものであり、中国における活動については部分的に言及されているに過ぎず、なお不十分であり具体的な考察の余地が残されている。

周知の如く一般に華僑の祖国、或いは郷地との結合関係は極めて密接であり、彼の場合も例外ではなかった。むしろ、彼の場合はその顕著な蓄財の成功によって、祖郷との関係も特に強固であった。そうした呉錦堂の中国の祖郷、即ち浙江省寧波府慈谿県における社会的活動の記録として、『続刻杜白両湖全書』[2]があるが、筆者が知る限り本資料を用いた研究のあることを知らない。

したがって本稿においては、この『続刻杜白両湖全書』の概要を紹介するとともに、その主要内容をなす杜湖・白洋湖の水利事業について考察することにしたい。

一　呉錦堂の経済活動

本論に入る前に、先ず呉錦堂の出身や日本での活動を中心として、彼の生涯について概略を述べておくことにしよう。[3]

呉錦堂は咸豊四年（一八五四）、時あたかも太平天国運動の渦中、浙江省寧波府慈谿県東山頭の貧しい自小作農の家に生まれた。本名は作鏌、錦堂はその号であり屋号（商号）としても用いられている。出身地の寧波地方は、上海の開港までは長江下流域唯一の外港として、古くから繁栄した土地であった。即ち沿海貿易における南北の中継地であると同時に、日本、朝鮮貿易の窓口であった。当地を拠点として形成されていたいわゆる寧波商人の、商業圏各地への移住は早くから行われており、呉錦堂の日本へ移住も、そうした動向の一環として位置づけられるものと思われる。

呉錦堂は最初、郷里を出て上海の香燭店において奉公し、基本的な商業知識や技術を習得し、資本蓄積の第一歩を踏み出した。その後、光緒十一年（一八八五）、清仏戦争後の不況のなかで一千円を持って長崎に来たのである。長崎では商人として中国土布の販売のほか、長崎神戸間の商品運送業をも兼営して資本を拡大し、大阪に進出した。そこでは海産物を中国に輸出し、大豆、豆粕などを輸入するという雑貨貿易に従事した。彼の大阪への進出は、浙江、江西、江蘇の同郷団体である三江公所が大阪に成立したのとほぼ同時期であった。

次いで明治二十三年（一八九〇）更に大阪から神戸に移り、資金三十万元をもって「怡生号」を設立し、雑貨貿易活動を開始した。ここで注目されるのは、明治二十年代の神戸における、近代軽工業の先駆たるマッチ工業の発展に乗じた中国へのマッチ輸出であり、他方は故郷の浙江慈北地方の棉花輸入であった。彼の資本蓄積は、明治二十年代の日本軽工業の発展とともに、拡大進展していったのである。

日清・日露の両戦争をより一段の飛躍のチャンスとして、巧みに利用することに成功した呉錦堂は、明治三十七年（一九〇四）日本に帰化している。日露戦争後は商業資本による貿易商としての活動に止まらず、日本の鐘紡、神戸ガス、内外綿、大阪メリヤス、中国の漢冶萍煤鉄公司、漢陽鉄廠等への株式投資にも乗り出した。また尼崎に資本金五十万円をもって、東亜セメン株式会社を設立するなどの産業資本家としての活動や、神戸市垂水区の松林百ヘクタールの農地開拓による地主経営など、広汎な経済活動を行っている。

以上のように、呉錦堂は商人あるいは資本家（生産者）として、発財、貨殖を第一義的な目的としていたと考えられるが、その経済活動とともに注目されるのが、義捐活動を通じての社会公共事業に対する積極的貢献であった。

その第一は、自己の活動舞台である僑居地たる神戸華僑社会に対する寄与であった。明治二十五年の、阪神華僑の集会所である神阪中華会館の創設、華僑信仰＝宗教的統合の中心をなす関帝廟の修改築、神戸同文学校及び付属幼稚園の設立等に対する中心的な寄捐行為が挙られる。そのほか東北、北海道地方の凶作による罹災民への見舞金、日露戦争時の政府への献金をも行っている。それらの功績に対し大正十年には日本政府から紺綬褒賞が授与されている。(4)

写真１　呉錦堂墓　出所）松田吉郎氏2006年９月撮影

呉錦堂は明治三十七年、日本に帰化していたとはいえ、華僑特有の強固な祖国への帰属意識と郷党社会に対する深い愛郷心と結合関係を持っていた。したがって、宣統三年（一九一一）の寧波北部の水害救済や、武昌起義の混乱時には、浙江各軍府、赤十字社に対して献金を行うなど、郷里の事業に対しても積極的に貢献した。その代表的なものが光緒三十二年より数年間にわたって行われた、慈谿県北部の杜湖・白洋湖の水利事業と、光緒三十四年における錦堂学校の創設であった。『続刻杜白両湖全書』は、その題名の示すように、その際の水利事業を中心としながら、一方、錦堂学校の設立、花会の取締りなどの社会事業活動に対する、呉錦堂の記録をも含んでいる。そうした意味で該書は彼の郷里での福利厚生活動の全貌を明らかにする上で不可欠な重要資料といえよう。

二　『続刻杜白両湖全書』の刊行

『続刻杜白両湖全書』は、縦三十六センチ、横二十五センチ、本文一四七頁の大阪洋冊である。奥付がないため発行場所等は不明であるが、最新の記事が民国六年（一九一七）七月八日となっているので、早くとも民国六年後半頃の発行と考えられる。

ともあれ、本書は呉錦堂の郷里、慈谿県北郷の杜湖・白洋湖の続修工事ならびに、管理運営についての一件記録を主とし、更に関連事項についての彼自身の記録を、杭州の葉浩吾が原編し、鄞県の楊枕谿が続編して成ったものである。

そもそも本書が、『続刻杜白両湖全書』とある以上、これに先行する正刻があったと考えられるが、残念ながら今のところ十分明らかではない。ただ推測するに清代嘉慶年間のはじめ、郷里の先哲葉坦園、王名揚等が、巨資を捐じて荒廃していた塘閘を修復し、両湖の沿灘に設けられた湖田の復湖事業に際して、王名揚が「以正経界」するため、当時すでに刊刻されていた『杜白両湖全書』を訪求し、五百部を重梓して全郷の諸同好に提供したといわれている。(5)内容については、「将断案碑記、興毀利病、備録刊刻、名曰杜白二湖全書」(6)とあるに過ぎない。その後太平天国運動の影響によって多くが失われ、更に約百有余年後の清末においては、「年湮代遠」のため流伝は一層少くなった。そのため呉錦堂は、自らの関係水利全案を『続刻杜白両湖全書』として付印した際、歴朝の案情を衆知させるために、『杜白二湖全書』をも五百部復梓したものと考えられる。

全書は全郷の各宗祠ならびに紳耆諸同仁に供され、「全郷人士」によって、杜・白両湖をめぐる水利秩序が、長く維持されることを期待したのである。(7)その具体的内容は、各種の水利工事の始末、水利局善後章程の協定等に関する稟呈、奏咨、案件を「依次編集」したものであり、二湖の詳図、工事写真を付載している。

本書の刊行意図については、呉錦堂は自己の事蹟をあえて郷人に誇示しようとしたものではなく、あくまで国家のために教養をはかろうとしたものであるという。(8)即ち「近世列強競走、教養二事、実為至要、国民失養則無以為生、国民失教則、難以争存」(9)と、列強進出の下で中国の自己保存と発展をはかるためには、養つまり民力の養育と、教つまり国民教育の振興が不可欠であるとしている。この「二者不可偏廃」ことこそが、中国の自立化・近代化にとって必須の条件であるとするのが彼の認識であった。(10)要するに本書は彼の「教養」の具体的実践に関する記録である。

呉錦堂のこうした民族的啓蒙意識の高揚は、早くから日本に僑居し、その近代的発展を実見したことと不可分であったであろう。[11] 清末光緒「新政」は、殖産興業、教育改革、自治制を軸として、明治維新型の上からのブルジョア化の推進を企図するものであった。そのなかで、「為国家立憲計、莫要於地方自治、欲創地方自治、非興学造材不可」[12]とする呉錦堂の問題意識は、「強国富民之根本」[13]を追求しようとする立憲派知識人の見解と軌を一にするものであったと考えられる。

三　杜白両湖の水利事業

浙江省寧波府に属する慈谿県北郷は、一郷（鳴鶴郷）五都（二十六都より三十都）より成っており、[14] 僻処海隅にあって面積百余里、人口数十万、郷田は計約十万六千畝であった。

しかし、その地形は南は山を負って北は海に面し、そのうえ西において接壌している余姚の土地が高く、慈谿が低いため「雨少則旱、雨多則成災」と、常に旱潦のいずれかに悩まされる状況にあった。[15] 杜湖・白洋湖はかかる災害に対処するため、漢末に古人の捐田によって設けられた水源調節湖であったという。[16] その後唐の刺史任侗（杜湖）、余姚県令張辟（白洋湖）、宋の制置使呉潜等による歴朝の興修が、[17] 隄、塘、碶等の施設に加えられ、両湖の「春蓄夏洩」の機能が円滑に維持されてきた。[18] そのため「旱澇無虞、郷称殷庶」といわれて両湖の利益は顕著であり、「二天」として地域の人から尊重された。[19]

ところが、明代に入るとともに両湖の機能をめぐって水利秩序が混乱するに至り、[20] その傾向は正徳、嘉靖年代に特に激しくなったという。[21] 即ち「明季嘉靖以後、近湖奸民、逐漸侵湖成田」という如く、奸民による湖水の侵佔による

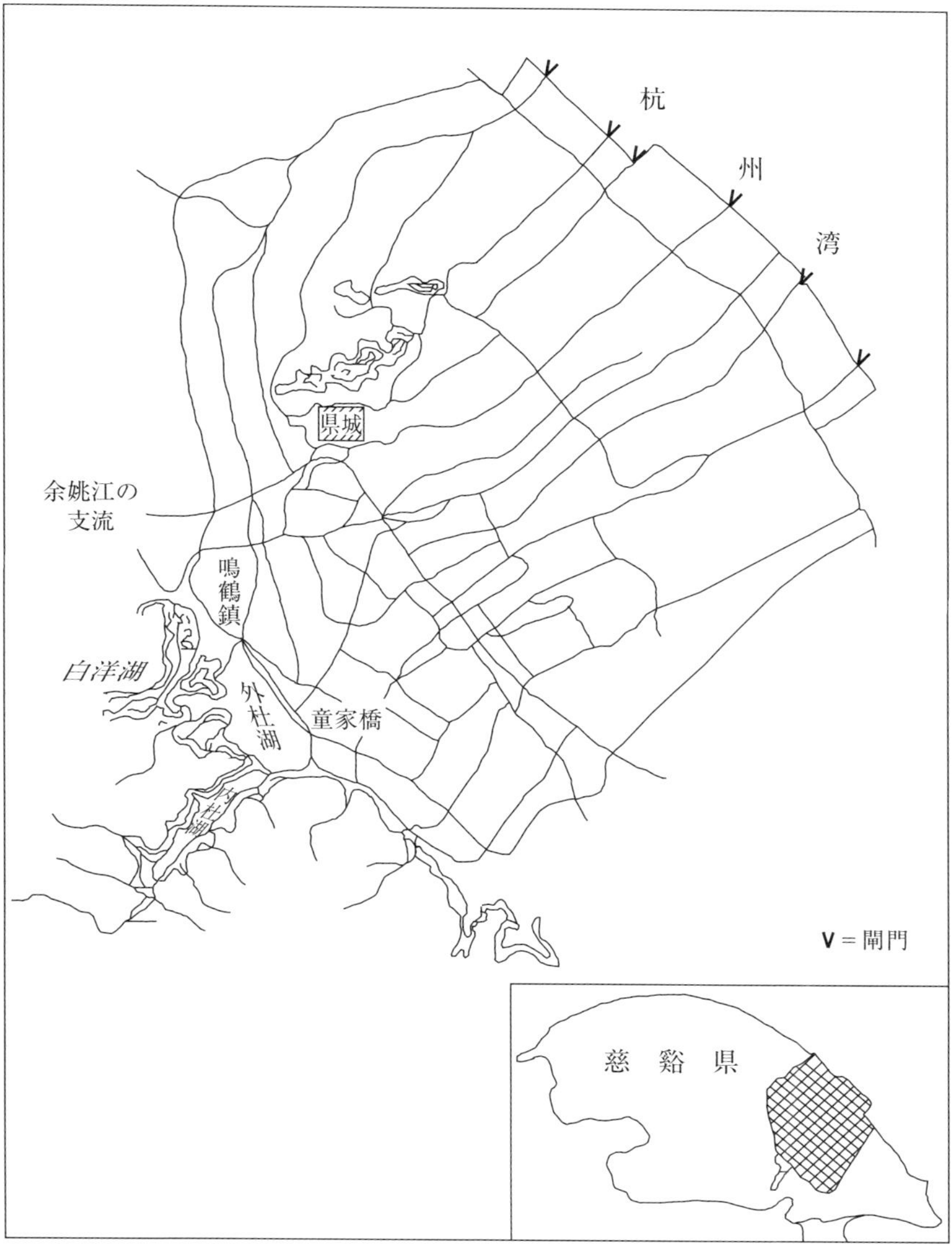

杜湖、白羊湖灌区示意図（『呉錦堂研究』遺存簡介、185頁より作成）

写真２　杜湖　出所）松田吉郎氏2006年９月撮影

写真３　白洋湖　出所）松田吉郎氏2006年９月撮影

湖田化が進められていった。[22] 湖占の進行は「日積月累」し、湖水の灌漑機能は殆ど停止寸前に至り、農民の困窮は「遇旱仰天無望、束手無策」という有様であった。[23] それに対し該処の紳民は屢官衙へ告訴し、湖田を剷除せしめたり、湖規（禁）の整復強化をはかっているにも拘らず、万暦以降においては「屢廃屢復、構訟不已」[24]と、その根絶は不可能であり、清代に入っても変化はなかったものと思われる。

その後清代嘉慶年間において、郷の先哲葉公坦、王名揚等が相前後して巨資を捐助し、塘閘を修築するとともに、両湖の沿灘及び西埠頭山辺の湖田の復湖につとめたので、周辺農民ははじめて安堵することができたのであった。[25] それから約七十年間は比較的無事であったが、同治年間に至りまた湖田をめぐって械斗が発生し、多年にわたって争訟が続いたので、同治九年官に湖水の保全を奏請し、[26] 官は丈量を実施してその安定をはかった。一方衆紳によって公欵が集められ、佔田八百八十二畝が贖回され一部は平毀されると同時に、残りは公産に繰りこまれた。[27] 光緒八年にも立案が奏請され、[28] 丈量が実施されたところ、同治の贖回地のほかに二百六畝が摘発されている。しかし、公款不足のため贖回能力に限界があり、光緒年間においては再び湖占が進行するとともに、湖水の灌漑機能は低下する一方であったにも拘らず、その回復は行われず放置されている状態であった[29]。

そうした光緒三十二年、ちょうど祖国に墓参のため帰郷したのが呉錦堂であった。彼が故郷で遭遇したのは、長雨のため数百頃に及ぶ棉花田、稲田の淹没状況であった。当地の諸父老に詢ねたところ、浦塘の塞坍によって被害を受けた民田は十余万畝、花地四十余万畝にのぼっており、被害額は百五・六十万円に及んでいたという[30]。

こうした状況を見聞した呉錦堂は、光緒三十二年（一九〇六）から宣統二年（一九一〇）に至る四年間に、総額銀七万四百七十六元を寄捐し、大規模な水利事業を推進した。それらの主要なものを挙げれば、杜湖外塘一条、中門閘一座、減水壩二座、杜湖裏閘一座の修築、減水壩二座の新鑿、塘一条の新築、塘閘・石壩各一座の修理、涼亭二座の新建、石橋十二座の建造、濬河二道、杜白二湖墾田五十二畝、漾塘基田三十余畝の購買のほか、山麓の開鑿による水勢の疏通、道路の開治等であった[31]。購回されて公田にくりこまれた湖田は、杜・白両湖の専門的管理機構として新設された水利局によって、放田開種され、その収租が歳修費に充当された。詳細な管理運営については後述するが、水利局は選挙によって選ばれた公正な紳士を総理、協理に任じて運営された。

従来両湖の面積は、杜湖が三千七百畝、白洋湖が千七百畝と伝えられていたが、湖占を予防するため正確な面積を把握しておかねばならなかったので、厳密な測量の実施と地図が作成された。宣統元年、日本から鉄道工程局の測量技師島総彦を招聘し、三角法を用いての実測が行われた。その結果、杜湖は七千六畝六分六厘、白洋湖は千二百八十五畝七分一厘、併せて八千二百九十一畝十三分七厘であることが判明し、二千分の一の詳図が作成されている[32]。

こうした呉錦堂の義捐による水利事業の開始とともに、「特立水利局、雇沈衍周、又名増輝、為経理[33]」と、新設の水利局では、沈衍周（増輝）を経理として雇用し、その経営管理を委任したのである[34]。彼は光緒三十三年から宣統三年まで水利局経理の任にあったが、その間、「不料該痞任事之後、事事仮公済私、横行武断、無悪不作」(35)と、職権をかりて業務上の横領を行い私利を追求して、「叢弊甚夥」といわれるように多くの不正行為を働いた。

杜・白両湖には、呉錦堂が贖回した墾田五十二畝を加え、約一千余畝の公田があり、これらを佃戸に墾種せしめ、その収租を水利局に帰入し管理や湖工に充当した(36)。沈衍周はその管理上の特権を利用して会計報告を行わず、公金を横領し、公田を図占して私産化をはかったのである(37)。また沈は自らの捐官（江蘇試用知県）費用一千両を呉錦堂から借銀して返済せず、錦堂学校の工費四百十元も横領している(38)。そのうえ、詞訟を包攬《うけおい》し、徒党を組んで郷村に武断し、「百歩大王」と綽名され、「遇有事故、無不一呼百応」と恐れられていた(39)。全郷の士紳はその勢威の前に拑口せざるを得なかったが、その「所委不当」についてはすべてが非難するところであった(40)。

その結果、宣統二年十一月、呉錦堂の帰国を待って、錦堂学校において全郷の紳者が集まり、返済金の調査が行われた。

これより先、沈は「恐被呉作鎮、査賑後、査出其奸」(41)と、歴年の公租や修費についての不正が、呉錦堂らの監査によって、発覚するのを恐れ、機先を制して人を雇い、彼の刺殺をはかったが未遂に終わった(42)。この事件が沈の企図に依ることは、彼の直筆の依頼状によって明白であった(43)。続いて宣統二年十一月二十二日には、沈端竹ら数百人の党痞《ならずもの》が、武器をもって錦堂学校を包囲し、再び呉の殺害をはかったが、幸い地方官の派兵要請によって党衆は解散し、錦堂は危機から脱出することができたのである(44)。

その後、沈衍周の罷免と同時に、地方官による厳重な管束が奏請される一方、水利局の関係帳簿類を押収して慈北自治会に移交し、新たに葉鴻年を公挙して総理として水利局の管理を接管せしめた。葉鴻年を中心として、沈の管理下の帳款（会計帳簿）の調査が行われた結果、薪水の重支（二重取り）や仮帳（にせ帳簿）の捏造等により、総計二千四百五十五元の不正が明らかにされた(45)。民国元年（一九一二）八月、呉錦堂、葉鴻年らの連名によって沈衎周が告訴され、都督の探索を受けたが、いちはやくその噂を聞いて青島へと逃亡したあとであった(46)。そこでやむなく彼の住宅や財産のすべてを差し押え、期限を定めて競売に付し欠額を補塡することにしている(47)。

沈衎周の罷免後、杜湖・白洋湖の管理は、既に述べたように水利局の総理に公挙された葉鴻年に委任されたが、その葉も亦年老をもって辞職するに至った(48)。

ここにおいて従来の呉錦堂の出捐による水利事業の開始とともに設置された、工事の運営機関としての水利局は、清末自治制の展開にともない、慈北郷六区の自治会の収管へと転換されることになった(49)。慈北水利局は「興各郷《ママ》（区）均有関係、而辦事機関、必須統一完備、所有総協理各員、自応由各郷公選(50)」と、慈北全郷の公共統一機関として、各区自治会の紳董によって公選される総理、協理の手で運営された。この自治会を基盤として再編成された水利局では、民国元年八月公選が行われ、総理に呉作賢、協理に陳鐘瑞、沈佩藩、宓福永、童其濬、徐樹章、葉序の六名が選ばれている(51)。

各区自治会の機能を背景とした水利局の再編と発足に対しては、「甚至鳴鑼聚衆、強阻選挙、擾乱治安(52)」、「万不料有一二豪強、覬覦是職(53)」という如く、水利局の役員のポストをねらって、その選挙を妨害する豪強の存在が見られたため、彼等の進出を阻止すべく制限選挙を原則としている。選挙権ならびに被挙権の所有者は、「聞望素著」（名声と人望に高い）者であり、田産が少なくとも五十畝以上の「殷実身家」でなければならなかった。「田産多者」ほど水利との関係が密接であったからであろう(54)。以上のような条件の有資格者は毎郷（区）数名に過ぎなかった。これらの人々によって構成される慈北水利局による杜白両湖の運営管理が、いかにして行われたのか、次節において六区自治会の各紳董によって議決された(55)、「慈北全郷水利局善後章程」十二条(56)を通じて検討することにしたい。

四　杜白両湖の管理規定

第一条　局址

慈北水利局は、郷内道観の崇寿宮において局務を処理するが、大規模な工事の場合は、最寄りの場所に駐劄しなければならないので、金仙寺又は杜白将軍祠を備用することにする。

第二条　選挙

本局の総理一名は、六区自治局議員によって公選し、協理六名は六区自治会議員によって各区一人を選出する。共に任期は二年であるが再選は妨げない。任期満了三ヶ月以前に、本局より六区自治会に選挙の公示を経て選挙を行わねばならない。総、協理の任期中に事故が起れば、補選を行わねばならない。

第三条　専員工役

本局は総理一名、協理六名、文牘兼会計一名、巡湖一名、巡浦一名、佃戸領袖五名、使役一名の計十六名によって構成される。

第四条　責任権限

総理、協理はともに全郷民衆の大きな付託を受けており、あらゆる湖浦、河道、閘壩の啓閉から、公田の収租、栽桑、養魚等にいたるまで、全郷の水利に関する専門的な職掌である。総理は水利局の局員や工役等の弾劾権をもっている。文牘兼会計はすべての公牘と公款の出納を司り、総理の指示によって局務を処理する巡湖、巡浦は一定の期間をもって輪巡し、湖水、河水の大小や、湖浦、塘閘、橋壩及び閘板、浦道等の異常、損壊の有無、或いは水利についての情報を、五日毎に本局に、十日毎に文書で六区自治会に報告しなければならない。また閘壩の偸放や浦塘の掏掘、占田移界などの破壊的行為があれば、直ちに局に報告し、もし不正や怠惰があれば即刻斥革する。三年間過失がなければ総理より酌賞し鼓励を示す。

佃戸の領袖には、地域の土地、人民を知悉している者を充当する。公田の租票は領袖から発給され、租期が至れば佃戸を率いて局に行って納租を行う。もし佃租の不納、延納があれば、領袖の責任において追租したり、種戸（直接生産者）を更換する。ただ本局と相談の上、実施すべきであって恣意的に行ってはならない。佃戸領袖が包租や、額外の多収を行うべきでない。あえて行えば議罰に処せられる。

第五条　薪俸工膳

本局規定では、総理の公費は年三百元であり、協理も同じである。文牘兼会計は年俸百元から二百元、食費三十六元であり、常時、局に駐在して職責を勤めねばならない。巡湖は年工食銀六十元であり、巡浦も同様である。佃戸領袖の酬労は取扱った収租の多寡に応じて額量が決定される。使役の工食は年□□元である。以上はいずれも毎月支給されるものであって額を超過してはならない。公事多端な時や収租の際に、別に人を雇った場合は、酌量して酬労しなければならない。

第六条　出納

本局の公田は一千八十八畝であるが、現在佃戸の耕作に出されているものは九百六十四畝である。これら公田の租息は甲乙丙丁の四等に分れている。民国元年の収租は約三千七百六十三元零であるが、民国二年秋の覆丈をもって定額とする。該款は専ら慈北の水利経費にあてるべきで、他への流用は認められない。国課をはじめ職員への薪俸、工膳、局中の一切の雑費を完納しなければならないが、毎年の支出は約一千数百元である。歳修工事はその規模が一定しないので、臨時開会での予算も難しい。そのため公租の収取の後は、局中に数百元を酌留しておき、残りは殷実な銭荘に存貯して生息をもたらす。すべての経費の出納は、毎月会計より六区の自治会に報告し、稽査に備えなければならない。特別な大工の場合は、必ず開会公決の上、工費を支出すべきで勝手な動用をしてはならない。

第七条　国課

本局の局産ならびに公田の糧税対象は、合計九百四十九畝七分であり、完糧銀は七十七両一銭九分一厘である。また漾塘基田三十一畝二分八厘八糸七忽のうち、塘身十二畝の豁免を呈請したものを除いた残り十九畝の、毎年の完糧銀は二両九銭七分二厘である。

両者の合計の糧銀八十両一銭六分三厘は、本局からまとめて完納しなければならない。

第八条　浦閘

松浦には上下両閘があり、上閘は三洞に分れている。東洞は鎮属の范姓の啓閉に係り、中・西両洞は二十七都の呉・謝・陳・葉・羅・施・沈等の姓が啓閉に係る。古窟浦上閘は二十七都の厲・劉・翁等の姓の承管に帰し、下閘のみは水利局の自管とする。淹浦上閘は二十七都の虞・蒋・徐・柴・羅、二十八都の沈・羅・鄭等の承管に係り、中、下の二閘は水利局の自管とする。東山頭祝家浦の宝山閘は三十都の呉・徐・翁三姓の承管として、閉閘、守閘を行い、潦時は蒋姓によって開放する。大塘蒋家路下閘は、呉錦堂の独資によって建造されたものであるが、議して蒋姓の管理に帰することにする。韓家路閘も呉錦堂の出資によって建造されたものであり、議して韓姓の承管に帰す。慶応橋閘は二十七都の陳・邱・厲等の姓が輪管する。虹橋閘は三十都の韓・施・羅・蒋・葉・陳・張・杜等の諸静姓が輪管する。呉家門前貼の水橋堰は、二十七都の呉・謝・陳・葉・羅・施・沈等の諸姓が輪管する。東埠頭の洞橋閘は、二十六都の王・祝・童・陳・徐・韓・袁等の姓が輪管する。東山頭錦堂学校の第五橋閘は、該校の経管に帰す。

各浦閘は旧例に従って各姓が開閉を担当する。ただ開閉は本局からの通報によって行わねばならない。

第九条　湖閘

白塔嘴閘は本局の自管にかかる。東門閘は二十八都の施・諸・楼・王・高・翁・厳・林・葉等の諸姓が輪年承管し、張郎閘は二十八都の宓・童・韓・郭等の姓が輪年承管する。西礇閘は二十九都上張、下張の俞・朱・阮等の姓が輪年承管し、三十都の葉・包・方・林等の姓が同管する。白洋湖は二十九都の場・中等の姓ならびに、僻山の地の余・章等の姓が輪年承管する。

各湖閘は従来、各姓の承管に依っていたが現在もその旧に循う。ただし啓閉については本局からの連絡によって行う。白塔嘴閘も芒種後から夏至迄は閉閘しておくべきであり、総、協理の責任において永く遵守しなければならない。放湖の時は湖水の多寡を酌量して実施すべきで、総、協理は決して私をかりて公を害し、衆望に違うところがあってはならない。

第十条　禁令

浦閘、湖閘は各姓が承管し啓閉を分司するが、もし賄賂を得て浦閘を私放し、海船を出入させたり、湖閘を私放して偸水、洩水を行い水利を阻害した場合、本局で調査した上、地方官に申告して重罰に処する。

旱年に遇って湖閘を開放する際、東山頭の官河の水をもって標準とする。官河の水が涸れた場合は、本局より各姓に通知して一様に開放し、田水が満ちれば直ちに閉閘する。放湖後大雨や長雨に見舞われたならば、即刻閉閘しなければならないが、そうしたことは総、協理の負うべき責任である。

第十一条　出産

湖中は蕊魚（草魚）の飼育に適しており、局による稚魚購入の利益は大きい。飼育の方法や魚獲の禁止、魚族の保護等については、別に章程を制定しなければならない。

他方、湖塘は桑樹の栽種に適しているので、局より桑秧若干を購入し、沿塘に種植して三年後、局においては養蚕が不可能なので、桑葉を売却して大きな利益を挙げることができた。将来陪塘工事が完成すれば、十里の長隄が実現する。ここにすべて桑秧を植えれば無窮の利益が得られる。

また杞柳《かわやなぎ》の栽植にも適しており、その材質が柔靭であるため藤箱の製造に最適であり、同時にその根は繁衍するので隄根を堅固にするのによろしい。

第十二条　図説魚鱗冊

図説魚鱗の中の絵図一張は、尺幅に限度があるので、その大勢を求めるに過ぎない。他は毎段の分図であって四至の界限が記入されている。田塊が拡散しているため、田塊毎に千字文によって編成しており、畝分、弓口、種戸の姓名等一切が記入されていて、佃戸の領田耕種の便に供することができる。これによって従来のような隣田との混淆や遺漏、私占等の獘害を防止すべきである。

おわりに

古く漢代に設けられたといわれる杜・白両湖の灌漑機能は、清末に至るまで基本的に維持されてきたが、明末以後施設の荒廃と湖田化（盗湖）の進行によって、屢々危機に逢着せざるを得なかった。その都度施設の改修や湖田の回贖が行われたにも拘らず、抜本的な解決は困難であった。

こうした状況に対し、光緒三十二年（一九〇六）当地出身の、在日華僑資本家たる呉錦堂の帰郷を機に、彼は水利に苦しむ郷民のため、七万余元の私財を投じて施設の復旧を実施し、水利局を設置してその運営規定＝「慈北水利局善後章程」を制定したのであった。その内容からも解るように、彼は慈北水利事業の荒廃した原因について、①明確な実測の詳図がなかったので界址が曖昧であったことが奸民の占墾を容易にした。②水利の管理機構と人員の不備と不足が維持管理の工作の弛緩をもたらした。③管理資金の欠乏が日常の維持運営を困難にした。④管理条例の不徹底が、管理行政の混乱や不正をもたらしたことをあげ、これらの問題に厳正に応えるために管理条例と細則の制定によって、水利の保全強化をはかり、郷民の利益の安定を計ろうとしたのである。

こうした呉錦堂の慈北水利事業の管理に対する徹底した措置は、現代の管理原理の基本と全く同様で、百年前にこのような科学的管理を実施した彼の非凡な才能と慧眼は驚嘆に値すべきであった。(57)

呉錦堂による杜白両湖の水利事業が行われた時は、まさに辛亥革命前後の政治的、社会的変革期であった。祖国のかかる危機に直面しつつ、彼をして郷里への社会事業活動に尽力せしめたのは何であろうか。彼自身「鎮生長慈北、早游日本、深知外国之強勢、由於内治之修明、夫亦曰国以民為本、民以食為天、内治之道、水利一端、実為国家之命脈[58]」と述べている。即ち明治二、三十年代の日本の近代化の飛躍的発展を目のあたりにした呉錦堂にとって、中国の国家的富強の要諦は政治的、経済的実力の強化、内治の充実に外ならなかった。国家的富強は民力の強化にあり、民力の強化には民食の安定が前提であった。水利は民食にとって最も重要かつ不可欠な一環であり、国家の命脈であったのである。

その意味では「愛国愛郷之心、始終不渝[59]」という呉錦堂は、単なる愛郷意識をこえて民族的国家的意識を濃厚に持っていた典型的な華僑といえるであろう。

註

（1）陳徳仁、安井三吉著『孫文と神戸』（神戸新聞出版センター、一九八五年）、山田正雄「神阪中華会館の創立」（『史学研究』、五七）、川辺賢武「呉錦堂と神出小束野開拓」（『歴史と神戸』、二）、陳徳仁「華僑の巨人——呉錦堂について——」（『神戸中華総商会報』、一九七二年）、山口政子「在神華僑呉錦堂について」（山田信夫編『日本華僑と文化摩擦』、巌南堂、一九八三年）等参照。

（2）本資料の教示と借覧については、奈良大学森田憲司氏の御高配を得た。記して謝意を表しておきたい。

（3）『浙慈呉錦堂先生六旬栄寿録』ならびに『呉錦堂先生哀思録』に詳しい（ともに神戸華僑歴史博物館長陳徳仁氏の好意ある貸与を得たことに深謝する）。

（4）註（1）山口論文。

（5）『続刻杜白両湖全書』（以下『全書』と略す）、「陳伯剛先生続刊二湖四捕水利全案序」。なお好並隆司「浙江慈谿県杜白二湖の盗湖問題」（森田明編『中国水利史の研究』国書刊行会、一九九五年）によれば、明代隆慶五年に盗湖の禁令の碑が立てられ、知県呉道迩が『鳴鶴二官湖記事』をまとめ、さらに沈海鵬が『重修杜白二湖全書』を著して、その間の事情を詳述するとともに、その治湖策を示したという。清代に入り嘉慶期に杜湖腰塘閘を建設するとともに、里人の葉大麟の寄進によって白洋湖の石塘が作られ、嘉慶十年杜湖腰塘に減水埧が構築され、県人王名揚が『慈谿鳴鶴郷杜白二湖全書』を重刻したとあり、道光五年にまた同人が『創建杜白二湖石塘志』を撰したとある。

（6）光緒『慈谿県志』、巻一〇、輿地五、湖。

（7）『全書』、「続修杜白二湖水利自誌」及び「凡例」。

（8）同上、「録呈慈谿県知事何将続刻杜白二湖全書采入邑志呈」。

（9）同上、「録慈北弁理水利第三次在崇寿宮開会報告」。

（10）註（8）に同じ。

（11）『全書』、「録致慈北全郷父老請訂水利章程書」。

（12）註（8）に同じ。

（13）『全書』、「駐日神戸領事張鴻詳駐日欽使胡維徳文」。

（14）光緒『慈谿県志』、巻一〇、輿地五、湖「明顔鯨重清杜白二湖永頼碑記」。

（15）『全書』、「続修杜白二湖水利自誌」。

（16）雍正『慈谿県志』、巻一五、芸文、書。

（17）光緒『慈谿県志』、巻一〇、輿地五、塘「国朝周曾発創築杜湖石隄記」。

（18）註（15）に同じ。

（19）註（14）、「馮叔吉重復杜白二湖碑」。

（20）註（5）に同じ。

(21) 註(14)、「沈履祥永禁両湖総議」。
(22) 註(14)、「浙撫楊昌濬奏杜白二湖片」。
(23) 註(14)、「葉応乾杜白二湖永久議」。
(24) 光緒『慈谿県志』、巻一〇、輿地五、湖「杜白二湖」。註(5)の好並論文には、明代隆慶・万暦期における盗湖問題の経緯が詳細に解明されており、更に水利問題を通じて生じた慈谿地域の社会変動についても考察している。
(25) 光緒『慈谿県志』、巻一〇、輿地五、塘「鐘徳溥重築在湖隄閘記」、なお「嘉慶三年、里人按畝捐銭重修」とあるように、一般の土地所有者への分派も行われている。
(26) 註(24)に同じ。
(27) 註(15)に同じ。
(28) 註(24)に同じ。
(29) 註(15)に同じ。
(30) 『全書』、「光緒三十四年九月慈北辦理水利第三次在崇寿宮開会報告」。
(31) 同上、「稟浙江巡撫増報告捐欵清冊湖図等文」。寧波市政協文委・政協慈溪市委員会編『呉錦堂研究』(中国文史出版社、二〇〇五年)、第七節には、その内訳が項目別に金額を記している。
(32) 同上、「稟慈谿県呉喜孫呈送湖図請改湖畝文」。
(33) 同上、「録呈慈谿県拍売沈痞封産兼厳緝賭匪文」。
(34) 同上、「録民国元年呈慈谿県照会北郷自治会清欵定章呈文」。
(35) 註(33)に同じ。
(36) 『全書』、「録呈慈谿県知事何呈文」。
(37) 同上、「録致慈北衆紳徴求選挙良法函」。
(38) 註(33)に同じ。

(39)『全書』、「録前清浙撫札慈谿県管束沈衍周札」。
(40)註(33)に同じ。
(41)註(39)に同じ。
(42)註(33)に同じ。
(43)同上。
(44)同上。
(45)同上。
(46)『全書』、「録呉作鏌呈県知事金厳緝沈増輝並痞党文」。
(47)同上、「録呈慈谿県知事金査封沈衍周財産抵欵呈」。
(48)同上、「録呈請慈谿県知事何将続刻杜白二湖全書采入邑志呈」。
(49)『全書』、「続修杜白二湖水利自誌」、「嗣因各郷自治成立、葉鴻年君、以年老辞退、遂請六郷、公共組織水利局一所」。
(50)『全書』、「録呉作鏌致六区自治会紳耆書」。
(51)同上、「録呈慈谿県知事金請将水利局章程立案呈並批」。
(52)註(47)に同じ。
(53)註(37)に同じ。
(54)同上。
(55)『全書』、「葉鴻年等呈農商部総長兼水利局総裁張公呈」。「今由北郷六区自治会各紳董、公同開会、議決水利局善後章程十二条、以為永久之規定」。
(56)『全書』、「慈北全郷水利局善後章程」。
(57)沈之良「呉錦堂慈北治水謀略与実践」(寧波市政協文史委・政協慈渓市委員会編『呉錦堂研究』中国文史出版社、二〇〇五年)第二編、文范擷汐、所収。

（58）同上、「録呉作鏌致慈北紳耆請即籌議水利善後事宜書」（民国二年十月）。

（59）同上、「録致慈北全郷父老請訂水利章程書」。

【付記】本稿の原載は『東方学会創立四十周年記念東方学論集』（財団法人東方学会、一九八七年六月）である。なお呉錦堂については、本稿発表後、寧波市政協文委・政協慈溪市委員会編『呉錦堂研究』（中国文史出版社、二〇〇五年）が刊行されており、彼の生涯における政治・経済・社会活動の全般にわたって、生誕百五十周年を記念して顕彰されたもので、多くの活動記録が掲載されており、参考になる部分が多い。しかし、少なくとも水利事業については基本的に、更に本稿に付加するところはない。本書の複写の供与と、現地調査に際し松田吉郎教授が撮影された関係の写真三葉の提供を受けた。記して謝意を表しておきたい。

あとがき

松田吉郎

本巻『寧波の水利と人びとの生活』は平成十七年度〜平成二十一年度文部科学省科学研究費補助金【特定領域研究】「東アジアの海域交流と日本伝統文化の形成――寧波を焦点とする学際的創生――」の「寧波地域の水利開発と環境」班（以下、水利班と略称）の研究成果である。最初に水利班のメンバーと研究成果を紹介したい。

水利班のメンバーは松田吉郎（兵庫教育大学）・本田治（立命館大学）・神吉和夫（神戸大学）・南埜猛（兵庫教育大学）の四名で、いずれも中国水利史研究会の会員である。本巻では残念ながら時間的な事情により本田治・神吉和夫両先生の論文を収録できなかった。その代わりに中国水利史研究会の小野泰・森田明両先生の論文を収録できた。

水利班メンバーの寧波水利関係の研究成果は以下の通りである。

（一）松田吉郎

松田吉郎「明末清代浙江鄞県の水利事業」『佐藤博士還暦記念中国水利史論集』国書刊行会、一九八一年三月。

松田吉郎「二〇〇五年度寧波調査ノート」『東洋史訪』（史訪会）第一二号、二〇〇六年三月。

松田吉郎「日本的中国水利史研究会的歴史和現状」中国水利水電科学研究院水利史研究室編『歴史的探索与研究――水利史研究論文集――』黄河水利出版社、二〇〇六年十一月。

松田吉郎「二〇〇六年度寧波調査ノート」『東洋史訪』（史訪会）第一三号、二〇〇七年三月。

松田吉郎「寧波の水利――碶夫を中心に――」『中国水利史研究』（中国水利史研究会）第三六号、二〇〇七年十一月。

松田吉郎「水の娯楽―寧波の例―」『中国水利史研究』（中国水利史研究会）第三六号、二〇〇七年十一月。

松田吉郎「段光清の寧波水利事業について」『古代水利施設の歴史的価値及びその保護利用国際学術討論会論文集』（文部科学省科学研究費特定領域研究『東アジアの海域交流と日本伝統文化の形成――寧波を焦点とする学際的創生――』「寧波地域の水利開発と環境」課題番号一七〇八三〇一五研究代表松田吉郎二〇〇八年度研究成果報告書）、二〇〇九年三月。

松田吉郎「現地調査の記録」『寧波地域の水利開発と環境』（課題番号一七〇八三〇一五）平成十七年度～平成二十一年度　文部科学省科学研究費補助金『特定領域研究』「東アジアの海域交流と日本伝統文化の形成――寧波を焦点とする学際的創生――」研究成果報告書』二〇一〇年三月。

松田吉郎「它山廟の稲花会について」藤井徳行教授退職記念号『社会系諸科学の探求』社会科学研究会、法律文化社、二〇一〇年三月。

松田吉郎・李広志「寧波它山廟会の祭祀と儀礼」『中国水利史研究』（中国水利史研究会）第三九号、二〇一〇年十月。

松田吉郎「它山堰水利について」『中国水利史研究』（中国水利史研究会）第四〇号、二〇一二年三月。

松田吉郎「寧波広徳湖水利と廟――霊波廟（望春山廟）・蓬萊観・白鶴山廟を中心に――」『中国21』（愛知大学現代中国学会）第三七号、二〇一二年十二月。

松田吉郎「広徳湖内部の水利と廟――豊恵廟・小龍王廟・恵民祠を中心に――」『河村昭一先生退職記念　史学論集』兵庫教育大学史朋会、二〇一三年三月。

松田吉郎「広徳湖南部の水利と宗族」『中国水利史研究』（中国水利史研究会）第四一号、二〇一三年三月。

松田吉郎「寧波における水との戦い」『東アジア海域に漕ぎ出す3　くらしがつなぐ寧波と日本』高津孝編・小島毅監修、東京大学出版会、二〇一三年五月。

松田吉郎「寧波における水との戯れ」『東アジア海域に漕ぎ出す3　くらしがつなぐ寧波と日本』高津孝編・小島毅監修、東京大学出版会、二〇一三年五月。

松田吉郎「東銭湖水利と嘉沢廟」『兵庫教育大学研究紀要』第四三巻、二〇一三年九月。

松田吉郎「東銭湖水利と新馬嶺龍宮について」『中国水利史研究』（中国水利史研究会）第四二号、二〇一三年十一月。

(二) 本田　治

本田　治「北宋時代の唐州における水利開発」『立命館東洋史学』第二八号、二〇〇五年七月。
本田　治「知鄞県時代の王安石の水利事業について」『立命館文学』第五九八号、二〇〇七年二月。
本田　治「Development and Migration in Coastal Ming-chou during the Sung」『国際東方学者会議紀要』第五二冊、二〇〇八年一月。
本田　治「明代寧波沿海部における開発と移住」『立命館文学』第六〇八号、二〇〇八年十二月。
本田　治「宋代における湖田造成と陂塘湖の保全問題」『古代水利施設の歴史的価値及びその保護利用国際学術討論会論文集』二〇〇九年三月。

(三) 神吉和夫

神吉和夫・中山卓「日本の都市水利」『論城市水利』二〇〇七年六月。

神吉和夫「都市水利」『論城市水利』二〇〇七年六月。

神吉和夫「淀川改良工事と大正六年淀川水害にみる沖野忠雄の説明」『建設工学研究所論文報告集』第四九号、二〇〇七年十一月。

神吉和夫「わが国における近代初期の治水思想――沖野忠雄――」『神戸大学都市安全研究センター研究報告』第一一号、二〇〇八年三月。

神吉和夫「日中の近世における都市水利の比較――江戸と西安――」『建設工学研究所論文報告集』第五〇号、二〇〇八年十一月。

神吉和夫「大正六年における沖野内務技監一行の天津派遣について」『建設工学研究所論文報告集』第五〇号、二〇〇八年十一月。

知野泰明・神吉和夫「玉川上水の保存――羽村堰の評価と江戸城濠への注水――」『古代水利施設の歴史的価値及びその保護利用国際学術討論会論文集』二〇〇九年三月。

神吉和夫「河村瑞賢による淀川改修事業と中国の治水技術の関係について」『建設工学研究所論文報告集』第五一号、二〇〇九年十一月。

(四) 南埜　猛

南埜　猛「建国後の現代中国における水利開発の展開――浙江省寧波市と兵庫県との比較考察をもとに」『中国水利史研究』(中国水利史研究会) 第三六号、二〇〇七年十一月。

南埜　猛「寧波水利の概要：『寧波水利志』General Survey（概述）をもとに」『中国水利史研究』（中国水利史研究会）第四二号、二〇一三年十一月。

早坂俊廣・南埜猛・高津孝「プロローグ　くらしがつなぐ寧波と日本」『東アジア海域に漕ぎ出す3　くらしがつなぐ寧波と日本』高津孝編・小島毅監修、東京大学出版会、二〇一三年五月。

南埜　猛「建国後の現代中国におけるダム建設の展開」『中国水利史研究』（中国水利史研究会）第四三号、二〇一五年十二月。

最後に本巻の各執筆者の論文の初出を示しておきたい。

序　書き下ろし

松田吉郎「它山堰水利と廟」

「它山堰水利について」『中国水利史研究』第四〇号、二〇一一年三月。

小野　泰「楼异と広徳湖」

「南宋時代明州における湖田と水利：広徳湖・東銭湖について」『龍谷大学大学院研究紀要・人文科学』八、一九八七年三月。同「宋代明州における湖田問題——廃湖をめぐる対立と水利——」『中国水利史研究』（中国水利史研究会）第一七号、一九八七年十二月。

松田吉郎「広徳湖水利と廟・宗族」

「寧波広徳湖水利と廟——霊波廟（望春山廟）・蓬莱観・白鶴山廟を中心に——」『中国二一』（愛知大学現代中国学会）第三七号、二〇一二年年十二月。同「広徳湖内部の水利と廟——豊恵廟・小龍王廟・恵民祠を中心に――」『河村昭一先生退職記念　史学論集』兵庫教育大学史朋会、二〇一三年三月。同「広徳湖南部の水利と宗族」『中国水利史研究』第四一号、二〇一三年三月。

松田吉郎「東銭湖水利と廟」
松田吉郎「東銭湖水利と嘉沢廟」『兵庫教育大学研究紀要』第四三巻、二〇一三年九月。同「東銭湖水利と新馬嶺龍宮について」『中国水利史研究』第四二号、二〇一三年十一月。

松田吉郎「水の娯楽――寧波の例――」
「水の娯楽――寧波の例――」『中国水利史研究』第三六号、二〇〇七年十一月。

南埜　猛「建国後の寧波の水利」
「建国後の現代中国における水利開発の展開――浙江省寧波市と兵庫県との比較考察をもとに」『中国水利史研究』第三六号、二〇〇七年十一月。

南埜　猛「ダム建設からみた寧波の水利開発」
「寧波水利の概要：『寧波水利志』General Survey（概述）をもとに」『中国水利史研究』第四二号、二〇一三年十一月。

森田　明「呉錦堂と杜湖・白洋湖の水利事業」
「呉錦堂と杜湖・白洋湖の水利事業」『東方学会創立四十周年記念東方学論集』一九八七年六月。

あとがき　書き下ろし

執筆者紹介（掲載順）

松田　吉郎（まつだ　よしろう）1950年生。兵庫教育大学名誉教授。博士（文学）。『明清時代華南地域史研究』（汲古書院、2002年）、「東銭湖水利と新馬嶺龍宮について」『中国水利史研究』（第42号、2013年）、「広徳湖の水利と廟」『中国の政治・文化・産業の進展と実相』（晃洋書房、2015年）など。

小野　泰（おの　やすし）1961年生。京都府立洛東高等学校教諭。博士（文学）。『宋代の水利政策と地域社会』（汲古書院、2011年）、「宋代明州における湖田問題」『中国水利史研究』（第17号、1987年）、「宋代の運河政策の形成」『東洋史苑』（第69号、2007年）など。

南埜　猛（みなみの　たけし）1964年生。兵庫教育大学教授。博士（文学）。「インド・バンガロールにおける都市用水の現状と課題」『地理学評論』（第78巻３号、2005年）、「溜池の存続とその維持管理をめぐる取り組み」『経済地理学年報』（第57巻１号、2011年）「台湾・桃園台地における溜池とその現状」『兵庫教育大学研究紀要』（第48巻、2016年）など。

森田　明（もりた　あきら）1929年生。大阪市立大学名誉教授。文学博士。『清代水利社会史の研究』（国書刊行会、1990年）、『清代の水利と地域社会』（中国書店、2002年）、『山陝の民衆と水の暮らし』（汲古書院、2009年）など。

East Asian Maritime World Series Vol.9

Water Supply and Life of People in Ningbo（寧波）

MATSUDA Yoshiro ed.

Contents

東アジア海域叢書9

寧波の水利と人びとの生活

平成二十八年十月六日発行

監　修　小島　毅
編　者　松田吉郎
発行者　三井久人
発行所　株式会社　汲古書院
〒102-0072東京都千代田区飯田橋二-五-四
電　話〇三-三二六五-九七六四
ＦＡＸ〇三-三二二二-一八四五

富士リプロ㈱

ISBN978-4-7629-2949-6　C3322

東アジア海域叢書　監修のご挨拶

にんぷろ領域代表　小島　毅

この叢書は共同研究の成果を公刊したものである。文部科学省科学研究費補助金特定領域研究として、平成十七年（二〇〇五）から五年間、「東アジアの海域交流と日本伝統文化の形成――寧波を焦点とする学際的創生」と銘打ったプロジェクトが行われた。正式な略称は「東アジア海域交流」であったが、愛称「寧波プロジェクト」、さらに簡潔に「にんぷろ」の名で呼ばれたものである。

「東アジアの海域交流」とは、実は「日本伝統文化の形成」の謂いにほかならない。日本一国史観の桎梏から自由な立場に身を置いて、海を通じてつながる東アジア世界の姿を明らかにしていくことが目指された。

同様の共同研究は従来もいくつかなされてきたが、にんぷろの特徴は、その学際性と地域性にある。すなわち、東洋史・日本史はもとより、思想・文学・美術・芸能・科学等についての歴史的な研究や、建築学・造船学・植物学といった自然科学系の専門家もまじえて、総合的に交流の諸相を明らかにした。また、それを寧波という、歴史的に日本と深い関わりを持つ都市とその周辺地域に注目することで、「大陸と列島」という俯瞰図ではなく、点と点をつなぐ数多くの線を具体的に解明してきたのである。

「東アジア海域叢書」は、にんぷろの成果の一部として、それぞれの具体的な研究テーマを扱う諸論文を集めたものである。斯界の研究蓄積のうえに立って、さらに大きな一歩を進めたものであると自負している。この成果を活用して、より広くより深い研究の進展が望まれる。

東アジア海域叢書　全二十巻

○にんぷろ「東アジアの海域交流と日本伝統文化の形成――寧波を焦点とする学際的創生――」は、二〇〇五年度から〇九年度の五年間にわたり、さまざまな分野の研究者が三十四のテーマ別の研究班を組織し、成果を報告してきました。今回、その成果が更に広い分野に深く活用されることを願って、二十巻の専門的な論文群による叢書とし、世に送ります。

【題目一覧】

1	近世の海域世界と地方統治	山本英史編	二〇一〇年十月	刊行
2	海域交流と政治権力の対応	井上徹編	二〇一一年二月	刊行
3	小説・芸能から見た海域交流	勝山稔編	二〇一〇年十二月	刊行
4	海域世界の環境と文化	吉尾寛編	二〇一一年三月	刊行
5	江戸儒学の中庸注釈	市来津由彦・中村春作・田尻祐一郎・前田勉編	二〇一二年二月	刊行
6	碑と地方志のアーカイブズを探る	須江隆編	二〇一二年三月	刊行
7	外交史料から十～十四世紀を探る	平田茂樹・遠藤隆俊編	二〇一三年十二月	刊行
8	浙江の茶文化を学際的に探る	高橋忠彦編	二〇一七年八月	刊行予定
9	寧波の水利と人びとの生活	松田吉郎編	二〇一六年十月	刊行

10	寧波と宋風石造文化	山川　均 編	二〇一二年五月	刊行
11	寧波と博多	中島楽章・伊藤幸司 編	二〇一三年三月	刊行
12	蒼海に響きあう祈り	藤田明良 編	二〇一七年一月	刊行予定
13	蒼海に交わされる詩文	堀川貴司・浅見洋二 編	二〇一二年十月	刊行
14	中近世の朝鮮半島と海域交流	森平雅彦 編	二〇一三年五月	刊行
15	中世日本の王権と禅・宋学	小島　毅 編	二〇一七年六月	刊行予定
16	平泉文化の国際性と地域性	藪　敏裕 編	二〇一三年六月	刊行
17	東京大学本嘉興大蔵経を繙く	横手　裕 編	二〇一七年四月	刊行予定
18	明清楽の伝来と受容	加藤　徹 編		
19	聖地寧波の仏教美術	井手誠之輔 編		
20	大宋諸山図・五山十刹図　注解	藤井恵介 編		

▼Ａ５判上製箱入り／平均３５０頁／予価本体各７０００円＋税／二〇一〇年十月より刊行中

※タイトルは変更になることがあります。二〇一六年十月現在の予定

編者のことば

中国の喫茶の風習は、漢代の四川には存在しており、しだいに長江の中下流域に伝播して、六朝社会で流行した。これが全国的なものとなったのは、唐代の江南、特に浙江における喫茶文化の高揚による。陸羽の『茶経』の影響のもと、宋元明清を通じて、江南一帯は常に新たな茶文化を発信し続けた。その結果、茶は文人生活の必須アイテムとなったのである。また、浙江茶文化こそが、茶の湯へと発展する日本中世の茶文化の源流になったことも見過ごせない。その伝播においては、天台山に近い寧波が重要な役割を担った。本書は、文献、植物、考古、飲食文化の研究を総合して、浙江茶文化を学際的に追求し、日本との関連を視野に入れつつ、中国茶文化の本質を探るものである。あわせてその多様な側面を、文人生活、酥乳茶、本草、園林建築と関連づけて考察する。また、従来不十分な理解しかされてこなかった『茶経』の問題点を再検討した成果として、『茶経』の本文と読解を付した。

高橋忠彦　編

浙江の茶文化を学際的に探る

東アジア海域叢書8

編者　高橋忠彦

編者のことば

港や島で生きる人々の祈り、往来する船乗りや商人の祈り、沿岸の町や村の人々の祈り、使節として海外に赴く人々の祈り、海の上にはさまざまな祈りが交錯している。例を上げれば、小さな島の女神が、商船のネットワークを通じて沿海の港々、さらに海の向こうの山や岬で祀られていく一方で、地元の士大夫の奏請によって君主から称号を付与され、国家の守護神に上昇していく。或いは、経典の中の仏神が多様な回路を通じて、海に生きる人々の思いと触れ合うなかで新しい姿を獲得し、時代と共に在り方を変える集落の守り神が、船が運ぶ人や書物を通じて、遠く異郷の地でも祀られていく。

このような東アジア海域の沿海諸地域の信仰の特質、海域交流による信仰の伝播・変容・創生の諸相、交流を担った人々の信仰の具体相などを多角的に検証し、さまざまな祈りが紡ぎ出する諸相から東アジアと海域世界の歴史的特質を照射するのが本書のねらいである。

藤田明良　編

蒼海に響きあう祈り

東アジア海域叢書12

編者　**藤田明良**

編者のことば

「東アジア三国の正史に見る王権理論の比較」（略称「王権班」）の研究成果報告論集。本叢書において唯一「日本」を書名に明示する巻として、日本史で中世と呼ばれる時期を中心に、外来思想が王権理論構築に果たした役割を探究する。

儒教の新思潮たる宋学を日本にもたらしたのは禅僧たちであり、宋学は五山文化を構成する要素の一つであった。本書は、禅と宋学が中世以降の日本思想に新たな刺激を与えたことを解明していく。

第一部の三篇は、宋学が正統教義であった近世中国・朝鮮王朝それぞれの王権理論と、東アジア諸国間の近世儒教の異同を論じる。第二部の四篇は、『愚管抄』・『古今著聞集』・『逆徒退治護摩次第』といった十三〜十四世紀の日本で書かれたテクストを対象として、鎌倉時代の言説を読み解いていく。第三部の三篇は、禅僧たちの宋学理解と王権との関わり、および宋学の歴史認識によって編纂された『大日本史』と近代天皇制との関係を論ずる。

小島　毅　編

東アジア海域叢書15

中世日本の王権と禅・宋学

編者　小島　毅

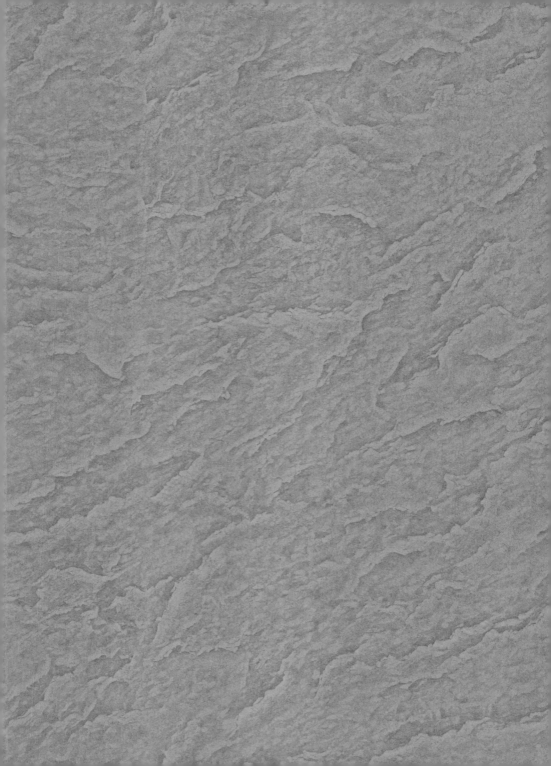